普通高等教育土建学科专业"十二五"规划教材

高等学校工程管理专业规划教材

工程管理概论

（第二版）

东南大学　成　虎　编著

中国建筑工业出版社

图书在版编目（CIP）数据

工程管理概论/成虎编著. —2版. —北京：中国建筑工业出版社，2010
普通高等教育土建学科专业"十二五"规划教材
高等学校工程管理专业规划教材
ISBN 978-7-112-12211-0

Ⅰ.①工… Ⅱ.①成… Ⅲ.①建筑工程-施工管理-高等学校-教材 Ⅳ.①TU71

中国版本图书馆CIP数据核字（2010）第244826号

本书全面论述了工程的概念，现代工程的分类和系统结构，工程的寿命期过程，工程管理的概念，现代工程的建设与运行，现代工程中存在的问题，工程管理理论和方法，我国工程相关法律和法规，我国工程管理的人才需求和执业资格制度，工程管理专业的人才培养以及对工程管理未来的展望。

本书可作为高等院校工程管理和工程技术专业的教科书，也可作为在实际工程中从事工程技术和工程管理工作的专业人员的参考书。

为更好地支持相应课程的教学，我们向采用本书作为教材的教师提供教学课件，有需要者可与出版社联系，邮箱：cabpkejian@126.com。

* * *

责任编辑：张　晶
责任设计：陈　旭
责任校对：王雪竹

普通高等教育土建学科专业"十二五"规划教材
高等学校工程管理专业规划教材
工程管理概论
（第二版）
东南大学　成　虎　编著
*
中国建筑工业出版社出版、发行（北京西郊百万庄）
各地新华书店、建筑书店经销
北京红光制版公司制版
北京市密东印刷有限公司印刷
*

开本：787×1092毫米　1/16　印张：15¾　字数：390千字
2011年1月第二版　2017年1月第十六次印刷
定价：**28.00**元
ISBN 978-7-112-12211-0
（19449）

版权所有　翻印必究
如有印装质量问题，可寄本社退换
（邮政编码　100037）

第二版前言

基于如下原因，对本书作了修订：

1. 我国工程管理专业得到了迅猛发展，已有 300 多所高校设置工程管理本科专业。这种发展速度在我国专业发展的历史上也是很少有的—几乎是井喷式的。这既是我们的发展机遇，又给我们以巨大的压力。

经过 10 年的建设，工程管理专业逐渐成熟起来，已成为一个重要的"大专业"。在专业之林中，"大专业"应该有大专业的底蕴、特色和内涵。

这几年工程管理教育界提出了许多新的要求，有许多新的改革和教学探索成果。

这一切赋予本专业的概论许多新的内容，当然给本书编写也提出了新的要求和压力。

2. 本书出版后，笔者又经历了三轮教学过程，对本课程教学有一些新的体会。

3. 近几年来，笔者通过一些途径了解到目前国内工程管理人才的需求现状和一些高校的工程管理的办学情况。

（1）通过与业主、监理单位和工程承包企业界沟通，了解他们对工程管理学生的要求，以及对本专业学生的意见和办学的建议。

（2）与其他学校的专业教师沟通，了解一些学校工程管理专业的办学情况，征询他们对本专业、本课程的意见和建议。

（3）每年在对工程管理专业的研究生（包括免试的）面试和复试，以及在研究生培养过程中，观察他们的知识结构、能力和素质情况。由于笔者所在学校的研究生来自全国各个层次的高校，在一定程度上反映了国内本专业的办学状况。

笔者觉得，我国工程管理专业的学生培养还存在许多问题，如学生培养定位、学生的自信心和专业竞争力、动手能力、对工程系统的熟悉程度等方面还存在一些不足，与教育部所设置的"工程师"的培养目标，以及工程界的要求还有很大的差距，在许多方面还需要进一步改进。

4. 近几年来，笔者带领自己的学生们做了几个工程项目和研究课题，包括国家重大技术支撑项目子课题《城市轨道交通建设管理创新研究》、沪宁高速公路扩建工程项目管理研究、国家电网工程全寿命期设计研究、南水北调工程建设管理研究等。由于这些项目分布于不同的工程领域，使笔者对工程系统和工程管理的一般规律有了一些粗浅的认识。

5. 本书出版后许多老师给笔者很多鼓励，同时提出意见和建议，主要希望：

（1）增加本书在工程技术方面的含量，特别是按照工程管理专业对技术的需求，充实相关内容。

（2）本书应考虑各校《工程管理概论》的课时要求。目前本课程课时较少，一般只有 16～24 课时，不可能讲很多内容。

（3）希望本书有更好的系统性，同时与工程管理专业的后续课程在内容上不要重复。

但笔者希望本书不仅能满足工程管理专业本科生的《工程管理概论》课程教学的需

要，还有以下作用：

(1) 本书是笔者在对我国的工程，工程管理历史、现状，工程管理专业的一些问题的思考以及基本认识基础上撰写的，希望不仅能够对工程管理专业学生的培养有所帮助，而且对我国从事实际工程建设和管理的工作人员有帮助。

(2) 本书有些内容是从工程管理专业学生的整个大学的学习过程，以及将来的职业发展角度出发的。对刚入校的大一的学生，本书内容不需要全讲。

(3) 笔者还希望对其他工程专业的学生了解整个工程系统、现代工程的理念和工程管理理论和方法有所帮助。

本书在第一版的基础上做了如下修改：

1. 增加对工程系统的结构分解以及专业工程子系统的描述。

2. 在"成功的工程"一章增加了部分内容。这一章主要描述工程的价值体系，包含一些现代工程新的理念。

3. 在工程建设的技术问题方面增加了一些内容，为了直观起见，主要用工程图片表现。

4. 在体系结构上做了一些小的调整，力求使本书的结构更为均衡，有较好的逻辑性。

5. 根据我国工程领域新的发展状况，对书中涉及的数据进行了更新。

本书绪论、第一、四、五章由成虎撰写，第八、九、十章由虞华负责撰写，第六、七、十一、十二章由陆彦负责撰写，第二、三章由韩豫撰写，全书由成虎统稿。在本书的编写过程中穆诗煜、郑华、陈德军、华晨杰、孙莹、张春霞等同学承担了许多资料查询、数据分析等工作。成都理工学院的吴飞老师审阅了全部书稿，并提出了许多有价值的建议。

在第一版出版后，厦门理工学院的严庆老师和由英来老师、江西财经大学姜薪萍老师、山西大学胡向真老师、南阳理工学院王长永和鲁亚波等老师、长沙理工大学谢丽芳老师、五邑大学曾学勤老师、武汉工业学院邹祖绪老师、合肥学院夏勇老师、东北林业大学杨会云老师，以及刘伊生、姜保平、陈慧、宋伟、屈俊童、詹朝曦、颜朝日、潘安平等各位老师提出许多很好的修改意见，在此向他们表示深深的谢意。

在本书的编写过程中参考了许多论文和书籍，以及许多网络上的资料，在此向相关的国内外作者表示深深的谢意。

成虎

2010 年 3 月于东南大学

第 一 版 前 言

笔者从事工程管理专业相关课程教学近 20 年，很早就觉得，应该有一本《工程管理概论》教材，让工程管理专业的学生在大学一年级刚进校时，通过该课程的学习，对本专业有一个总体的和宏观的了解。

从 2003 年正式开始策划写作这本书，原来定了很高的标杆，期望能够达到如下要求：

1. 由于现在工程管理专业学生毕业后从事的工程领域很宽，而且各类工程的界限在逐渐淡化，所以本书应体现大工程和大工程管理的概念，能够有广泛的适用性，适用于国内一般高校工程管理专业的教学。

2. 本书应能适应大学一年级学生的学习。由于大一学生没有专业知识，所以要求本书既是一本教科书，有专业性；又是一本关于工程和工程管理的通俗读物。

本书应对工程和工程管理进行总体的、高层次描述，使学生对现代工程体系和工程管理专业有一个宏观的了解，而不要过多涉及具体专业问题，避免与各个工程专业和工程管理的其他课程有太多的交叉。

3. 对我国的工程和工程管理有一个长镜头透视，能够反映工程和工程管理的发展历史和对社会发展的重大作用。

4. 工程管理概论应有一定的文化和哲学内涵，体现科学发展观和可持续发展的理念。笔者一直认为，现代工程管理不仅仅有经济和管理的方法、技术问题，而且应有更深层次的东西。应该将工程管理学科的问题提高到人文、价值观、哲学的高度来研究和分析，以加强它的底蕴。现代社会提出的科学发展观、可持续发展、循环经济、以人为本等理念都应该具体落实在工程上，作为工程和工程管理的基本指导方针。

5. 由于现代工程的重要作用和重大影响，以及工程管理职业的特殊性，从大学一年级本课程教学开始，就要强化对学生工程管理的历史责任感和社会责任感教育，培养学生的职业道德。

6. 本书不仅应对工程及工程管理中一些综合性问题进行阐述和分析，而且应对当前工程管理专业的课程内容进行拾遗补阙，在各课程之间增加一些"粘结剂"，使工程管理的教学体系更加完备，有更好的系统性。

7. 国内不同学校工程管理专业概论的课时不一样，但总的来说课时很少。笔者认为，本书不能按照教学的课时安排来编写，内容应该尽量丰富一些。这倒不是为了把书写厚一点。而是本书除了包括大学一年级学生应该了解的关于本专业的基本内容外，还应该有给学生扩大知识面的内容，以及对学生在四年的学习中有一定指导作用的内容。

8. 本书应该有比较翔实的工程方面的统计资料和工程及工程管理案例。

2006 年，东南大学将工程管理专业的《土木工程概论》改为《工程管理概论》，并由笔者主讲。该课程第一轮讲授之后，取得许多体会，并对本课程有一些新的认识。在此基础上组织了一批老师并在研究生的协助下完成本书的编写。这仅是我们对本专业的一些认识和思考。现在看来，本书不仅没有达到上述预定的标杆，而且是十分肤浅的，不是成熟的东西，是"毛坯"。笔者自己也不满意。写不好本书的原因是多方面的：

（1）近几年来，工程管理专业横向扩展，有许多建筑、林业、铁路、矿业、财经、机械、化工、冶金等高等院校都设置了工程管理专业，使我国的工程管理专业的设置存在多样性和差异性。这是本专业建设的一个重大问题。这样要写一本比较通用的工程管理概论是很困难的。

（2）笔者认为，一个专业的概论应体现这个专业的成熟度，而一个专业的成熟需要很长时间的建设过程。例如东南大学土木工程专业已经历了80多年的建设，至今还在进行教学上的改革。而工程管理是新的专业，我国正式设立工程管理专业还不到10年。它的培养目标、定位、培养方案、课程体系似乎还没有完全成熟。

一个专业学科体系的成熟，需要学术界同行们前赴后继、脚踏实地的研究和探索。但现在面对这样一个新专业，作为专业老师的笔者本人却常常忙于参加各种会议、培训，一年中许多时间跑东跑西，很少花时间和精力真正思考工程管理的学科问题，更不要说研究了。所以笔者常常觉得很对不起对工程管理专业抱有很大期望的企业界，更对不起选择本专业，将自己的前途和发展托付给本专业的莘莘学子。

（3）工程管理涉及工程的技术、经济、法律和管理等各方面问题，是一个综合性强、高度交叉的学科。工程管理概论应体现这种特色，但这对笔者来说是很难做到的，因为本人的知识面是很狭窄的。

（4）本书是教材，不是专著。笔者觉得，专著可以放开来写，而教材应该是严谨的，但恰恰笔者本人就是很不严谨的。另外，在国内，工程管理学术界和教育界许多规范性工作做得还不够，甚至许多术语都不统一。

（5）在写作本书的过程中笔者发现，我们过去对本专业的许多基础性研究工作做得还很不够。如我们对现代工程系统本身的认识还很不到位，对我国工程的全寿命期系统过程的规律性把握得还不好，对我国工程管理历史的研究也很少，而这些应是工程管理概论的重要内容。

（6）笔者认为，专业概论需要本专业的"大家"来写，而像笔者似的连"小家"都算不上的人是难以胜任本书编写的主持工作的。

由于在编写过程中遇到许多问题和困难，笔者曾经想放弃本书的编写工作。但在2006年11月上海的全国工程管理专业系主任会议上，笔者得到许多老师鼓励和支持。笔者就先编写一本出来，供国内的同行们批评。笔者认为，有一本——尽管是不成熟的——总比没有好！

笔者希望本书不仅能够作为工程管理专业学生进校后所上的一门课的教材，而且同学们在四年的大学学习中还能常常翻翻，对后期的学习有点参考作用。

本书绪论由成虎完成，第一、二、三章由王延树、郑生钦、陈志华、曾莹莹、成虎编写，第四、五、六、七章由陆彦、毛鹏、张颖、成虎编写，第八、九、十、十一章由虞华、纪凡荣、李洁、成虎编写。全书由成虎统稿。

在本书的编写过程中沈杰老师、张建坤老师、张星老师、张尚老师等提出很好的意见，本人向他们表示深深的谢意。

在本书的写作过程中笔者还参考了许多国内外正式出版的书籍和发表的文章，以及许多网络的资料。有些已在本书后列出，有些可能遗漏了，在此向各位作者表示深深的谢意和歉意。

笔者真诚地希望国内的同行们多提出意见和建议。笔者以后再努力修改，使本书最终成为名副其实的"大家"之作——集体智慧的结晶。

成虎
2007年3月于东南大学

目 录

绪论 ·· 1
第一章　工程概述 ··· 8
　　第一节　工程的概念 ·· 8
　　第二节　工程的作用 ··· 11
　　第三节　我国古代工程 ·· 18
　　第四节　我国现代工程的发展 ··· 26
　　复习思考题 ··· 36
第二章　现代工程系统 ··· 38
　　第一节　工程的分类 ··· 38
　　第二节　工程系统结构分析 ·· 43
　　第三节　工程系统构成举例 ·· 48
　　第四节　工程相关学科的专业结构 ··· 52
　　第五节　工程相关企业和行业 ··· 53
　　复习思考题 ··· 56
第三章　工程的寿命期系统过程 ·· 57
　　第一节　工程寿命期概念 ··· 57
　　第二节　工程环境系统 ·· 61
　　第三节　工程寿命期各阶段主要工作 ·· 64
　　第四节　工程相关者 ··· 80
　　复习思考题 ··· 82
第四章　成功的工程 ·· 83
　　第一节　概述 ·· 83
　　第二节　工程的目的和使命 ·· 89
　　第三节　工程的文化 ··· 90
　　第四节　成功的工程要求 ··· 93
　　第五节　建立科学和理性的工程价值观 ·· 106
　　复习思考题 ··· 108
第五章　工程管理概述 ·· 109
　　第一节　工程管理的概念 ··· 109
　　第二节　我国工程管理的历史发展 ·· 111
　　第三节　工程管理的几个主要方面及其工程管理任务 ··································· 124
　　复习思考题 ··· 126
第六章　现代工程的实施方式 ·· 127
　　第一节　概述 ·· 127

第二节　工程的资本结构……………………………………………………127
　　第三节　工程建设任务的委托方式……………………………………………131
　　第四节　工程建设管理和运行管理模式………………………………………136
　　复习思考题………………………………………………………………………139

第七章　现代工程需要解决的主要问题………………………………………………140
　　第一节　工程建设的技术问题…………………………………………………140
　　第二节　工程建设的经济问题…………………………………………………146
　　第三节　工程建设组织和信息问题……………………………………………148
　　第四节　工程建设中的管理问题………………………………………………151
　　第五节　工程的法律和合同问题………………………………………………153
　　复习思考题………………………………………………………………………155

第八章　现代工程管理理论和方法……………………………………………………156
　　第一节　工程管理理论和方法的基础…………………………………………156
　　第二节　工程管理重要的专业理论和方法……………………………………164
　　第三节　计算机技术和现代信息技术在工程管理中的应用…………………170
　　复习思考题………………………………………………………………………172

第九章　我国工程相关法律、法规、规范和管理制度………………………………174
　　第一节　我国工程相关法律体系………………………………………………174
　　第二节　我国与工程相关的重要法律…………………………………………176
　　第三节　我国与工程相关的重要法规和规章…………………………………178
　　第四节　我国与工程相关的规范………………………………………………181
　　第五节　我国工程管理体制和制度……………………………………………182
　　第六节　工程管理国际惯例……………………………………………………188
　　复习思考题………………………………………………………………………190

第十章　工程管理领域的人才需求和执业资格制度…………………………………191
　　第一节　我国工程管理专业学生的就业范围…………………………………191
　　第二节　现代社会对工程管理专业学生的要求………………………………193
　　第三节　我国工程管理界的执业资格制度……………………………………197
　　第四节　国际上相关的执业资格制度…………………………………………202
　　复习思考题………………………………………………………………………207

第十一章　工程管理专业的人才培养和教学体系……………………………………208
　　第一节　工程管理专业综述……………………………………………………208
　　第二节　工程管理专业学生的能力培养和教学………………………………212
　　第三节　工程管理专业学生毕业后的职业发展………………………………217
　　复习思考题………………………………………………………………………221

第十二章　工程管理的未来展望………………………………………………………222
　　复习思考题………………………………………………………………………236

附录：关于《工程管理概论》的复习和考试…………………………………………237

参考文献…………………………………………………………………………………238

绪　　论

一、"工程管理概论"课程的性质和地位

"工程管理概论"是工程管理专业的必修课，是对刚入校的学生进行专业启蒙教育的课程。在整个工程管理专业教学课程体系中本课程具有极为重要的地位。

工程管理专业的学生知识学习和培养过程应该经历从总体到专业细节，再回到总体的三个阶段（图0-1）。

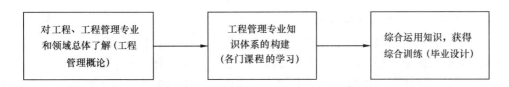

图0-1　工程管理专业学习总体过程

1. 学生入学后首先通过"工程管理概论"的学习，对工程、工程管理和工程管理专业有一个宏观的总体的了解，对工程管理专业的整个知识体系和教学体系有一个总体的把握。

2. 学生通过各门专业课程的学习，掌握各专业课程的知识和技能，构建工程管理专业所需要的知识结构，并通过实践环节掌握相关的专业工作能力。

3. 最后通过毕业设计（论文），使学生将所学的各门知识进行综合的总体的应用，得到综合的训练。

二、"工程管理概论"开设的必要性

1. 从1999年我国正式统一设置工程管理本科专业以来，工程管理专业已经从土木工程专业（或建筑工程专业）中分解出来，成为一个独立的专业。近几年来，工程管理专业在许多工程领域里扩展，办学存在多样性。现在，全国已有300多所高等院校设立工程管理本科专业，涉及建筑、农林、交通、矿业、财经、机械、化工、冶金和水利等高等院校。工程管理专业已经成长为一个宽口径的专业。

按照1999年全国工程管理专业指导委员会原来制定的工程管理专业的指导性培养方案和教学大纲，工程管理专业的学生在入学后要学习《土木工程概论》。这是有道理的，因为工程管理专业主要是从土木工程专业分解出来的，现在土木工程专业仍然是工程管理专业的基础专业之一。在工程中，土木工程专业具有主导专业性质，它也是宽口径专业。而且那时工程管理专业本身教学体系尚不完备。

但《土木工程概论》是针对土木工程专业的，按照土木工程专业学生的培养目标和规格设置的。而土木工程专业的学生与工程管理专业的学生有不同的工作任务和培养要求。这两个专业在培养目标、课程体系等方面都存在着差异性。所以再在工程管理专业中用

《土木工程概论》则名不正，言不顺。

现代工程的概念十分广泛，工程管理专业所涉及的工程系统也十分广泛，涉及各种工程领域（如土木建筑工程、水利工程、道路工程、化工工程、核电工程、林业工程等），涉及这些工程领域的各相关专业工程（如结构工程、电子工程、给水排水工程、通风工程、自动控制工程、通信工程、智能工程、设备工程等），而不是传统意义上的土木工程，或者结构工程。

工程管理专业是宽口径的，学生将来所管理的（或从事的）工程领域不同，其技术基础也有所不同。所以现代工程管理应该有大工程概念。

在住房和城乡建设部工程管理专业指导委员会的努力下，经过几年的探索与研究，工程管理专业的整个教学体系（教学大纲、课程体系、教材体系、培养方法、实践环节等）也逐渐成熟起来，形成独立的培养体系。现在应该有本专业自己的概论，这是专业成熟的标志，也是"大专业"应该有的底蕴、特色和内涵。

2. 工程管理专业教学存在特殊性。

(1) 工程管理者要在工程中管理各种专业工程的设计、施工、采购和运行，对工程承担很大的社会和历史责任。所以，工程管理者需要特殊的知识、能力和素质。

工程管理虽然也要解决与工程技术相关的问题，但重点解决工程的经济（包括融资）问题、管理问题、组织问题、合同（法律）问题等。工程管理是涉及整个工程系统的综合性工作，负责工程的建设过程，担负协调各个工程专业的责任，所以工程管理专业的学生必须对整个工程系统都十分熟悉，需要有综合性知识。

(2) 现代工程管理已经由以施工管理为重点向建设工程全寿命期、全过程的集成化管理方向发展。

(3) 现代工程强调决策、市场、融资、设计、施工、采购、运行一体化，我国正推行总承包、项目管理和代建制。

所以工程管理专业在工程中有特殊的地位，工程管理学科具有更大综合性，具有超专业特点。它必须在比各个工程专业（包括土木工程专业）更高的层面上，从更宽的角度，更长的时间跨度（工程全寿命期）思考、解决和处理工程问题，以新的工程理念引领整个工程界。

这些都必须首先在工程管理概论中体现出来。

3. 与其他工程技术类专业不同，工程管理的专业面很宽，专业方向多，知识结构复杂，具有综合性，需要特殊的专业能力培养。学生在进入专业学习之前必须了解如下几个问题：

(1) 工程对社会发展的主要作用是什么；

(2) 自己将来所管理的对象——工程系统的基本构成和工程的特点；

(3) 工程是如何出生、成长的，经过什么样的寿命期过程；

(4) 什么样的工程是成功的，如何取得工程的成功，工程管理者有什么样的使命和责任；

(5) 工程管理专业的基本情况、历史发展和前景；

(6) 在工程的建设过程中有哪些技术、经济、管理、法律问题要解决，需要哪些技术、经济、管理和法律方面的知识；

(7) 我国的工程相关法律、法规、规范和管理制度；

(8) 在工程建设中需要哪些工程管理人员，这些人员应具备什么样的知识、能力和素质，我国和国际上工程管理领域的执业资质设置和考试情况等；

(9) 工程管理专业的教学体系、特点和学习的注意点，学生将来如何进行职业发展；

(10) 我国工程的发展趋向是什么。

这样使学生在进校后能够明确学习目标、方向，在学习中少走弯路。这对学生顺利地进行专业学习，达到专业培养目标有十分重要的作用。

三、"工程管理概论"的教学目的

工程管理概论的课程教学是为工程管理专业的总体培养目标服务的。

1. 通过本课程的学习，使刚进校，但尚没有进入专业学习的学生对工程系统、工程全寿命期过程和工程管理体系有一个宏观的了解，使学生建立工程意识，有工程系统和工程管理系统的概念，以体现工程管理超专业的特性。

2. 通过本课程的学习，使学生接受新的工程理念，树立工程的全寿命期意识，环境意识，经济、管理和法律意识，有工程的社会责任感和历史责任感。

这些对于刚进入这个行业的学生来说是非常重要的。

3. 通过本课程的学习，使学生了解和认识工程管理的学科体系、学科特点、工程的建设和运营过程、工程管理者的组织使命和角色、工程管理理论和方法体系。

4. 通过本课程学习，使学生了解将来就业的情况，企业对工程管理专业学生的要求，了解建筑工程领域国内外的主要执业资质制度，考试科目等，对将来自己的专业前景和发展路径有所思考，对本专业的前景和学习有信心。从而树立献身工程管理事业的信念，产生强烈的求知欲，增强学习的主动性。

5. 使学生理解工程管理专业的特点和学习方法，同时也使学生能够设计自己的知识结构，有意识地培养自己工程管理能力和素质，使自己在专业学习和将来的专业发展道路上少走弯路。

所以"工程管理概论"并不是一门在大一上过课后就结束的课程，而应该是对学生在整个本科学习中有指导作用，甚至是对他们将来的就业和职业发展有所帮助的课程。

四、"工程管理概论"的内容体系

目前，"工程管理概论"尚没有形成学术界统一认可的内容体系。本书主要包括如下内容（图0-2）：

1. 概述。主要介绍开设本课程的理由、目的，本课程的内容体系、特点和教学注意点等。

2. 工程概述。主要介绍：工程的概念，工程在国民经济和社会生活中的地位，我国古代工程建设，我国现代工程的发展情况和特点。

3. 现代工程系统。主要介绍：工程的分类，工程的系统结构，我国高校的工程专业结构，工程相关行业，企业类别划分等。

4. 工程的寿命期系统过程。主要包括：工程寿命期系统模型，工程环境系统，工程寿命期各阶段主要工作和工程相关者。

5. 成功的工程。主要描述工程的总体指导思想、目的、使命、文化和成功工程的各项要求。

6. 工程管理概述。介绍工程管理的概念，工程管理的发展历史，工程中几个主要方面的工程管理任务。

7. 现代工程的建造和运行的实施方式，包括融资方式、承发包方式、建设管理方式和运行管理方式等。

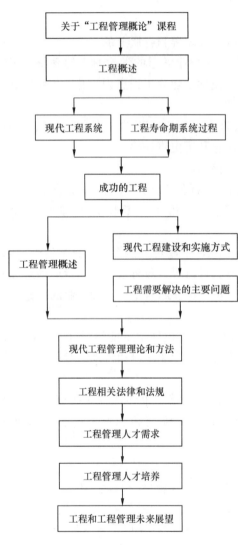

图 0-2 本课程的内容体系

8. 为了获得成功的工程需要解决的主要问题。包括工程技术问题、工程经济问题、工程的管理问题、工程法律和合同问题等。

这些问题产生了对工程管理理论和方法的需求。

9. 工程管理理论和方法体系。分三个层次描述：

（1）工程管理理论和方法的基础，包括系统论、控制论、信息论、组织理论和运筹学等。

（2）简要介绍工程管理专业理论和方法，包括工程项目管理、工程估价、工程经济学、建设法律和工程合同管理等内容。这些形成工程管理的专业主干课程。

（3）计算机和现代信息技术在工程管理中的应用。这是现代工程管理的手段和工具。

10. 工程相关法律和法规。介绍工程法律和法规的作用、我国工程相关法律体系和最重要的法律、工程相关的规范体系、我国工程管理体制和制度、工程管理国际惯例。

11. 工程管理的人才需求和执业资质制度。主要介绍工程管理专业学生的主要就业岗位，现代社会对工程管理专业人才的知识、能力和职业道德要求，我国和国际工程管理界主要执业资质制度。

12. 工程管理专业的人才培养。主要介绍我国工程管理的专业设置，学生实际工作能力的培养，工程管理专业教学和学生毕业后的专业发展问题。

13. 工程管理未来展望。主要介绍我国未来社会对工程的需求，对工程和工程管理的未来发展的展望。

五、"工程管理概论"课程的特点

由于工程管理工作的特殊性和我国工程管理专业的特点,使得工程管理概论的教学存在一定难度。

1. "工程管理概论"教学对象是刚从高中进入大学的学生,一般安排在第一学期学习。这里首先要注意引导学生学习方式和学习习惯的转变。

按照我国的高中教育方式,学生到大学后既感到新鲜,同时又感到茫然和不适应:

在高中,学生学习一些基础知识;而大学既有基础知识又要学习与自己将来工作相关的专业领域知识;

在高中,学生是被学校、家人严格管理的,由他人安排自己的学习;而到大学,学生必须学会自学,自我设计、安排和管理学习,既要保持勤奋好学的优点,不放任自己,不懈怠,又要有计划性;

在高中主要是接受知识,是传承型学习;而在大学不仅要接受知识,还要提升知识的应用能力和自我素质,要求研究型和创新型学习;

在高中,老师要具体、系统,且详细讲授各知识点;而在大学是启发式教学,学生必须掌握自学方法,要求自己掌握学习的客观规律。

所以,首先必须引导学生尽快完成这种转变。这对工程管理专业的学生更为重要,也是学好工程管理专业的前提条件。否则会导致大学学习就像一个管理得不好的工程项目,在开始阶段就是混乱和低效率的,这会对整个大学的学习产生不好的影响。

2. 由于大学一年级的学生还没有工程及工程管理专业的基本知识,所以本课程的学习对他们既十分重要,同时又非常困难。

本课程的教学应立足于本校本专业所属的工程领域大工程理念的灌输,要从整个社会和环境系统、整个工程系统、工程全寿命期过程和工程管理的角度,对工程进行大系统描述,使学生对于本专业工程系统有一个宏观的、整体的、全面的认识,而非具体的工程专业技术知识的传授。

本课程既要有一定的专业性,又要通俗易懂,带有科普性,有较高的文化和哲学内涵,体现工程新的历史观和健康发展观。

本课程的教学并不一定要追求学生对内容的完全掌握。有些内容在学生刚进校时不可能全懂,但要学生建立工程和工程管理专业的系统框架,有工程和工程管理新的理念,掌握一些基本的概念,学生可以在以后专业学习过程中慢慢体会。

本课程应对工程管理专业学生的整个本科期间的学习,甚至对将来的专业发展有指导作用。

3. 由于工程管理是一个新兴的专业,"工程管理概论"的内容还没有一个统一的模式,它的知识体系尚不完备。本书从一般的工程管理专业教学要求出发,提出了工程管理概论的基本教学内容。各校开设工程管理概论的课时也各不相同,在教学中教师可以按照课时数量调整教学内容。

同时,各个学校工程管理专业所依托的工程种类存在差异(如房屋建筑工程、冶金工程、交通工程、化工工程等),所以在本课程教学中应该结合相应领域工程的特殊性,使用相关工程领域的统计数据、工程系统结构分析、工程案例和图片等进行教学。例如可以结合本领域工程的历史和现状举例，在介绍工程系统构成和工程的技术问题时可以结合相关领域的工程举例讲述。

4. 按照工程管理专业的培养目标，本专业是培养"工程师"的。从本课程的教学开始就要培养学生对工程的"感情"，对工程技术的热情，培养严谨的学风和工作作风，学生必须得到严格的专业技能训练。这些必须体现在本专业的整个教学过程中。

同时在教学中要提倡用讨论的方式，促使学生积极思考，使学生的文笔和演讲能力得到锻炼。

5. 工程管理专业与其他工程技术专业存在密切的联系。现代工程的范围非常广泛，工程管理工作与城市规划、建筑学、土木工程、交通工程、机械工程、环境工程、信息工程等专业相关。所以工程管理概论应该体现大工程系统的概念。

在教学中应把握，既要有一定的技术含量，又不要太专业化，不过多涉及具体技术专业问题，避免与各个工程专业有太多的交叉。

在本课程的教学中可以在如下四部分增加学生将来所从事的工程领域相关的"工程技术"含量：

（1）在第二章第二节"工程系统结构分析"教学中可以更细致地介绍学生将来所从事领域的工程的功能要求、系统结构、新的结构类型、新材料和新的专业工程子系统。

（2）在第三章第三节"工程寿命期各阶段主要工作"教学中可以介绍相关领域工程的建设过程。

（3）在第七章第一节"工程建设的技术问题"教学中，可以介绍相关工程的总方案、选址、工程技术方案（如结构方案）和各种施工方案等。

（4）第十二章中可以向学生重点介绍本领域最新的工程技术和发展趋向。

对于工程技术方面的介绍，应关注工程系统的构成，工程系统中各工程专业子系统的直观的形象和它们的相关性，工程系统的设计和建造过程等问题。

6. 工程管理概论与工程管理其他课程存在着密切的联系与界限。例如与工程项目管理、工程估价、工程经济学、建设法规、工程合同管理等密切相关，会涉及大多数工程管理专业课程。所以在教学中既要从总体角度介绍工程管理的各门课程，又不要过多涉及其他课程的内容，不然会影响后期其他课程的教学。

7. 工程管理专业的学生必须具备很高的职业道德。由于现代工程的特殊性和对工程管理从业人员的素质要求，工程管理专业不仅是一个具有很高技术含量的工程专业，还是一个经济和管理专业，更是一个具有很高职业道德要求的专业。在教学中，必须加强对学生的职业道德教育，增强学生对工程的历史责任感和社会责任感。

8. 工程管理内容是常新的。我国的工程和工程管理的理论和实践都处在不断变化的过程中，不断有新的工程技术，新的管理理论和方法应用；不断有新的融资模式、承发包模式和管理模式出现；在对过去的工程管理历史的研究中也会有新的成果。所以本课程的教学内容应不断创新，应该注意反映和充实最新的内容。

本课程教学应多用图表，要数据详实，并应按照实际情况及时更新数据，让学生了解最新的工程建设动态和工程市场状况。

9. 与工程类的其他专业不同，工程管理专业既是工程科学的一部分，同时又是社会科学的一部分。工程管理概论不仅具有一定的技术内涵，需要严谨的思维，还应具有文化和哲学内涵，能够体现出健康的工程历史观和发展观。

第一章 工程概述

【本章提要】 本章主要介绍工程的概念，工程对社会发展的作用，工程的历史发展过程和现代工程的特点。通过本章学习，使学生对工程有一个宏观的了解和认识。

第一节 工程的概念

一、工程的含义

（一）工程的定义

什么是"工程（Engineering）"，人们从不同的角度对它有不同解释。工程的定义有许多，比较典型的有：

1. 《朗文当代高级英语辞典》定义工程是：一项重要且精心设计的工作，其目的是为了建造或制造一些新的事物，或解决某个问题（An important and carefully planned piece of work that is intended to build or produce something new, or to deal with a problem）。

2. 《牛津高级英语词典（第六版）》定义工程是：一项有计划的工作，其目的是为了寻找一些事物的信息，生产一些新的东西，或改善一些事物（A planned piece of work that is designed to find information about something, to produce something new, or to improve something）。

3. 《新牛津英语词典》定义工程为：一项精心计划和设计以实现一个特定目标的单独进行或联合实施的工作（An individual or collaborative enterprise that is carefully planned and designed to achieve a particular aim）。

4. 《剑桥国际英语词典》定义工程为：一项有计划的，要通过一段时间完成，并且要实现一个特定的目标的工作或者活动（A piece of planned work or activity which is completed over a period of time and intended to achieve a particular aim）。

5. 《不列颠百科全书（Encyclopedia Britannica）》对工程的解释为：应用科学原理使自然资源最佳地转化为结构、机械、产品、系统和过程以造福人类的专门技术。

6. 《新华汉语词典》解释工程为：土木建筑或其他生产、制造部门用比较大而复杂的设备来进行的工作。

7. 《中国百科大辞典》把工程定义为：将自然科学原理应用到工农业生产部门中而形成的各学科的总称。

8. 《现代汉语大词典》解释工程为：

（1）指土木建筑及生产、制造部门用比较大而复杂的设备来进行的工作。

（2）泛指某项需要投入巨大人力、物力的工作。

9. 《辞海》解释工程为：

(1) 将自然科学的原理应用到工农业生产部门中去而形成的各学科的总称。这些学科是应用数学、物理学、化学、生物学等基础科学的原理，结合在科学实验与生产实践中所积累的经验而发展出来的。

(2) 指具体的基本建设项目。

10. 中国工程院咨询课题——《我国工程管理科学发展现状研究——工程管理科学专业领域范畴界定及工程管理案例》研究报告中的有关工程界定为：工程是人类为了特定的目的，依据自然规律，有组织的改造客观世界的活动。一般来说，工程具有产业依附性、技术集合性、经济社会的可取性和组织协调性。

11. 美国工程院（MAE）认为：工程的定义有很多种，可以被视为科学应用，也可以被视为在有限条件下的设计。

（二）广义的工程

在现代社会，符合上述"工程"定义的事物是十分普遍的。"工程"是一个十分广泛的概念，只要是人们为了某种目的，进行设计和计划，解决某些问题，改进某些事物等，都是"工程"。所以人类社会到处都有"工程"。

1. 传统意义上的工程的概念包括建造房屋、大坝、铁路、桥梁，制造设备、船舶，开发新的武器，进行技术革新等。

在我国古代三千年前就有"百工"，它包括各种物品的制造。

2. 由于人们生活和探索领域的扩展，不断有新的科学技术和知识被发现和应用，开辟许多新的工程领域，如近代出现的航天工程、空间探索工程、基因（如生物克隆）工程、食品工程、微电子工程、软件工程等。

3. 在社会领域，人们也经常用"工程"一词描述一些事务和事物，这在报纸、讲话、电视里经常出现，例如"扶贫工程"、"211 工程"、"阳光工程"、"333 工程"、民心工程、经济普查工程、"青蓝工程"、健康工程、菜篮子工程等。

在许多场合，领导人在提到某些社会问题时常常说，这个问题的解决是一个复杂的"系统工程"。

（三）狭义的工程

工程的定义虽然非常广泛，但工程管理专业所研究的对象还是比较传统的"工程"的范围。工程管理的理论和方法应用最成熟的是土木建筑工程❶、水利工程❷和军事工程❸领域。而工程管理专业的学生也主要在土木建筑工程和水利工程等领域就业。

所以工程管理专业所指的"工程"，主要是针对土木建筑工程与水利工程，是狭义的工程的概念。因此，在本书中，如果没有特别说明，则"工程"一词就是指狭义的工程的概念。

二、工程的三个方面

归纳上面的各种定义，从工程技术和工程管理专业的角度来说，"工程"一词主要有

---

❶ 土木建筑工程包括房屋建筑、地下建筑、隧道、铁路、道路、桥梁、矿井、运输管道、运河、堤坝、港口、飞机场、海洋平台等。

❷ 水利工程主要包括各种水利水电工程，如运河（渠道）、大坝、水力发电设施等。

❸ 在国外，军事工程因其特殊性，工程管理专业的许多原理和方法都来源于它，或者首先在军事工程中应用。在许多国家，军事工程的管理水平和规范化程度是最高的。

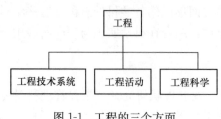

图 1-1 工程的三个方面

如下三方面的意义（图 1-1）：

1. 工程是人类为了实现认识自然、改造自然、利用自然的目的，应用科学技术创造的，具有一定使用功能或实现价值要求的技术系统。工程的产品或带来的成果都必须有使用（功能）价值或经济价值，如一幢建筑物，一条公路，一个工厂；但有一些工程的产品具有很大的文化价值，如埃及的金字塔、天安门广场的人民英雄纪念碑。工程技术系统通常可以用一定的功能（如产品的产量或服务能力）要求、实物工程量、质量、技术标准等指标表达。例如：

一定生产能力（产量）的某种产品的生产流水线；

一定生产能力的车间或工厂；

一定长度和等级的公路；

一定发电量的火力发电站，或核电站；

具有某种功能的新产品；

某种新型号的武器系统；

一定规模的医院；

一定规模学生容量的大学校区；

一定规模的住宅小区；

解决某个问题的技术创新、技术改造方案或系统等。

在这个意义上，工程是一个人造的技术系统，是解决问题，实现目标的依托。它是工程最核心的内容。一般人们所用的"工程"一词，主要指这个技术系统。

2. 工程又是人们为了达到一定的目的，应用相关科学技术和知识，利用自然资源最佳地获得（如建造）上述技术系统的活动（或过程）。这些活动通常包括：工程的论证与决策、规划、勘察与设计、施工、运行和维护。还可能包括新型产品与装备的开发、制造和生产过程，以及技术创新、技术革新、更新改造、产品或产业转型过程等。

在这个意义上，"工程"又包括"工程项目"的概念。

3. 工程科学。工程科学是人们为了解决生产和社会中出现的问题，将科学知识、技术或经验用以设计产品，建造各种工程设施、生产机器或材料的科学技术。

工程科学包括相关工程所应用的材料、设备和所进行的勘察设计、施工、制造、维修和相应的管理等技术，按照工程的类别和相关的知识体系分为许多工程学科（专业）。

所以"工程"包括了"工程技术系统"、"工程的建造过程（即工程项目）"和"工程科学"三个方面的含义。在实际生活中，"工程"一词在不同的地方使用，会有不同的意义。

例如，人们到一个建成的工厂，说"这个工程运行得很好"，或"这个工程设计标准很高"，则主要指这个工程的技术系统（设施）状态。

如果到一个施工工地，说"这个工程中断了"，则主要指工程的建设过程，即工程项目。

而到一个高等院校，说："这个高校的土木工程、机械工程、电子工程是一流的"，则就是指相关的工程学科（专业）。

三、工程项目

与"工程"关系最紧密的一个词是"工程项目"。"工程"和"工程项目"既有联系，又有区别。

1. 项目的定义

"项目"定义很多，许多管理专家和标准化组织都企图用简单通俗的语言对项目进行抽象性概括和描述。最为典型的是国际标准《质量管理——项目管理质量指南（ISO 10006）》定义项目为："由一组有起止时间的、相互协调的受控活动所组成的特定过程，该过程要达到符合规定要求的目标，包括时间、成本和资源的约束条件"。

按照这个定义，项目具有如下特征：

（1）项目是在一定的时间内完成一项具体的任务。

（2）任务是在一定的约束条件下完成的。约束条件可能是时间的限制（在一定时间内完成），成本和经济性的要求，劳动力、资金、设备、材料等资源消耗的限制。

（3）项目是由各种各样的活动构成的，这些活动之间互相关联，具有一定的逻辑关系。所以项目是行为系统。

2. 工程项目的概念

"工程项目"是以完成一定的工程技术系统为任务的项目，是一个工程的建设（建造）过程。如为完成一项工程的建设任务，人们需要完成立项、设计、计划、施工、验收等活动，最终交付一个工程系统。

从前述工程的定义可以看出，工程项目是工程技术系统的建造任务和过程，是工程的一个方面。

而工程技术系统是工程项目的交付成果，即工程项目的产出结果。人们使用"工程"一词更多的是指这个技术系统。

例如人们一谈起"青藏铁路工程"，在脑海里首先想到它是一条铁路，它是由该铁路上的轨道、桥梁、隧道、车站、信号、设施等构成的系统。它是实体系统。

而"青藏铁路建设工程项目"，是建设青藏铁路的任务和过程，包括可行性研究、立项、设计、施工、运行的全过程，是行为系统。

第二节 工程的作用

一、工程是人类开发自然，改造自然的物质基础

工程是人类为了解决一定的社会、经济和生活问题而建造的，具有一定功能或具有一定价值的系统，如三峡工程是为了解决我国长江上游的防洪、发电、航运问题而建造的。有些工程具有文化或历史价值，如天安门广场上的人民英雄纪念碑。

人类社会为了改变自己的生活环境，为了探索未知世界，一直在进行着各种各样工程。这似乎是人类社会的一个基本"职能"。从最简单的房屋建筑，到大型的宇宙探索工程，工程改变了人类的生活，增强了人类认识自然和改造自然的能力。

1. 人们通过工程改善自己的生存环境，提高物质生活水平。

例如：通过建筑房屋为人们提供舒适的住宅条件，能够挡风避雨。我国近 30 年来房

屋建筑工程发展最为迅速。据统计，在1979年，我国城市人均住宅建筑面积仅6.7m^2，农村居民人均住房面积也仅为8.1m^2；而到了2007年，我国城市人均住宅建筑面积翻了两番，达到27.1m^2，农村居民人均住房面积也增加到31.6m^2。

又如：人们建造的汽车制造厂生产出小轿车。我国私人小轿车拥有量在1985年几乎为零，到2009年，一年的销售量就达到1300万辆。

如此多的小轿车，则需要许多高速公路为人们提供便利的交通条件。

再如：人们需要通过石油开采工程和发电厂建设工程提供生活、工作所需的能源；需要通过信息工程建设提供通信服务设施。

2. 人们认识自然，进行科学研究，探索未知世界，必须借助工程所提供的平台。

例如：大学和研究所利用实验室完成一个个探索未知世界的任务。

又如：人类通过建造的正负离子对撞机、大型空间站、宇宙探索装置等，逐渐认识大至外层宇宙空间的宏观世界，小到基本粒子的微观世界。

3. 人们通过工程改造自然，改变自然的特性，使之有利于自己，降低自然的负面影响。

例如：近一百多年来，长江上先后爆发了五次特大洪水灾害，每次爆发，都伴随大量人员伤亡，良田被毁，房屋倒塌，交通中断。而兴建三峡工程不仅能够有效地防止这些自然灾害，还可以蓄水发电、改善航运。

4. 工程为人们社会文化生活，特别是精神生活提供所需要的场所，丰富了人们的物质和文化生活。在人类历史上建造的各种庙宇、祭坛、教堂、宫殿、纪念馆、大会堂、运动场、园林、图书馆、剧场等都是人们文化生活的场所。

例如：近十几年来，我国普及大学教育，高等院校招生人数1977年仅27万人，到2008年达到近600万人。我国在各个大城市兴建的大学城为扩大招生提供了可能。

又如：奥运场馆的建设为成功举办2008年北京奥运会提供了基础设施。

工程发展到现在，已经深入到了人们生产和生活的各个方面，人们的衣食住行都离不开工程，如土木工程、食品工程、电子工程、纺织工程、交通工程等。人们通过工程改变着自然，改变着地球的面貌，提升了自己的能力，也改变了自己的物质生活，丰富了自己的精神文化生活。

二、工程是人类文明的体现和文明传承的载体

1. 工程是人类运用自己所掌握的科学技术知识开发自然和改造自然的产物，是人类生存、发展历史过程中的基本实践活动，又是人类在地球上生活、进行科学研究和探索留下的重要痕迹。它标志着一定社会的科学技术发展水平和文明程度，同时是历史的见证，记载了历史上大量的经济、文化、科学技术的信息。

例如：人们通过对大量古建筑遗址或古代陵墓考察，可以了解当时的政治、经济、军事状况，科学技术发展水平和人们的社会生活情形。

因此通过对历史上工程（特别是建筑、工程材料和工程结构）的分析和研究，我们可以清晰地了解到科学技术发展的轨迹。

在古代，土木工程所用的材料最早只是天然材料，如泥土、木材、砾石、石材以及混合材料（如加草筋泥）等。这在龙山文化遗址上可以看到（图1-2）。

后来在工程中有了用泥土烧制的砖头和瓦，以及一些陶制品。

我国著名的万里长城，就是秦代在魏、燕、赵三国夯土筑城的基础上进一步修筑和贯通的，主要采用夯土、砖和石料。

2000多年以来，木材和"秦砖汉瓦"是我国建筑的主要材料。建于公元14世纪，历经明清两代的北京故宫，是世界上现存最大、最完整的古代木结构宫殿建筑群（图1-3）。

而欧洲古代房屋建筑则以石拱结构为主，如意大利的比萨大教堂建筑群（公元11～13世纪）、法国的巴黎圣母教堂（1163～1271年）（图1-4），均为拱券结构的建筑。

图1-2　龙山文化遗址

1824年英国人J·阿斯普丁发明了波特兰水泥，1856年转炉炼钢获得了成功。这些材料为现代钢筋混凝土结构打下了物质基础。1875年法国人莫尼埃主持建造成第一座长16m的钢筋混凝土桥。1886年，在美国芝加哥用框架结构建成了一座高达9层的保险公司大厦，被誉为是现代高层建筑的开端。

第二次世界大战结束至今，现代土木工程材料进一步轻质化、高强化，并向智能化方向发展。这些材料的出现催生了高层建筑和大跨径桥梁。1973年在美国芝

图1-3　北京故宫

加哥建成高达443m的西尔斯大厦，其高度比1931年建造的纽约帝国大厦高出65m左右。1998年我国建成的上海金茂大厦采用钢筋混凝土和钢结构混合结构，高421m，居中国第一、世界第三。

而目前世界上的第一高楼，也是世界上最高的人造建筑物——迪拜"哈利法塔"大楼（图1-5）。其高度达818m，楼层数量超过160层，装有世界上速度最快的电梯，约每小时64km。在天气晴朗时，远在100km以外就可看到这座超高摩天大楼的尖顶。

20世纪80年代起，随着现代材料科学和大规模集成电路技术的出现，人们开始了智能材料的研究和应用。这些材料在以某种方式融合到结构基本材料

图1-4　法国的巴黎圣母教堂结构

之中或与结构构件相结合之后，能发挥传感和驱动功能以使结构具有感觉和自我调节能力，从而使建筑能够自动调温、调湿，能够监控建筑上的暖通、光照、设备等系统的运行，进行自我诊断和修复。

2. 工程是人类认识自然和改造自然能力传承的载体，是人类文化和文明的传承载体。

工程是人类智慧和经验的结晶，反映着人类文明和历史的变迁。人类的科学技术和知识的大量内容是通过工程传承的。任何时代，工程是所有已经取得的科学技术的体现，同时科学技术研究和探索又都是在工程的基础上进行的。

例如：在现代科学家进行基本粒子研究所用的仪器和设施就代表人类已经获得的基本粒子科学知识的全部；在人们所进行的航天工程中，就用到人类所

图 1-5　世界第一高楼——迪拜大厦

积累的所有天文学、数学、物理学、化学、材料科学、空气动力学等各方面的尖端科学知识。

3. 中华民族勤劳、勇敢和智慧的历史证明之一就是我们有前人留下的大量规模宏大，工艺精美的建筑工程夸耀于世。试想一下，如果没有长城、都江堰、秦兵马俑、大运河、苏州园林、北京故宫等建筑，我们这个民族在世界民族之林中就要暗淡得多，就会缺少许多吸引力。

而现代，"两弹一星"工程、三峡水利枢纽工程、大飞机制造、航天工程和登月工程等，是我国国民经济和科学技术水平的集中表现。

4. 在人类历史发展的长河中，建筑工程是文化艺术的一部分。人类一开始搞工程，工程就和艺术融为一体。早期的人们穴居，现在发现的许多原始人留下的岩石壁画，就可能是最久远的室内装潢艺术。人类开始建造房屋（"构木为巢"），就开始艺术创作，早期的人们就试图在房屋木结构上雕刻，通过建筑工程表现美感、技巧、精神和思想。

经过长期的发展，建筑已成为凝固的音乐，永恒的诗歌。一座优美的建筑带给我们的不仅仅是使用功能，而且有视觉上的审美享受，同时也让我们从中看到所处时代的印记和所属民族的特质。所以不同国度（民族）的建筑，一个国度不同时期的建筑，就表现出不同国度（民族），不同时期人们的文化素质、智慧和精神。

任何国家的建筑遗址都记载着这个国家的文化。在我国的历史上建筑工程就与金石书画、礼乐文章并列，为文化艺术的一部分。我国传统建筑（无论是单个房屋建筑、建筑群，还是一个城市；无论是一般民居、一个村落、庙宇，还是县府、都城）一向都有中国精神、道德观念、素质、性格、智慧和美感，体现当时的政治制度、经济、国防、宗教、

思想、艺术、文化传统、风俗习惯、礼仪、工艺、知识、趣味和家庭组织。

例如：山西传统民居是中国民宅合院建筑追求儒家"天人合一"审美理想的典型。其"堂"位于合院建筑中轴线的重要位置上，堂前的庭院是一块空地，上对苍天，组成了完整的天地象征（图1-6）。

所以对古代建筑的保护就是对文化的保护，对建筑艺术的传承，就是对文化的传承。而某个民族在某个时代，如果建筑艺术衰落，也就反映了这个民族文化的衰落。

随着社会的发展，现存的古老建筑工程，它的功能价值逐渐消失（都江堰水利工程和大运河等除外），越来越重要的是它的文化价值和历史价值，例如长城、故宫、苏州园林等。

三、工程是科学技术发展的动力

工程科学是科学技术的重要组成部分。工程建设和工程科学的发展为整个科学技术的发展提供了强大的动力。即使在现代，科学技术要转化成直接的生产力，仍然离不开工程这一关键环节。

图1-6 山西传统民居

1. 科学知识是人们通过研究探索，或通过生产和生活实践获得的。人们，特别是科学家，要发现问题，解释自然现象，获得科学知识。

工程要应用科学知识解决实际问题。在各种不同种类的工程建设和发展过程中，逐渐形成了一门门工程学科。工程技术和学科的建立和发展与整个科学技术的发展是相辅相成的。

工程也是人们社会生产和生活的一部分。在工程中会遇到许多新的问题，发现新的现象，人们研究解决这些问题的新方法或解释了新的现象，就获得了新的科学知识。所以大量的科学知识又是通过工程获得的。特别在现代，大型和特大型的高科技工程又是研究和探索科学知识的过程。

2. 工程专家（或工程师）要应用科学知识，建造工程，以解决人们社会经济和文化问题，为人类造福。工程主要依赖工程师的能力和工程经验，有些科学知识在工程中应用是先于人们对它全面和透彻的了解的。

如我国的古代建筑赵州桥，埃及的金字塔，都是在当时数学知识和几何知识不甚发达时期修建的，但那时的工程专家（即工匠们）利用丰富的经验和精湛的手艺建造了无与伦比的工程。

又如，在2000多年前建造的都江堰工程就利用了弯道流体力学的方法取水排沙。而这种方法直到现代社会仍然是水力学研究的前沿问题。

3. 现代社会，科学家依托工程所提供的条件进行科学研究。科学家常常需要设计新的科学实验设备或模拟装置，它们本身又是工程。我国的最新一代核聚变实验装置

图1-7 我国的最新一代核聚变实验装置"EAST"

"EAST"（Experimental Advanced Superconducting Tokamak），俗称"人造太阳"，它本身就是一个非常复杂的工程系统（图1-7）。

4. 科学家为大型工程提供可靠性和适用性的理论分析和实验模拟。例如：在新的大型结构的应用中，首先制作模型在实验室里进行模拟试验，如力学实验、荷载试验、风洞试验、地震试验等。现在几乎所有的复杂的高科技工程都有这个过程（图1-8）。

在一些大型工程中，如我国的"两弹一星"工程、三峡工程，以及最近的"载人航天"工程等，都有工程技术和科学研究的高度结合，工程中需要进行大量的科学模拟实验，用以解决工程中的新问题。同时科学家利用工程提供的工具和平台进行科学试验和研究，以发现新的科学知识。

例如，城市轨道交通工程建设涉及车站建设、隧道挖掘、轨道铺设、车辆制造、信息通信系统建设等活动，几乎涉及现代土木工程、信息电子工程、机电设备工程等所有高新技术领域。

所以在现代社会要促进整个科学技术的发展，必须加强大学里工科和理科的结合，加强教学、科研与工程实践三者的结合。

四、工程是社会发展的动力

工程作为社会经济和文化发展的动

图1-8 人工模拟水利工程模型

力，在人类历史进程中，一直作为直接的生产力。具体体现在如下方面：

1. 工程建设促进了城市化的发展。城市化，即人口向城市集中，是现代社会的特征之一。我国城市化的进程：20世纪70年代末仅14%，1986年达到26%以上，2000年达到36%。现在我国处于城市化高速发展时期，预计2020年达到50%，2050年达到65%以上。

在这个过程中，需要建设大量的房屋工程和城市基础设施工程。

2. 工程作为社会经济、文化发展的依托。国民经济各部门的发展、科学进步、国防力量的提升、人民物质和文化生活水平的提高都依赖工程所提供的平台。例如：

信息产业的发展需要生产通信产品的工厂和建设通信设施；

交通业发展需要建设高速公路、铁路、机场、码头；

食品工业和第三产业发展需要工厂及相关设施；

国防力量的提升需要大量的国防设施，需要进行国防科学技术研究基地建设；

教育发展需要建大量的新校区、大学城，需要教室、图书馆、实验室、宿舍、运动场（馆）、办公楼等。

所以，工程是工业、农业、国防、教育、交通等各行各业发展的基础。国民经济的各个部门都要有基本的设施，都离不开工程。近三十年来，我国经济高速发展，国家繁荣，一个重要的特征就是，我们建设了和正在建设着大量的工程。工程是国家现代化建设程度的标志。

随着我国国民经济的快速增长，固定资产投资额逐年提高，工程建设作为固定资产投资转化为生产能力的必经环节，其产值也大幅度增加。固定资产投资中既包括生产性投资，也包括生活消费性投资。我国整个社会固定资产投资总额中约有60%是工程建设投资。以2007年为例，全社会固定资产投资137324亿元，其中建筑安装工程占到83518亿元，另外还有与建筑工程相关的约1万亿元的设备、器具采购。

近几年我国社会固定资产投资与建筑安装工程的总额和比例见表1-1。

我国社会固定资产投资与建筑安装工程情况表　　单位：亿元　　　表1-1

年份	1998	1999	2000	2001	2002	2003	2004	2005	2006	2007
全社会固定资产投资总额	28406	29855	32918	37214	43500	55567	70477	88774	109998	137324
其中：建筑安装工程总额	17875	18796	20536	22955	26579	33447	42804	53383	66776	83518
建筑安装工程所占比例（%）	62.9	63.0	62.4	61.7	61.1	60.2	60.7	60.1	60.7	60.8

3. 工程相关产业，特别是建筑业是国民经济的重要行业。

工程建设是由工程相关产业，主要是建筑业完成的。建筑业直接通过工程建设完成建筑业产值，获取利润，提供税收，对国民经济发展作出很大的贡献。我国社会各领域投资的增加促进了我国建筑业的发展。近年来，我国建筑业增加值不断创历史新高。在国家统计局发布的中国统计年鉴中，2007年我国国内生产总值全部为249529.9亿人民币。其中建筑业增加值为14014.1亿人民币，已成为国民经济的支柱产业之一。近几年来，建筑业增加值占国内生产总值的比例见表1-2。

建筑业增加值占国内生产总值比例　　单位：亿元　　　表1-2

年份	2002	2003	2004	2005	2006	2007
国内生产总值	120332.7	135822.8	159878.3	183084.8	211923.5	249529.9
其中：建筑业增加值	6465.5	7490.8	8694.3	10133.8	11851.1	14014.1
建筑业增加值所占比例（%）	5.4	5.5	5.4	5.5	5.6	5.6

在国家统计局发布的中国统计年鉴国内生产总值统计中，指数值从高到低依次为工业、建筑业、交通运输仓储邮电通信业、批发和零售贸易餐饮业四大产业。

在世界上其他国家和地区也有相同的情况。例如美国，房地产业与建筑业的产值约占国民生产总值的15%以上。

4. 工程相关产业也是解决劳动力就业的主要途径。建筑业历来是劳动密集型产业，吸纳了大量的劳动力。2007年建筑业全行业从业人员数量约为3133.7万人（尚不包括大量的临时性劳务人员），占到全社会从业人员数量的3.5％。其中大多数建筑工人来自农村。建筑业为缓解我国就业压力，给社会提供就业机会，特别是为解决农村剩余劳动力转移问题，促进农村产业结构的调整，有效地增加农民收入，促进城乡协调发展作出了很大贡献。

5. 工程建设消耗大量的自然和社会资源，消耗其他部门的产品，拉动整个国民经济的发展。工程建设是将社会资源整合后形成生产能力和固定资产的最基础的环节，在整个国民经济的资源配置中发挥着重要的枢纽作用。工程建设的发展带动国民经济各个行业的发展，包括建筑业、机械制造业（机械设备、施工设备、家电业、家具）、建筑材料（钢铁、水泥、木材、玻璃、铝、装饰材料、卫生洁具）、纺织业、服务业、石油化工、能源、环境工程、金融业、运输业等。

例如：由于工程建设的发展，带动建材业发展。2008年我国建材新型产品增长迅速，发展较快。粗钢产量达5.01亿t，比上年增长2.4％；钢材产量达5.85亿t，增长3.4％；水泥产量达14亿t，增长2.9％；平板玻璃产量达55493万重量箱；建筑陶瓷总产量超过30亿m^2；砖瓦产品销售收入完成232.88亿元；黏土实心砖总量为4800亿块；各类烧结空心制品总量达到1500亿块（折合标准砖）；建筑防水行业产品销售收入达到159.72亿元。

近几十年来，我国经济高速发展，很大部分是由工程建设投资拉动的。

工程具有越来越大的社会影响和历史影响。

第三节　我国古代工程

人类来自于自然，生长于自然。纯自然的状态，对人类来说，是简陋的。早期的人类，没有房屋居住，没有出行工具和道路，自然灾害频繁，过着风餐露宿、茹毛饮血的生活。但是，随着人类社会的发展，人们在长期的劳动实践中积累了科学知识，进而利用科学知识，进行生产活动，达到了开发自然、改造自然的目的。社会的各方面，如：政治、经济、文化、宗教、生活、军事产生了对工程广泛的需要，同时当时社会生产力的发展水平又能实现这些需要，这样就有了"工程"。所以工程产生于实际需要，它的存在已有久远的历史。

在周朝的《周礼·考工记》中就有"知者创物，巧者述之，守之世，谓之工"，"百工"，为"国有六职"之一。"百工"涉及那时人类生活的各种人造器物制造，包括各种木制作（如车轮、盖、房屋、弓、农具等）、五金制作（如刀剑、箭、钟、量具等）、皮革制作（如皮衣、帐帷、甲等）、绘画、纺织印染、编织、雕刻（玉雕、石制作、天文仪器制作等）、陶器制作（如餐具）、房屋建筑、城市建设等。

历史上的工程最典型的和主要的是土木建筑工程和水利工程，主要包括：房屋工程（如皇宫、庙宇、住宅等）、城市建设、军事工程（如城墙、兵站等）、道路桥梁工程、水利工程（如运河、沟渠等）、园林工程、陵墓工程等。

这些工程又都是当时社会的政治、军事、经济、宗教、文化活动的一部分，体现着当时社会生产力的发展水平。

一、房屋工程

人类早期是没有房屋的，住山洞，以最原始的方式御寒保暖，遮风挡雨。后来，人类学会使用简单的工具，利用大自然中的各种材料，动手为自己营造更符合自己喜好的、更为舒适的居住场所。早期人们采用的多为天然材料，如木材、石材等，搭建各种棚屋。"构木为巢"是最原始的"房屋建筑工程"。易经中有"上古穴居而野处，后世圣人易之以宫室，上栋下宇，以避风雨"。

在我国 2500 多年前就形成了以木结构作为主要构架，以青砖作墙，以碧瓦作为上盖的"梁柱式房屋建筑"形式（图 1-9）。这是我国房屋建筑的主要形式，是从古代人的"构木为巢"传承下来的。

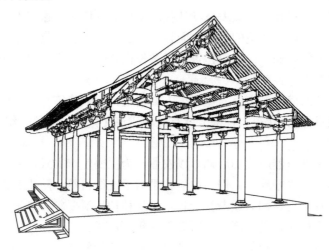

图 1-9　我国古代梁柱式木结构

这种建筑结构的特点是，取材容易，古代我国森林资源丰富，似乎取之不竭；木材易于制作构件，易于雕刻和艺术化处理，可以雕梁画栋、"钩心斗角"。所以我国古代木建筑十分广泛，在建筑方式和工艺方面也达到很高的水平。

与西欧不同，石材在我国古代房屋建筑中的应用不是很多，主要用在墓室、宗教建筑和一些标志性建筑上，如汉阙、南北朝的石刻、唐宋的经栋、明清的牌楼、碑亭、影壁、石桥、华表等。

但木建筑的广泛使用伤及山林和水土，如由于"阿房出"，导致"蜀山兀"。

木建筑易被兵火殃及，在我国历史上几乎每个朝代更替，以及在战争中都以大规模焚毁旧建筑作为"打破旧世界"的象征，在建立新朝代后又大兴土木作为"建立新世界"的标志。翻开中国历史，3000 多年，朝代更替，社会动荡不定，战争连绵，其中无数的建筑被焚毁，可以说是一片火光！

商朝自盘庚在朝歌建都，到纣王大规模建造，经武王灭商，鹿台被焚毁。其后"箕子朝周，过故殷墟，感宫室毁坏，生禾黍"。

秦始皇在统一六国的战争中，所到之处都要焚毁六国的宫廷建筑和都城。秦始皇统一后为我国历史上的一个建筑高峰期，如咸阳城的扩建，阿房宫、秦皇陵墓、长城、秦直道、驰道等的建造。秦都城咸阳皇宫建成后不久就为项羽所焚，大火"三月不灭"。

汉朝立国后，萧何营建长安，建长乐宫和未央宫。到汉武帝又大兴土木，建造建章宫等，规模宏大。到西汉末年，因王莽篡汉，以及后来的赤眉焚西宫，毁掉大量建筑，东汉则必须迁都洛阳。洛阳在东汉营造许多年后，又为董卓焚毁。

元朝蒙古人入主中原和清军入关所到之处也都是火光。

近代，抗日战争中日本军队在中国搞"三光政策"，就有烧光。

同时木建筑容易被大水冲毁，或因雷击，或人为失误引发火灾。北宋皇宫就曾经因非战争原因被大火焚毁，后来又重建。

由于木建筑不能长久，容易腐蚀，容易为大火焚毁，或被大水冲毁，而且由于取材容易，修旧不如盖新，所以我国历史上人们就不大研究建筑的修建，不注重保存旧建筑，而喜欢拆旧盖新。

这种历代的大烧大建和大建又大烧导致我国现存的古代房屋建筑不是很多，同时又导致我国森林覆盖率的降低和环境的破坏。而且对我国整个建筑文化、工程目标的设立、建筑价值理念产生很大的影响。人们对建筑就不图长存和长寿，不图建筑的持久性，对工程建设的立项和拆除都十分轻率。

我国在近几十年来盛行的大拆大建（拆古旧建筑，盖新建筑）和大建又大拆（如一片建筑建好后不久又拆掉），在很大程度上就有这种建筑文化遗传因子的作用。

二、城市建设

当人类发展到了新石器时代的后期，以农业作为主要生产方式，就形成比较稳定的劳动集体，产生了固定的集聚地。人们集中居住是为了抗御自然，防止其他部落和野兽的入侵，提高自己的生存能力，同时逐渐社会化，满足精神生活要求。史记记载，舜由于其德行高尚，人们都愿意居住在他的周围，所以"一年所居成聚，二年成邑，三年成都。"

这样就需要进行集中固定的居民点的建设。按照防御的要求，在居民点周围挖壕沟或建墙，或建栅栏。这些都是带有防御性的军事工程，逐渐形成城市的雏形。

同时在商业和手工业出现后就有交易和集市。在我国古代，"城"是以武装保护的土地，就要有防御性的构筑物，而"市"就是交易场所。

在我国夏代的城市的遗迹中就发现有陶制的排水管道，以及夯土地基，显示出相当高的工程技术水平。

《诗经·绵》中记载，在周文王的祖父古公亶父之前周朝的人们穴居，不建房屋（"陶复陶穴，未有家室"），他率领他的子民来到岐山，选择城址，进行建设规划，任命司空管理工程，任命司徒管理土地和人口，建筑宫室、太庙、祭坛，由此形成周朝的都城。

《周礼·考工记》中就记载周代王城建设的空间布局："匠人营国，方九里，旁三门。国中九经九纬，经途九轨。左祖右社，面朝后市。市朝一夫。"周朝就兴建了丰镐两座京城。按照周礼规范的城市规划布局进行勘查、选址，有步骤地进行城市建设。

春秋战国时期各个诸侯国之间征战不休，大家都想称王称霸。为了称霸和自卫的需要，大家都纷纷建城筑墙。这是我国筑城的高潮期。

在我国几千年的奴隶制社会和封建社会历史中，城市的规划是政治制度的一部分，按照不同封建等级的城市，如都城、王城、诸侯城等，有不同的规则，如用地面积，道路宽度，城墙长度和高度，城门数目，甚至城市的位置都有规定，且等级森严。超过规则，违背这个制度，就是违礼，常常作为谋反罪论处，要严惩不贷。

在中国古代城市中，皇宫和官府衙门占主导，作为中心区，由此影响城市的布局。我国古代的城市，特别是首都的建设都是集中全国的财力和物力，用集权化的强制手段完成的。

在我国历史上，秦代的咸阳、汉长安，唐代长安、宋代汴梁城（开封）、元大都（北京）、明清代的北京城（图 1-10）都是当时世界上最大的最先进的城市之一。

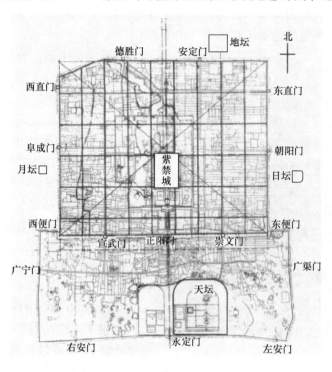

图 1-10 古代北京规划图

社会的发展使城市的功能发生变化，不仅作为人们的集聚地，提供居住条件、生活服务设施和公共建筑，而且成为社会的政治中心、经济中心、金融中心和交通中心。

三、军事工程

早期的人们出于保护自己领地的目的，修建了防御工事。在居住点、城市，甚至国境线上建设壕沟、城墙。这是古代最为重要的庞大的国家工程。墨子认为，国有七大患，第一就是"城郭沟池不可守而治宫室"，即国防工程没有做好，就做华丽的皇宫，这样的国家是要灭亡的。而明朝朱元璋在登位前，接受谋臣朱升的三条建议，第一就是"高筑墙"。

古代军事工程主要是城墙。我国长城修筑的历史可上溯到公元前 9 世纪的西周时期，周王朝为了防御北方游牧民族猃狁的袭击，曾建筑连续排列的城堡"列城"以作防御工事。

到了公元前 7、8 世纪的春秋战国时期，列国诸侯为了争霸和各自的防守需要，在自己的边境上修筑起长城。最早建筑的是公元前 7 世纪的楚长城，其后齐、韩、魏、赵、燕、秦、中山等大小诸侯国家都相继修筑长城以自卫。由于当时的生产力发展水平不高和国力不强，这些长城都自成体系，互不连贯，工程规模较小，式样各不相同，长度较短，从几百公里到 1000～2000 公里不等。人们称之为"先秦长城"。

公元前 221 年，秦始皇并灭了六国诸侯，统一了天下，为了巩固国家的安全，防御北方强大匈奴游牧民族的侵扰，便大修长城。在原来燕、赵、秦部分北方长城的基础上，增筑扩建了很多部分，完成"西起临洮，东止辽东，蜿蜒一万余里"的长城。从此便有了万里长城的称号。自秦始皇以后，汉、晋、魏、北齐、北周、隋、唐、宋、辽、金、元、明、清等十多个朝代，都不同规模地修筑过长城，其中以汉、金、明三个朝代的长城规模最大，都达到了5000公里或10000公里。

长城绵延万里，是由城墙、敌楼、关城、墩堡、营城、卫所、镇城烽火台等多种防御工事所组成的一个完整的防御工程体系（图1-11）。

图1-11 古代最大的军事工程——万里长城

长城是中国，也是世界上修建时间最长、工程量最大的一项国防工程。可以说自春秋战国时期开始到清代的2000多年几乎没有停止过对长城的修筑。它分布于中国北部和中部的广大土地上，累计总计长度达50000多公里，被称之为"上下两千多年，纵横十万余里"。长城连续修筑时间之长，工程量之大，施工之艰巨，历史文化内涵之丰富，是世界其他古代工程所难以相比的，也是绝无仅有的，因而被列为中外世界七大奇迹之一。

在2000多年的长城修筑过程中人们积累了丰富的经验。在布局上，秦始皇修筑万里长城时就总结出了"因地形，用险制塞"的经验，2000多年被人们一直沿用，同时成为军事布防上的重要依据。在建筑材料和建筑结构上以"就地取材、因材施用"的原则，创造了许多种结构方法。有夯土、块石片石、砖石混合等结构；在沙漠中还利用了红柳枝条、芦苇与砂粒层层铺筑的结构，可称得上是"巧夺天工"的创造。

修筑长城的工程巨大，历代为修筑长城动用的劳动力数量也十分可观。据历史文献记载：秦代修长城除动用三十万至五十万军队外，还征用民夫四五十万人，多时达到一百五十万人。北齐为修长城一次征发民夫一百八十万人。隋史中也有多次征发民夫数万、数十万乃至百万人修长城的记载。明代修筑长城估计用砖石5000万 m^3，土方一亿五千万 m^3，其用来铺筑宽10m、厚35cm的道路的长度，可以绕地球赤道两周有余。

四、交通工程

古代，人们一般都临河而居，扎木筏或"刳木为舟"，作为交通工具。这也是最早的造船工程。

后来，随着陆上交通需要的增加，人们经过长期实践，修建了道路，也就开始有了道路工程。这些道路像一条条纽带，把散落在不同地方的人们连接在了一起，也使得人们的居住地从河边扩大到了内陆。历史上著名的道路工程，如秦朝建设的驰道和秦直道。

公元前212年至公元前210年，秦始皇统一六国后，以国都咸阳为中心，修筑了通向原六国首都的驰道。秦直道是秦始皇为抵御匈奴势力南侵而建造的具有战略意义的国防工程，是中国最早的高速公路。为快速反击和抵御北方匈奴侵扰，秦始皇命大将蒙恬率师督军，役使百万军工，一面镇守边关，一面修筑军事要道。仅仅用了两年半，修建起一条由距咸阳不远的陕西淳化的云阳郡，通向包头西的九原郡的"秦直道"（图1-12），长约700km。

司马迁在《史记蒙恬传》中写道："吾适北边，自直道归，行观蒙恬所为秦筑长城亭障，堑山堙谷通直道。"

秦直道把京卫和边防连接起来。一旦边事告急，秦始皇的铁骑凭借这一通道从咸阳三天三夜就可抵达阴山脚下的塞外国境。这是当时连通中原和北方的一条主要交通干线，它对于巩固边防，促进内地和北方的经济、文化联系起到了十分重要的作用。

图1-12 秦直道

在原秦直道上约每隔30km就有一个宫殿建筑，在整个秦直道上共有26座。它们与现代高速公路上的休息区功能类似。

秦直道遗迹的路面宽在20多米到40多米之间，路基夯土层一般由黑土、黄土、白灰和沙子相间夯实，与现代公路地基处理工艺几乎相同。

由于河流、山涧横亘在道路之间，道路起初是不连续的。伴随着道路的发展，桥梁建设也逐渐兴起，桥梁可以跨越河流、山涧，为道路的通达创造了条件。据史籍记载，秦始皇为了沟通渭河两岸的宫室，兴建了一座68跨咸阳渭河桥，这是世界上最早和跨度最大的木结构桥梁。此外，在秦皇宫中就有现代立交桥的雏形（《阿房宫赋》"复道行空，不霁何虹"）。

在隋代修建了世界著名的空腹式单孔圆弧石拱桥——赵州桥，净跨达37.02m（图1-13）。

如今，道路桥梁已是现代社会不可缺少的陆上交通设施。现代社会已经形成了陆运、水运、空运的立体网络，交通运输也越来越朝着高速化方向发展。在中国，除了各地蓬勃发展的高速公路之外，我国第一条高速铁路——京沪高速铁路也已开始建设。随着一条条高速公路和高速铁路的建成，再加上空中的飞机、海上的轮船，距离对人们生活的影响愈来愈小。人类已经似神话中神仙们上天入地、腾云驾雾似的便捷出行。

五、水利工程

古代，人类生存还受到洪涝和干旱威胁。我国是农业大国，水利工程历来就是人们抵御洪水、解决农业灌溉问题和发展运输的重要设施，中国古代流传着"大禹治水"的故事，述说的是"全

图1-13 赵州桥

国性"的水利工程。几千年来，我国历代都有许多水利工程建设项目。

公元前5世纪至公元前4世纪，在我国河北的临漳，西门豹主持修筑了引漳灌邺工程。

公元前3世纪中叶，我国战国时期的秦国蜀郡太守李冰及其子在四川主持修建了都江堰，解决了围堰、防洪、灌溉以及水陆交通问题，该工程被誉为世界上最早的综合性大型水利工程。

公元前237年，秦王政采纳韩国水利专家郑国的建议开凿了郑国渠，灌溉面积达18万 hm^2，成为我国古代最大的一条灌溉渠道。渠首位于今天的泾阳县西北25km的泾河北岸。

在我国历史上，都江堰和大运河工程是最著名的两个水利工程。

1. 都江堰——最"长寿"，最具有"可持续发展"能力，最符合"科学发展观"的工程。

都江堰建于公元前3世纪，位于四川成都平原西部的岷江上，是全世界至今为止，年代最久、唯一仍发挥作用的宏大水利工程。

截至1998年，都江堰灌溉面积达到66.87万 hm^2，为四川50多个大、中城市提供了工业和生活用水，而且集防洪、灌溉、运输、发电、水产养殖、旅游及城乡工业、生活用水为一体，是世界上水资源利用的最佳典范。

在都江堰建成以前，岷江江水常泛滥成灾，奔腾而下，从灌县进入成都平原，由于河道狭窄，常常引起洪灾，洪水一退，又是沙石千里。灌县岷江东岸的玉垒山又阻碍江水东流，造成东旱西涝。秦昭襄王五十一年（公元前256年），李冰任蜀郡太守，他吸取前人的治水经验，率领当地人民主持修建了都江堰水利工程。都江堰的主体工程是将岷江水流分成两条，其中一条水流引入成都平原，这样既可以分洪减灾，又达到了引水灌田、变害为利的目的。都江堰建成后，成都平原沃野千里，成为"天府之国"。

都江堰水利工程以独特的水利建筑规划艺术创造了与自然和谐共存的典范。它充分利用当地西北高、东南低的地理条件，根据江河出山口处特殊的地形、水脉、水势，乘势利导，利用高低落差，无坝引水，自流灌溉，使堤防、分水、泄洪、排沙、控流相互依存，共为体系，保证了防洪、灌溉、水运和社会用水综合效益的充分发挥，变害为利，使人、地、水三者高度协调统一（图1-14）。

 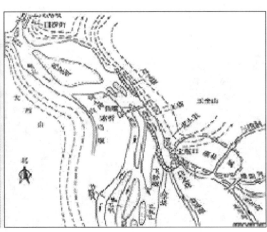

图1-14 都江堰

都江堰的工程布局和"深淘滩、低作堰","乘势利导、因时制宜","遇湾截角、逢正抽心"等治水方略,使古堰2000多年来持续发展,至今仍是治水的基本方法。

都江堰工程蕴藏着极其巨大的科学价值。它虽然建于两千多年前,但它所蕴含的系统工程学、流体力学等科学方法,在今天仍然是处在科学技术前沿的课题。

2. 大运河——世界上最长的运河。

大运河北起北京,南达杭州,流经北京、河北、天津、山东、江苏、浙江六个省市,沟通了海河、黄河、淮河、长江、钱塘江五大水系,全长1794km,是巴拿马运河的21倍,是苏伊士运河的10倍(图1-15)。

大运河从公元前486年开始开凿,完成于隋代,在唐宋时期河运就十分繁荣,在元代人们又将它取直,在明清时期又进行了大规模的疏通。它在我国历史上作为南北交通的大动脉,曾起过巨大作用。今天,大运河将作为南水北调的主要路径,仍然焕发出青春的活力。

图1-15 大运河

六、园林工程

我国的园林是具有丰富文化和艺术内涵的工程,苏州古典园林是它的代表。

苏州古典园林的历史可上溯至公元前6世纪春秋时期吴王的园囿,私家园林最早见于历史记载的东晋(4世纪)的辟疆园,后来历代造园都十分兴盛。明清时期,苏州成为中国最繁华的地区,私家园林遍布古城内外。16~18世纪进入全盛时期,有园林200余处,使苏州有"人间天堂"的美誉。苏州古典园林以其意境深远、构筑精致、艺术高雅、文化内涵丰富著称。

苏州古典园林宅园合一,可赏、可游、可居。这种建筑是在人口密集和缺乏自然风光的城市中,人类依恋自然,追求与自然和谐相处,美化和完善自身居住环境的一种创造。其建筑规制反映了中国古代江南民间起居休憩的生活方式和礼仪习俗,体现了历史上江南地区高度的居住文明以及当时城市建设科学技术水平和艺术成就。

苏州古典园林也是中国传统思想文化的载体,表现在园林厅堂的命名、匾额、楹联、书条石、雕刻、装饰、盆景、花木、叠石等方面。它们不仅是点缀园林的精美艺术品,同时储存了大量的历史、文化、思想和科学信息,物质内容和精神内容都极其丰富。其中有反映和传播儒、释、道等各家哲学观念、思想流派;有宣扬人生哲理,陶冶高尚情操;还有借助古典诗词文学,对园景进行点缀和渲染,使人于栖息游赏中,化景物为情思,产生意境美,获得精神满足(图1-16)。

苏州园林通常由历代富商巨贾、退休官僚等建造。由于中国古代官场和社会崇

图1-16 苏州园林

尚文化，官员都会诗词歌赋、绘画、书法。他们不仅有相当的经济实力，而且有非常高的文学和艺术修养，有些人本身就是艺术大家，所以才有"文人写意式山水园林"。通过创造一个生机盎然、花木葱茏的自然环境；通过精美的造园艺术手法，对造园要素取舍、提炼、强化、加工、上升为巧夺天工的"艺术美"，最终达到一个如诗如画，寄情言志的理想美境界。通过清泉明月、假山花木、匾联书画来启发人们的情趣、联想、思维，进而使人们得到精神上的满足。

从总体上说，中国的科举制度，古代官场崇尚文学、艺术和美学，对我国古代建筑的发展有很大的促进作用，为我们留下了大量的具有丰富中国文化内涵的建筑。

拙政园、网师园、留园、环秀山庄、沧浪亭、狮子林、艺圃、耦园、退思园九家园林已被联合国教科文组织列入世界文化遗产。近年来，苏州的园林建筑艺术逐渐向海外传播。美国纽约大都会艺术博物馆的明轩，加拿大温哥华市中心公园内的中园，都是按照苏州明代园林的式样建造的。

第四节　我国现代工程的发展

一、我国现代工程建设概况

在中华人民共和国成立后，很快就进入我国历史上少有的大规模建设时期，有大型的水利工程（如治理淮河、黄河、长江）、交通工程（如青藏公路）、工业工程、国防工程等。由前苏联帮助的156项重点工程，以及北京的十大建筑、成昆铁路等在当时都是具有标志性的。

人民大会堂是纪念建国十周年首都十大建筑之一，位于北京市天安门广场西侧。人民大会堂完全由中国工程技术人员自行设计、施工，1958年10月动工，仅用了10个多月的时间就建成了，在1959年国庆节时投入使用（图1-17）。

从20世纪80年代初以来，我国处于我国历史上规模最大的，在世界历史上也是罕见的工程建设时期。我国是建筑工程大国，各个领域都有许多大型和特大型工程。

1. 在钢铁工业方面有宝山钢铁厂。它是我国改革开放以后第一个最大的建设工程。宝山钢铁厂于1978年12月23日动工兴建，第一期工程于1986年9月建成投产，第二期工程于1991年6月建成投产。宝山

图1-17　北京人民大会堂

钢铁厂是新中国成立以来建设规模最大的钢铁联合企业，现已形成年产650万t铁、671万t钢、50万t无缝钢管、210万t冷轧带钢、400万t热轧带钢的生产规模。2005年7月，宝山钢铁厂被《财富》杂志评为2004年度世界500强企业第309位，成为中国竞争性行业和制造业中首批名列世界500强的企业。

2. 在水利工程方面，近几十年来有葛洲坝工程、鲁布革工程、小浪底工程、二滩水电站、三峡水利工程、南水北调工程等。

3. 核电工程方面，目前已经运行的有大亚湾核电站、秦山核电站等；在建的有：秦山核电站二期工程，秦山核电站三期工程，大亚湾核电站（岭澳）二期工程和连云港田湾核电站工程等。

4. 铁路工程最大的有京九铁路、青藏铁路工程。

青藏铁路于 1957 年开始勘测修筑，1960 年西宁至海晏段建成通车。20 世纪 70 年代中期，青藏铁路又继续施工修建，1979 年铺轨至格尔木市。2001 年 2 月 8 日，国务院批准建设青藏铁路。青藏铁路二期为格尔木至拉萨段，全长 1118km，途经多年冻土地段 550 多 km，海拔 4000m 以上的地段 965km，最高点为海拔 5072m 的唐古拉山口。建成后青藏铁路已成为世界上海拔最高和最长的高原铁路（图 1-18）。

图 1-18　青藏铁路

5. 化工工程，在 20 世纪 70 年代我国就投资建设仪征化纤、扬子石化等，最近有扬子巴斯夫石化工程、广东茂名石油化工工程、福建石油化工工程等。

扬子巴斯夫石化工程是中石化（SINOPEC）所属的扬子石化和德国巴斯夫以 50/50 的比例共同出资建立的石油化工企业，位于江苏省南京市六合区，总投资约 29 亿美元，占地 220hm^2。2001 年 9 月开始工程建设，于 2005 年 6 月投入商业运营。

6. 近十几年来，我国在长江上兴建许多大桥。现在仅江苏段除了原来的南京长江大桥外，还有南京长江二桥、南京长江三桥、润扬长江大桥、苏通长江大桥、江阴长江大桥等。

7. 我国城市地铁从无到有，已建及在建城市轨道交通工程（地铁或轻轨）的城市有北京、上海、广州、深圳、南京、武汉、重庆、大连、哈尔滨、长春、青岛、成都、沈阳、苏州、西安、杭州、郑州、无锡等几十个大城市。

8. 中国高速公路从零起步，经过二十多年的建设，到 2009 年 6 月，已达 6.5 万 km，高速公路总里程位居世界第二。

这些工程在规模和工程技术的先进性方面都是当代一流的。

二、三峡工程

我国现代工程规模最大和最典型的是长江三峡水利枢纽工程。

三峡工程建筑由混凝土重力式大坝、水电站厂房和永久性通航建筑物三大部分组成。大坝坝顶总长 3035m，坝高 185m。水电站发电机组共装机 26 台，总装机容量为 1820 万 kW，年发电量 847 亿 kW·h。通航建筑物位于左岸，永久通航建筑物为双线五个连续级船闸及一级垂直升船机（图 1-19）。

1. 三峡工程的前期策划过程

长江三峡工程的建设是我国事关千秋万代国计民生的大事，它的立项经过十分复杂的

图 1-19　三峡工程

过程。

最早提出建设三峡工程构思的是 1919 年孙中山先生在《建国方略之二——实业计划》中对长江上游水路设想,"改良此上游一段,当以水闸堰其水,使舟得溯流以行,而又可资其水力。"

1932 年,国民政府编写了一份《扬子江上游水力发电测勘报告》,拟定了葛洲坝、黄陵庙两处低坝方案。这是我国专为开发三峡水力资源进行的第一次勘测和设计工作。

1944 年,美国垦务局设计总工程师萨凡奇到三峡实地勘查后,提出了《扬子江三峡计划初步报告》。1945 年,国民政府资源委员会成立了三峡水力发电计划技术研究委员会、全国水力发电工程总处及三峡勘测处。1947 年 5 月,由于战争中止了三峡水力发电工程计划。

1950 年初,国务院长江水利委员会正式在武汉成立。1955 年起,我国全面开展长江流域规划和三峡工程勘测、科研、设计与论证工作。1958 年 8 月,周恩来总理要求 1958 年底完成三峡工程初步设计要点报告。

1960 年 4 月,水电部组织了水电系统的前苏联专家及国内专家在三峡地区勘察,研究选择坝址。当时准备在 1961 年开始三峡工程的建设。后来由于国家经济困难和国际形势的影响,三峡工程建设计划暂停。同年 8 月,苏联政府撤回了有关专家。

1970 年,中央决定首先建设作为三峡总体工程一部分的葛洲坝工程,一方面解决华中地区用电供应问题;另一方面为三峡工程作准备。葛洲坝工程于 1970 年 12 月 30 日开工;1981 年 1 月 4 日,葛洲坝工程大江截流胜利合拢;1981 年 12 月,葛洲坝水利枢纽二江电站一二号机组通过国家验收正式投产;1989 年年底葛洲坝工程全面竣工,通过国家验收。

1979 年,水利部向国务院报告关于建设三峡水利枢纽工程的建议书。

1984 年 4 月,国务院原则批准由长江流域规划办公室组织编制的《三峡水利枢纽可行性研究报告》,初步确定三峡工程实施蓄水位为 150m 的低坝方案。

1986 年 6 月,中央和国务院决定进一步扩大论证,责成水利部重新提出三峡工程可行性报告,三峡工程论证领导小组成立了 14 个专家组,进行了长达两年八个月的论证。

1989 年,长江流域规划办公室重新编制了《长江三峡水利枢纽可行性研究报告》,认为建比不建好,早建比晚建有利。

1990年7月，国务院三峡工程审查委员会成立；1991年8月，委员会通过了可行性研究报告，报请国务院审批，并提请第七届全国人大审议。

1992年4月3日，七届全国人大第五次会议以1767票赞成、177票反对、664票弃权、25人未按表决器通过《关于兴建长江三峡工程的决议》，决定将兴建三峡工程列入国民经济和社会发展十年规划。

1993年1月，国务院三峡工程建设委员会成立，李鹏总理兼任建设委员会主任。委员会下设三个机构：办公室、移民开发局和中国长江三峡工程开发总公司。

1993年7月26日，国务院三峡工程建设委员会第二次会议审查批准了长江三峡水利枢纽工程初步设计报告，标志着三峡工程建设进入正式施工准备阶段。

1994年12月14日国务院总理李鹏宣布：三峡工程正式开工。

2. 建设过程

三峡工程分三期建设，总工期17年。

一期5年（1992～1997年），主要工程除施工准备工程外，还有一期围堰填筑，导流明渠开挖工程。修筑混凝土纵向围堰，修建左岸临时船闸（120m高），并开始修建左岸永久船闸、升船机及左岸部分石坝段的施工，以实现大江截流为标志。

二期工程6年（1998～2003年），工程主要任务是修筑二期围堰，左岸大坝的电站设施建设及机组安装，同时继续进行并完成永久特级船闸，升船机的施工。以实现水库初期蓄水、第一批机组发电和永久船闸通航为标志。

三期工程6年（2003～2009年），本期进行右岸大坝和电站的施工，并继续完成全部机组安装。整个工程竣工以实现全部机组发电和枢纽工程全部完成为标志。

3. 功能

（1）防洪：荆江防洪问题是长江中下游防洪中最严重和最突出的问题。三峡水库正常蓄水水位175m，有防洪库容221.5亿m^3。三峡水利枢纽是长江中下游防洪体系中的关键性工程，可有效地控制长江上游洪水，使荆江河段防洪标准由现在的约10年一遇提高到100年一遇。

（2）发电：与火电相比，水电不仅清洁，发电量大，而且不存在资源枯竭的问题。三峡水电站装机总容量为1820万kW，年均发电量846.8亿kW·h，为世界最大的电厂，将会解决我国全年三分之一的需电量。

（3）航运：三峡水库将显著改善宜昌至重庆660km的长江航道，万吨级船队可直达重庆港。航道单向年通过能力可由现在的约1000万t提高到5000万t，运输成本可降低35%～37%。

4. 资金需求和来源

（1）需求。三峡工程所需投资，静态投资（按1993年5月末不变价）为900.9亿元人民币，其中枢纽工程500.9亿元，库区移民工程400亿元。动态投资（考虑物价变动、利息等因素）为2039亿元。

（2）来源。中国长江三峡工程开发总公司成立后，1992年，国务院决定，全国每千瓦时用电量征收三厘钱作为三峡工程建设基金，专项用于三峡工程建设。征收范围为全国除西藏以及国家扶贫地区和农业排溉以外的各类用电。1994年，三峡基金征收标准提高到每千瓦时四厘钱。1996年，三峡工程直接受益地区及经济发达地区征收标准提高到每千瓦时七厘钱。同时，国务院还决定把葛洲坝发电厂划归中国三峡总公司管理，电厂上缴中央财政的利润和所得税全部作为三峡基金。2003年，财政部又批准三峡电厂所得税在工程建设期全额返还三峡总公司，作为国家注入三峡工程的资本金。

三、现代工程的特点

（一）工程规模大，难度高

现代工程规模大，工程的技术难度高。我国近几十年来许多工程都不断创造工程领域的世界之最。最典型的是三峡工程，它的许多指标都突破了我国甚至世界水利工程的纪录。

1. 三峡工程从构思提出到正式开工经过75年，是世界上前期策划历时最长的水利工程。

2. 三峡工程从20世纪40年代初勘测和50年代至80年代全面系统的设计研究，历时半个世纪，积累了浩瀚的基本资料和研究成果，是世界上前期准备工作最为充分的水利工程。

3. 三峡工程的兴建问题在国内外都受到最广泛的关注，是首次经过全国人民代表大会审议和投票表决的水利工程。

4. 三峡水库总库容393亿m^3，防洪库容211.5亿m^3，水库调洪可消减洪峰流量达每秒2.7万～3.3万m^3，是世界上防洪效益最为显著的水利工程。

5. 三峡水电站是世界上最大的电站。

6. 三峡水库是世界上航运效益最为显著的水利工程。

7. 三峡工程包括两岸非溢流坝在内，总长2335m。泄流坝段483m，水电站机组70万kW×26台，双线5级船闸以及垂直升船机，都是世界上建筑规模最大的水利工程。

8. 三峡工程主体建筑物土石方挖填量约10283万m^3，混凝土浇筑量2794万m^3，钢材59.3万t（金属结构件安装占25.65万t），土石方填筑3198万m^3，钢筋制安46.30万t，是世界上工程量最大的水利工程。

9. 三峡工程深水围堰最大水深60m、土石方月填筑量170万m^3，混凝土月灌筑量45万m^3，碾压混凝土最大月浇筑量38万m^3，月工程量都突破世界纪录，是施工强度最大的工程。

10. 三峡工程截流流量9010m^3/s，施工导流最大洪峰流量79000m^3/s，是世界水利工程施工期流量最大的工程。

11. 三峡工程泄洪闸最大泄洪能力10万m^3/s，是世界上泄洪能力最大的泄洪闸。

12. 三峡工程的双线五级、总水头113m的船闸，是世界上级数最多、总水头最高的内河船闸。

13. 三峡升船机的有效尺寸为120m×18m×3.5m，总重11800t，最大升程113m，过船吨位8000t，是世界上规模最大、难度最高的升船机。

14. 三峡工程水库移民最终超过百万，是世界上水库移民最多、最为艰巨的移民建设工程。

（二）现代高科技在工程中的应用

任何时代的重大工程都是那个时代科学技术应用的典范，都体现那个时代科学知识最高水平，是那个时代高科技的结晶。在近50年来，人类的科学技术高速发展，同样新的科学技术也不断被应用于工程领域，推动了工程领域的发展。现代科学技术已渗透到了工程的各个方面。

1. 工程材料越来越向轻质化、高强化发展。过去，人们使用C20～C40的混凝土，而现在通过掺硅粉、外加剂等各种技术措施，C50～C75的混凝土已得到广泛的应用。1989年美国西雅图建成的56层、高226m的双联合广场大厦，其中4根3.05m的钢管柱中灌注的现场浇捣混凝土竟高达C120。

此外，高强的合金、高分子材料、智能材料以及其他新型材料在工程中得到越来越广泛的应用。

目前，在我国正处于争建"第一高楼"时期，全国"第一高楼"不断被刷新。

2. 新型的大跨结构形式。

以桥梁结构为例，在秦朝建造渭河大桥时的跨距一般在10m左右，隋代赵州桥跨度达37m，而苏通大桥最大主跨为1088m，是当今世界跨径最大的斜拉桥；混凝土塔高300.4m，为世界最高桥塔；最长拉索长达577m，为世界上最长的斜拉索（图1-20）。

3. 智能化技术和信息技术在工程中的应用。智能建筑是现代通信技术、计算机技术、自动控制技术、图形显示技术、大规模集成技术、微电子技术、信息网络技术在现代工程和工程管理系统中的综合应用。

建筑智能化赋予建筑新的意义：它不仅仅是遮风避雨的场所，而且是具有一定"生命"特征的物体。传统的梁柱板是建筑的骨骼，再配上计算机控制管理中心、

图1-20 苏通大桥

网络通信系统和各种传感器、探头、工作站等，就赋予建筑一定的"头脑"和"神经系统"。高效率的信息传递速度和建筑自动化运行管理系统为人们提供更加人性化、舒适、高效率、节能、符合生态要求的生活和工作环境。

现代智能化的工程有智能学校、智能住宅小区、智能图书馆、智能医院、智能工厂、智能车站、智能飞机场、智能物流中心等。

4. 建筑工程越来越追求工业化、装配化。人们力求推行工业化的生产方式，在工厂中成批地生产房屋、桥梁的各种构配件、组合体等，然后运到现场装配。

5. 计算机技术在工程建设中的广泛使用。

人们应用计算机进行计算机辅助设计、辅助制图、现场管理、网络分析、结构优化以及智能化运行管理，将工程专家的个体知识和经验加以集中和系统化，构成专家系统。许多复杂的工程过去不能分析，也难以模拟，现在由于先进的数学理论，再加上计算机技术，使以往存在的问题也逐步得到了解决。现在结构较为复杂的工程在设计过程中均可作计算机模拟分析。

6. 工程向新的科技领域发展。人们在积极探索和建设特殊环境下的工程，如深海油田工程（图1-21）、航天工程（图1-22）、极地工程等，将来还要在月球上建筑工程。

图 1-21 深海油田工程　　　　　　图 1-22 航天工程

（三）具有高度的复杂性、专业化和综合性特点

现代工程是一个复杂的、多功能、多专业综合的系统。

1. 现代工程功能的多样化。以人们生活最密切的公共建筑和住宅建筑为例，它已不再仅是徒具四壁的房屋了，而同时要求提供采暖、通风、采光、给水、排水、供电、供热、供气、收视、通信、计算机联网、报警、远程控制等功能，是一个复杂的系统工程。

现代工程建设早已超出了原来意义上的挖土盖房、铺路架桥传统土木工程技术的范围，而需要将其与材料、电子、通信、能源、信息等高科技紧密结合起来，从而呈现出各种专业技术相互渗透、相互支持、相互促进的局面。

2. 工程的功能要求高。人们对建筑有更高的要求，如使用方便、舒适、高效率、节能、生态条件等。现代工业建筑物，往往要求恒温、恒湿、防振、防腐蚀、防辐射、防火、防爆、防磁、防尘、耐高（低）温，并向大跨度、灵活的空间布置方向发展，如制药车间、电脑芯片的制造车间等。

这导致一个工程的建设所需要的工程专业越来越多，各种工程专业都是高度专业化的。

现代工程技术上的多样性并不是各种技术的简单相加，而是一种基于特定规律或规则的、面向特定目标的各种相关技术的有序集成。如目前集监控和管理功能为一体的智能建筑，就是现代建筑技术（Architecture）与现代信息技术相结合的产物，是四种技术（有时简称4C），即现代计算机技术（Computer）、现代控制技术（Control）、现代通信技术（Communication）和现代图像显示技术（CRT）集成后所打造的现代化工程。

3. 技术具有高度的复杂性。如前所述，现代工程往往应用多种高科技技术，要面临很多前所未见的技术难题。由于功能多样化，需要解决多专业的集成技术问题。

4. 工程建设过程的参加单位多，工程的组织系统十分复杂，包括各参与主体，如政府组织、社会团体、贷款机构、科研机构、工程管理公司、材料和设备供应商、工程承包商、设计单位等。例如三峡工程在施工高峰期有上万人在工程上工作，他们之间沟通十分困难。

5. 现代工程的复杂性还体现在：

(1) 现代工程的对象不仅包括传统意义上的实体化的工程技术系统，而且包括软件系统（智能化系统、控制系统）、运行程序、维护和操作规程等。这方面有更大的难度和复杂性。

(2) 现代工程建设过程常常是研究过程、开发过程、工程施工过程和运行过程的统一体，而不是传统意义上的施工过程。在现代工程中施工过程的重要性、难度相对降低，而工程项目融资、经营等方面的任务加重了。

(3) 现代工程，特别是大型工程的技术难度已经不是传统土木建筑工程的结构、材料和施工方面的问题，而是涉及一些综合性的各行业的交叉融合的技术问题，以及环境保护、低能耗（低碳、低排放）、生态方面的问题。如青藏铁路的建设涉及以下问题：

1) 在工程施工和运行过程中高原生理（严寒缺氧、强紫外线照射）带来的问题；
2) 冻土（土冰层，饱冰冻土）条件下工程的施工和运行问题；
3) 在工程施工和运行过程中生态环境保护，如高原植被的保护和恢复，藏羚羊的迁徙道路保护，污染物的处理；
4) 由于工程地处高原地震多发区，工程的建设和运行如何抗震的问题等。

(4) 现代工程的资本组成方式（资本结构）、管理模式、组织形式、承包方式、合同形式是丰富多彩的。

(5) 风险大。现代工程技术风险，特别是施工技术的风险相对减小，而金融风险、安全风险、市场运营风险加大。

(6) 在工程中各方面利益的冲突加剧，会涉及公共利益、政府（国家、地区、城市）、投资者、承包商、周边居民等各方面的利益平衡问题。

(四) 投资大，消耗大量的自然资源和社会资源

由于现代大型、特大型工程的建设投资规模常常以十亿、百亿、千亿元计，集中全国、全省或全市的财力，它会影响国计民生，影响国民经济、社会和经济发展目标。如三峡工程总投资约 2000 多亿元人民币，西气东输工程总投资 1400 多亿元人民币；南京地铁一号线总投资达 98 亿元，南京奥体中心总投资额度达 21 亿元，上海金茂大厦投资额高达 45 亿元。

建筑工程在施工和使用过程中要耗费大量的建筑材料和能源。我国整个钢产量的 25%，水泥总产量的 70%，木材总产量的 40%，玻璃总产量的 70%，塑料总产量的 25%，运输总量的 8%用于工程建设。

现在我国要推行资源节约型社会的建设，必须从工程建设入手，节约材料、资金、能源。在工程建设中即使节约 1%的资源，就是一个十分庞大的绝对数字，就是很大的贡献。所以工程界对此承担着很大的责任。

(五) 对自然、对社会的影响大，而且许多影响是历史性的

现代工程投资大，消耗的社会和自然资源多，对社会的影响大，包括对周围居民生活的影响，对社会文化的影响，对社会经济环境的影响等。现代工程已经成为社会生活中不可缺少的部分，同时它们的建设和运行又在改变着社会。

任何一个工程，利弊常常是同时存在的。人类社会认识自然和改造自然的能力越强，

对自然和对社会可能造成的破坏就越大，它的历史影响就越大。

1. 工程是人类改造自然和征服自然的产物，是在自然界中的人造系统，对自然产生巨大的影响。许多工程一经建设成为一个人造系统，则该地域上就不可复原到原生态。对自然生态而言，工程的建设过程是不可逆的。由于大量的人造工程技术系统的建立和运行，使我们这个星球愈来愈不"自然"。

在建设和运营过程中，工程需要消耗大量的原材料和能源，从而刺激这些能源和自然资源的开发需求，导致我们这一代人消耗了大量的不可再生资源，对自然造成了影响。

2. 工程建设具有高度的公共性，会给许多人的生活带来巨大影响。如在三峡工程建成后长江三峡大坝以西 400 km 以内、海拔 135m 以下的数千城镇沉浸在水面以下，要有上百万人口迁移，离开他们祖居的生息繁衍之地，到新的地方。这不仅有大量的拆迁工作，需要大量的费用，会给这些人的生存和发展带来新的问题，而且还会影响迁入地原居住人们的生活。

3. 现代的很多大工程是为了解决历史上长期存在的问题而修建的，建成后的运行期长，都承载着几代人的希望，它们在现代科学技术的支撑下，必将长久存在，对后世产生不可低估的社会影响和历史影响。如三峡工程，将会在未来很长一段历史时期内对我国的整个社会和地区生态产生影响。所以，工程的建设不仅要对国家、地区、城市可持续发展有贡献，而且自身也要有可持续发展的能力，能够在预定的生命期内持续地满足社会对它的需要。

4. 永久性的环境影响。大型工程对环境影响很大。任何工程的建设必然占有一定的空间，这会导致永久性占用土地，破坏植被和水源。原有的生态状况不复存在，而且将来也不可能恢复。例如我国古代大规模的建筑直接导致我国森林覆盖率的下降。

又如：埃及在 20 世纪 70 年代建设的阿斯旺大坝，一方面给埃及人民带来廉价的电力，控制了水灾，灌溉了大量的农田，但另一方面又破坏了尼罗河的生态平衡。最终遭到了一系列未料到的自然报复：由于尼罗河的泥沙和有机质沉淀在水库底部，尼罗河两岸的绿洲失去肥源，土壤逐渐盐渍化、贫瘠化；由于尼罗河河口流沙不足，河口三角洲平原从原来向海中伸展变为逐渐向陆地退缩，工厂、港口有跌入地中海的危险；由于缺少来自陆地的盐分和有机物，盛产沙丁鱼的渔场逐渐消亡；由于大坝阻隔，尼罗河奔流不息的活水变成相对静止的湖泊，使水库库区一带的血吸虫发病率大幅度提高；大坝的阻隔造成许多物种的灭绝等。

在我国，常常一条古老而清澈的河流，因为建造了一个化工厂或造纸厂，而这些厂的污水又得不到有效治理，结果成为臭河、"死河"，而且它的生态永远得不到恢复。在近几十年来，这种现象在我国发达地区几乎到处都是。这会对我国人民的身体健康，对区域的水环境，对动植物的生存产生历史性的影响。

在我国许多城市，由于混凝土高楼太多，过于集中，形成热岛效应。

5. 对历史文化和文物的破坏。例如三峡工程造成许多千年古城被拆除，许多已发现的和尚未发现的文物遗址永久性浸入水底。

南水北调工程对沿线历史文化遗产影响巨大。中线工程输水干线全长 1427km，东线输水干线全长 1446km，涉及湖北、河南、河北、江苏、山东、北京、天津七省市，连接着夏商文化、荆楚文化、燕赵文化、齐鲁文化等中国历史上重要的文化区域，是我国古代文化遗存分布密集的地区。沿线文物保护单位包括人类历史上最伟大的水利工程之一的大运河、世界文化遗产武当山遇真宫等各类古遗址及古墓葬等，文化价值巨大、数量众多，内容涉及华夏民族形成与发展的多方面学术问题。尽管人们采取措施进行抢救性挖掘和保护，但这种损失仍是无法弥补的，甚至也是无法估量的。

在我国许多地方，在工程建设中挖到古墓，人们野蛮施工，古墓被毁坏，文物被抢。

例如，由于三峡工程的建设，大量的原居民分散迁移到各个地方，会导致三峡工程所在地古老的风俗、传统习惯、非物质文化永久性的灭失。

由于现代工程规模大，它的负面影响也很大。现代社会的人们对工程的负面影响越来越重视，要求工程尽可能在全寿命期中是有益的。

（六）工程的国际化

现代工程一个重要的标志是工程要素的国际化，即一个工程建设和运行所必需的产品市场、资金、原材料、技术（专利）、土地（包括厂房）、劳动力、工程任务承担者（工程承包商、设计单位、供应商）等，常常来自不同的国度。

在当今世界上，国际合作项目越来越多，任何一个国家都是世界经济的一部分。通过国际工程能够实现各方面核心竞争力的优势组合，能够取得高效率的工程。目前，我国已经加入WTO，我国建筑工程承包市场对外全面开放，已是国际工程承包市场的一部分。现在不仅一些大型工程，甚至一些中小型工程的参加单位、设备、材料、管理服务、资金都呈国际化趋势。这带来两方面的问题：

1. 在我国许多工程的建设都有外国的公司参加

从20世纪80年代初鲁布革工程开始，我国许多工程引入国外贷款（如世界银行贷款、亚洲银行贷款，以及其他国际组织和外国政府贷款），进行设计、施工、供应的国际招标，如鲁布革工程、小浪底工程、许多地方的公路工程、大型石油化工工程等。这是我国近几十年工程领域的特色之一。

位于天安门广场西侧的国家大剧院工程（图1-23），主体建筑呈半椭球形，总建筑面积149520m^2，总投资268838万元，于2001年12月13日开工，2006年底基本建成，2007年中期正式对外演出。

图1-23 国家大剧院

整个工程的建设呈现国际性特点，主要是：

（1）该工程建筑设计方案的产生采用国际邀请竞赛方式，从1998年4月开始，共有来自10个国家和地区的36家顶尖级设计单位参加，其中邀请参加的17家，自愿参加的

19家。截止7月13日共收到44个建筑设计方案，其中，国内、国外各占一半。

经过两轮竞赛、三次修改，最终经中央政治局常委会讨论研究，选定了法国巴黎机场公司设计、清华大学配合的建筑设计方案，其主持设计师为保罗·安德鲁。北京市建筑设计研究院承担详细设计工作。

(2) 工程施工通过招标，确定北京城建集团有限责任公司、香港建设（控股）有限公司、上海建工（集团）总公司组成联合体为施工总承包单位。北京市双圆监理公司中标为工程监理单位。

(3) 工程用的许多建筑材料和设备是国外进口的。

近十几年来，我国的许多标志性建筑工程，如许多地方的机场候机楼、奥体场馆、大型写字楼等都由国内外联合设计，一般外国设计事务所承担方案设计，国内的设计院承担专业配套设计。

2. 我国的许多工程承包商、设计单位、供应商也到国外去承接工程

国际工程承包市场有很大的容量。2007年全球建筑业投资规模约4.78万亿美元。按照国际建筑业市场的开放程度（国际公开招标项目和工程投资总规模之比）约为30%，则国际上公开发包的工程承包市场总量2007年约为1.43万亿美元。

从20世纪70年代末，我国工程承包企业开始到国外承包工程，经过近30年的发展，取得了惊人的成就，我国的承包商已成为国际工程承包市场中一支重要的力量。

(1) 总承包额度。根据对外承包商协会统计，2009年，中国企业完成国际工程承包营业额777亿美元，新签合同额1262亿美元。与2008年相比，营业额增加37.3%，合同额增长20.7%。截至2009年底，我国对外承包工程累计完成营业额3201亿美元，累计签订合同额5342亿美元。

(2) 我国有50家企业进入2008年度"全球最大225家国际承包商"行列。

(3) 我国工程承包企业在国际上从施工承包逐渐发展到总承包，承揽大型、特大型工程项目的能力有了大幅度提高。我国的许多国际承包企业还参与国际工程投资。

2006年5月，我国"中信－中铁建"联合体以框架合同总金额62.5亿美元中标阿尔及利亚东西高速公路中、西两个标段工程。这是我国公司在国际工程承包市场获得的各类工程中单项合同金额最大的大型国际"设计－建造"总承包项目，也是当时中国公司在国际工程承包市场中拿下的同类项目单项合同额最大订单。2006年11月，中国土木工程集团公司与尼日利亚政府签订了铁路现代化项目合同，额度达到83亿美元。

(4) 到目前为止，中国工程承包商已遍及全世界180多个国家和地区，基本形成了以亚洲为主，在非洲、中东、欧美和南太平洋全面发展的多元化市场格局。承包工程范围分布在国民经济各个领域，特别是在各类房屋建筑、交通运输、水利、电力、石油化工、通信、矿山建设等领域有较强的竞争力。

复 习 思 考 题

1. 查找人们通常使用的"工程"一词的定义，分析其意义。
2. 从工程技术和工程管理专业的角度简述工程含义。
3. 什么是工程项目？举例说明工程项目与工程技术系统的关系。
4. 简述工程的作用，并举例说明工程与人们生活的关系。

5. 查阅我国近几年全国固定资产投资的数额和建筑业产值。
6. 讨论我国近几十年工程建设的主要成就。
7. 查找我国最近几年建筑工程爆破的情况,分析其原因和带来的影响。
8. 简述现代工程的特点。
9. 查阅资料,了解我国工程发展史。
10. 查阅资料,了解国内近几年大型工程的建设情况。
11. 人类为何要进行工程建设?工程建设的发展与人类社会发展有什么关系?

第二章 现代工程系统

【本章提要】 本章主要描述现代工程的分类，工程系统结构、工程相关的学科专业结构和工程相关行业。

第一节 工程的分类

工程的分类和工程的系统结构对我国高等院校工程类专业的设置，工程类行业和企业的分类有决定作用（图2-1）。

一、按照工程所在的国民经济行业分类

行业是建立在各类专业技术、各类工程系统基础上的专业生产、社会服务系统。国民经济行业分类是对全社会经济活动按照获得收入的主要方式进行的标准分类，比如建筑施工活动按照工程结算价款获得收入，交通运输活动按照交通营运业务获得收入，批发零售活动按照商品销售获得收入等。我国国民经济行业分类有相应的国家标准（表2-1）。

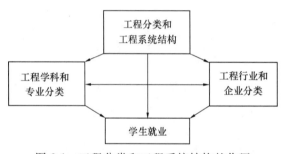

图2-1 工程分类和工程系统结构的作用

国民经济行业分类国家标准　　　　表2-1

代码	行 业 名 称	代码	行 业 名 称
A	农、林、牧、渔业	11	其他采矿业
01	农业（各种农副产品种植）	C	制造业
02	林业	13	农副食品加工业
03	畜牧业	14	食品制造业
04	渔业	15	饮料制造业
05	农、林、牧、渔服务业	16	烟草制品业
B	采矿业	17	纺织业
06	煤炭开采和洗选业	18	纺织服装、鞋、帽制造业
07	石油和天然气开采业	19	皮革、毛皮、羽毛（绒）及其制品业
08	黑色金属矿采选业	20	木材加工及木、竹、藤、棕、草制品业
09	有色金属矿采选业	21	家具制造业
10	非金属矿（如土砂石、化学矿、盐等）采选业	22	造纸及纸制品业

第一节 工程的分类

续表

代码	行业名称	代码	行业名称
23	印刷业和记录媒介的复制	54	水上运输业
24	文教体育用品制造业	55	航空运输业
25	石油加工、炼焦及核燃料加工业	56	管道运输业
26	化学原料及化学制品制造业	57	装卸搬运和其他运输服务业
27	医药制造业	58	仓储业
28	化学纤维制造业	59	邮政业
29	橡胶制品业	G	信息传输、计算机服务和软件业
30	塑料制品业	60	电信和其他信息传输服务业（电信、互联网、广播电视）
31	非金属矿物制品业		
32	黑色金属冶炼及压延加工业	61	计算机服务业
33	有色金属冶炼及压延加工业	62	软件业
34	金属制品业	H	批发和零售业
35	通用设备制造业	63	批发业
36	专用设备制造业	65	零售业
37	交通运输设备制造业	I	住宿和餐饮业
		66	住宿业
39	电气机械及器材制造业	67	餐饮业
40	通信设备、计算机及其他电子设备制造业	J	金融业
41	仪器仪表及文化、办公用机械制造业	68	银行业
42	工艺品及其他制造业	69	证券业
43	废弃资源和废旧材料回收加工业	70	保险业
D	电力、燃气及水的生产和供应业	71	其他金融活动
44	电力、热力的生产和供应业	72	房地产业（房地产开发经营、物业管理、房地产中介服务等）
45	燃气生产和供应业		
46	水的生产和供应业	L	租赁和商务服务业
E	建筑业	73	租赁业
47	房屋和土木工程建筑业	74	商务服务业
48	建筑安装业	M	科学研究、技术服务和地质勘察业
49	建筑装饰业	75	研究与试验发展（包括自然科学、工程、技术等方面）
50	其他建筑业		
F	交通运输、仓储和邮政业	76	专业技术服务业
51	铁路运输业	77	科技交流和推广服务业
52	道路运输业	78	地质勘察业
53	城市公共交通业	N	水利、环境和公共设施管理业

39

续表

代码	行业名称	代码	行业名称
79	水利管理业	88	新闻出版业
80	环境管理业（自然保护、环境治理）	89	广播、电视、电影和音像业
81	公共设施管理业	90	文化艺术业（图书馆、档案馆、博物馆、纪念馆）
O	居民服务和其他服务业		
82	居民服务业	91	体育
83	其他服务业	92	娱乐业
P	教育	S	公共管理和社会组织
84	教育（中小学、大学等）	93	中国共产党机关
Q	卫生、社会保障和社会福利业	94	国家机构
85	卫生（医院、疾病预防控制及防疫活动中心等）	95	人民政协和民主党派
		96	群众团体、社会团体和宗教组织
K	房地产业	97	基层群众自治组织
86	社会保障业	T	国际组织
87	社会福利业	98	国际组织
R	文化、体育和娱乐业		

由于工程的多样性，工程分布于国民经济的各个领域，所以工程建设与国民经济的各个领域都相关，在相应的行业中的工程就具有相应的行业特点，后面介绍的我国建造师的行业分类也与此相关。

同时由于工程与国民经济的各个行业相关，使得我国的工程建设受国民经济宏观管理和国家投资管理体制的影响很大。

由于国民经济行业划分很细，在此基础上进行归纳，工程可以划分为五类：

1. 房屋工程

包括：

(1) 居民住宅；

(2) 商业用建筑物；

(3) 宾馆、饭店、公寓楼；

(4) 写字楼、办公用建筑物；

(5) 学校、医院；

(6) 机场、码头、火车站、汽车站的旅客等候厅（室）；

(7) 室内体育、娱乐场馆；

(8) 厂房、仓库；

(9) 其他房屋和公共建筑物。

2. 铁路、道路、隧道和桥梁工程

包括：

(1) 铁路、地铁、轻轨；

(2) 高速公路、快速路、普通公路；

(3) 城市道路、街道、人行道、过街天桥、行人地下通道、城市广场、停车场；

(4) 飞机场、跑道；

(5) 铁路、公路、地铁的隧道；

(6) 铁路、公路桥梁及城市立交桥、高架桥等。

3. 水利和港口工程

包括：

(1) 水库；

(2) 防洪堤坝、海堤；

(3) 行蓄洪区工程；

(4) 水利调水工程；

(5) 江、河、湖、泊及海水治理工程；

(6) 水土保持工程；

(7) 港口、码头、船台、船坞；

(8) 河道、引水渠、渠道；

(9) 水利水电综合工程等。

4. 工矿工程

指除厂房外的矿山和工厂生产设施、设备的施工和安装，以及海洋石油平台的施工。包括：

(1) 矿山（含坑道、隧道、井道的挖掘、搭建）；

(2) 电力工程（如水利发电、火力发电、核能发电、风力发电等）；

(3) 海洋石油工程；

(4) 工厂生产设施、设备的施工与安装（如石油炼化、焦化设备，大型储油、储气罐、塔，大型锅炉，冶炼设备，以及大型成套设备、起重设备、生产线等）；

(5) 自来水厂、污水处理厂；

(6) 水处理系统；

(7) 燃气、煤气、热力供应设施；

(8) 固体废弃物治理工程（如城市垃圾填埋、焚烧、分拣、堆肥等设施施工）；

(9) 其他未列明的工矿企业生产设备。

5. 其他土木工程

包括：

(1) 体育场、高尔夫球场、跑马场等；

(2) 公园、游乐园、游乐场、水上游乐设施、公园索道以及配套设施；

(3) 水井钻探；

(4) 路牌、路标、广告牌；

(5) 其他未列明的土木工程建筑。

二、按照工程的用途分类

工程的类型有很多，用途也各不相同。这使得各类工程的专业特点相异，由此带来了设计、建筑材料和设备、施工设备、专业施工队伍的不同。工程按照用途可以分为以下四类：

1. 住宅工程

这类工程主要是居民的住房，包括城市各种类型的房地产建设工程和农村的大多数私人自建房工程。

住宅工程是我国近二十多年来最为普遍，发展最为迅速的工程。房地产业是我国最近二十多年来发展最为迅速的产业之一。我国各个城市都有房地产开发项目（图 2-2）。

图 2-2　房地产小区图

2. 公共建筑工程

这类工程按照不同用途还可以细分为：

（1）大型公共建筑：医院、机场、公共图书馆、文化宫、学校等大型办公建筑，以及旅游建筑、科教文卫建筑、通信建筑和交通运输用房等。

（2）商业用建筑：大型购物场所、智能化写字楼、剧院等。

这类工程以满足公共使用功能为目的，需要较高的建筑艺术性，要符合地方文化和独特的人文环境的要求。如上海金茂大厦的塔形建筑巧妙地将中国的建筑文化融入现代高层建筑中（图 2-3），南京奥体中心体育场则用两条动感十足的红飘带设计造型（图 2-4）。

图 2-3　上海金茂大厦图

图 2-4　南京奥体中心体育场

住宅工程和公共建筑工程在国民经济行业分类中同归为房屋建筑工程，它们在工程总投资中所占的比重最大。通常，房屋建筑工程产值占建筑业总产值的 65% 以上。

3. 土木水利工程

土木水利工程主要指水利枢纽工程、港口工程、大坝工程、水电工程、高速公路、铁路和城市基础设施工程。在我国，这些工程主要由政府投资。我国近几十年来，基础设施建设高速发展，特别是高速公路、铁路和高速铁路、城市基础设施（地铁、轻轨等）、水利水电工程等。

4．工业工程

工业工程主要指化工、冶金、石化、火电、核电、汽车等工程。这些工程主要是建造生产这些产品的工厂，例如化工厂、发电厂、汽车制造厂等。

这些工程涉及国民经济的各个工业部门。

第二节　工程系统结构分析

一、工程的系统结构

1．工程系统范围的定义

工程是占据一定空间的技术系统，由两个方面体现工程系统的规模和结构：

（1）由工程"红线"所定义的空间范围

工程作为一个整体系统而言，具有一定的功能。而工程的"红线"界定了工程的空间范围，也是城市规划部门确定的工程法定土地范围。例如沪宁高速公路的总体功能是为上海和南京两地间的车辆运输提供通道，它在两地之间延伸，占据着一定的土地空间。

（2）工程的系统结构

一个工程通常由许多分部组合而成，是具有一定系统结构形式的综合体。

2．工程系统结构分解

任何工程都可以按照系统方法进行结构分解（图2-5）。

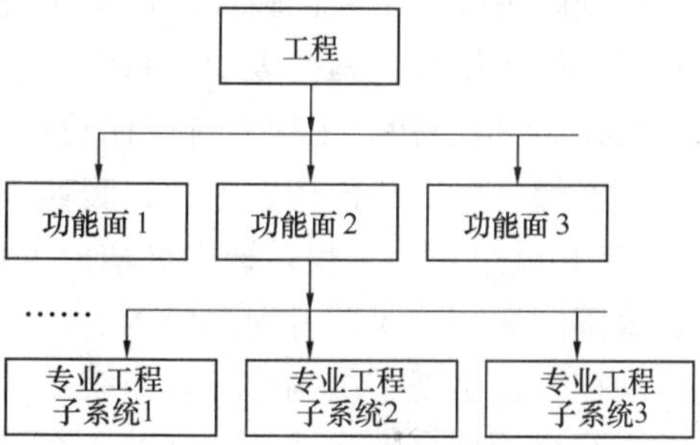

图2-5　工程系统的结构

（1）功能面

一个工程在一定的土地（空间）上布置，是由许多空间分部组合起来的综合体。这些分部也有一定的作用，提供一定的功能。通常被称为功能面。一个工程可以分解为许多功能面。最常见的是一个工程系统由许多单体建筑组成，每个单体建筑在总系统中提供一定的使用（生产）功能，是具有特定产品或服务的区域。

例如，一座工厂由各个车间、办公楼、仓库、生活区等构成；

一条高速公路由各段路面、服务区、收费区、绿化区等构成；

一个高校校区由教学楼、图书馆、宿舍楼、实验楼、体育馆、办公楼等功能区（或单体建筑物）组成。

（2）专业工程子系统

每个功能面（每栋建筑）是由许多有一定专业作用的子系统构成的。例如学校的教学楼提供教学功能，它包括建筑、结构、给水排水、电力、消防、通风、通信、多媒体、语音、智能化、电梯、控制等专业工程子系统。这些专业工程子系统不能独立存在，必须通过系统集成共同组合成教学楼的功能。

专业工程子系统有不同的形态，有的是硬件系统，如结构工程系统、给水排水系统、通风系统等；有的是软件系统，如智能化系统、控制系统、信号系统等。所以工程系统又是各个独立的专业工程子系统紧密结合，相互配合、相互依存的体系。

将一个工程的所有专业工程子系统提取出来，就得到该工程所包含的工程专业体系，如地铁工程包括四十几个专业工程子系统。

同类工程由具有相同或相似的专业工程子系统构成。例如两栋教学楼，它们的外形、结构、高度可能存在差异，但它们所包含的专业工程子系统应是差不多的。同样，南京地铁和北京地铁也有相似的专业工程子系统结构。

这些专业工程子系统有专业特点，对高等院校里的工程类专业分类的设置有很大影响。

在工程中，工程设计图纸和规范的分类，设计小组、施工小组的划分都与专业工程子系统相关。

3. 工程系统的发展过程

工程所包含的专业工程子系统与人们对工程的需求、科学技术的发展，以及工程技术的发展有关。

在我国古代，工程比较简单，按照现代的专业分类，主要包括建筑学、结构工程、建筑材料、给水排水、园林等专业系统。

而在20世纪初，工程系统就比较复杂了，不仅包括上述专业工程子系统，还增加了电力、电梯、电话、消防、卫生、暖通等系统。

在20世纪末，工程系统中又增加了信号系统、网络系统、中水处理系统、智能化系统、太阳能系统、闭路电视系统等。

现在，还出现了结构化综合布线系统（SCS），结构化综合网络系统（SNS），智能楼宇综合信息管理自动化系统（MAS）等更为现代化的系统。

随着科学技术的发展和人们对工程要求的提高，还会有新的专业工程子系统出现。

二、建筑工程的主要专业工程子系统（工程专业）[注]的构成和作用

完整的建筑工程系统由许多专业工程子系统构成，则一个工程的建设和运行过程必须有许多工程专业参与。各个专业学科在工程中承担不同的角色。

1. 城市规划。我们所建设的大量工程都是城市的一部分，都要服从城市规划的布局。城市规划是指对城市的空间和建筑工程实体发展进行预先安排，涉及城市中产业的区域布局、建筑物的区域布局、道路及运输设施的设置、城市工程的安排等。经合理布局的城市空间既要满足美学要求和技术要求（道路管道、房屋结构、环境保护等要求），也要符合经济、政治等社会发展要求。

城市规划是城市建设和管理、城市内各种工程的规划和设计的依据。

2. 建筑学。建筑学所要解决的问题包括，建筑物与周围环境、与各种外部条件的协调配合，建筑物外表和内部的表现形式和艺术效果，建筑物内部各种使用功能和使用空间的合理安排，各个细部的构造方式，建筑与结构、建筑与各种设备等相关技术的综合协

注：有些工程专业与工程专业子系统不能完全对应，如工程材料一般不作为专业工程子系统，但由于它与几乎所有的工程专业子系统相关，在工程科学界它成为一个十分重要的专业。

调，以及如何以更少的材料、更少的劳动力、更少的投资、更少的时间来实现上述各种要求，其最终目的是使建筑物做到适用、经济、坚固、美观。

3. 建筑结构，是用来承受自重、外部荷载作用（活荷载、风荷载、地震作用等），以及环境作用（阳光、风雨、大气污染）等的人造建筑物，是建筑工程的"骨骼"和"肢体"。

一般建筑基本构件有基础、框架（包括梁、柱）、墙、楼板、屋面、桁架、网架、拱、壳体、索、薄膜等构件。常见的房屋建筑结构可见图2-6。

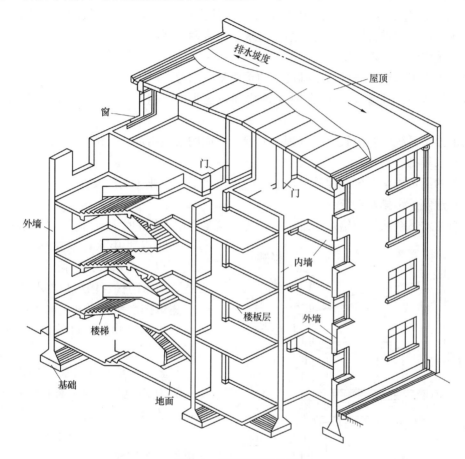

图 2-6　房屋建筑结构图

按层数的多少，建筑结构可以分为：单层、多层、小高层、高层和超高层建筑。

按所用的材料，建筑结构可以分为：木结构、砌体结构、混凝土结构、钢结构和混合结构等。

而常见的桥梁的基本组成有上部结构（桥跨结构、支座系统）、下部结构（桥墩）、桥台和墩台的基础，以及桥梁服务功能系统（桥面铺装、栏杆、伸缩缝等）。

4. 工程材料，是构成工程实体的物质，工程实体的质量和耐久性等常常是由其材料决定的。

工程材料种类繁多，传统的建筑工程材料有，木材、砖、瓦、砂、石、灰、钢材、水泥、混凝土、玻璃、沥青等；新型工程材料，如高性能混凝土（HPC）、高掺量粉煤灰混凝土、纤维混凝土（钢纤维、碳纤维、玻璃纤维、芳香族聚酰胺纤维、聚丙烯纤维）、纤维增强复合材料（FRP）、新型节能墙体材料、智能材料等。

材料作为工程的物质基础，对建筑工程的发展起着关键作用。新的优良材料的产生会引导出现新的、经济的、美观的工程结构形式，带动了建筑、结构等专业设计理论和施工技术的发展，是现代工程科学的重要领域之一。现代工程的许多重大问题，如工程能耗的降低，生态（绿色）工程、智能化工程、低碳工程，工程废弃物的循环利用等问题，在很大程度上都需要通过材料科学解决。

5. 给水排水工程，为在建筑中生活和工作的人们，以及生产提供用水，并将废水排出去，或按照规定进行废水处理。给水排水工程有两大系统：

（1）城市给水排水系统

给水排水工程首先是城市基础设施的重要组成部分。

城市给水系统主要给城市中的建筑物和设施所需的生活、生产、市政和消防提供用水。

城市排水系统主要由收集、处理、处置三方面的设施组成，处理包括生活污水、工业废水、雨水等排水系统。

完善的给水排水系统能保障城市人民的生活水平和工业生产的发展。

（2）建筑给水排水系统

建筑给水系统从城市给水系统引入，为建筑工程中人们的生活、生产，以及设施的运行、消防提供用水，通常包括引入管、水表节点、给水管道、配水装置和用水设备、给水附件、增压和贮水设备等。

建筑排水系统通过排水管道将污水、废水排出建筑物，通过城市排水系统引向污水处理厂。

某教学楼给水排水系统见图 2-7。

6. 建筑电气：为工程提供照明、动力，以及为一切用电设备提供能源的系统。通常由变电装置、配电装置、电路、用电设施等构成。

7. 其他建筑设备。建筑设备是为建筑物使用者提供生活和工作服务的各种设施和设备系统的总称。建筑设备种类繁多，按专业划分，除了上述的给水排水系统和建筑电气系统外，还包括：

（1）建筑通风空调，为建筑物提供暖气、冷气，或为室内换气的设备系统；

（2）通信系统（电话、电视、信息网络系统，电梯保安报警系统等）。某办公楼计算机和网络系统见图 2-8；

（3）建筑交通设施，如电梯等。

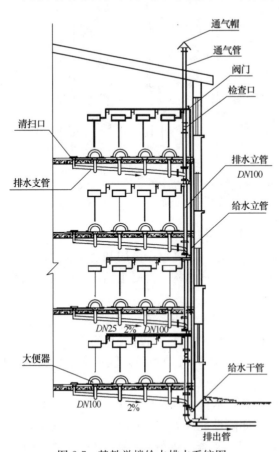

图 2-7 某教学楼给水排水系统图

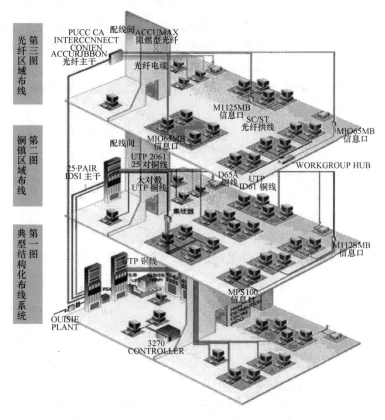

图 2-8　某办公楼计算机和网络系统

8. 园林绿化（景观）系统等。如住宅小区中的假山、亭阁、水池、植被、灯光等的设计和建造。

三、工程系统结构的协调性要求

各个专业工程子系统在工程系统中有不同的作用，这就决定了各专业学科在工程的学科集群中有各自的地位，以及它们之间存在复杂的内在联系。

一个工程系统虽然由不同部分组成，但都是为工程的最终总体功能服务的，构成总体功能的一部分。工程的总体目标是为社会提供预定的产品或服务，它是工程的各个功能面和各个专业工程子系统共同作用的结果。工程的各个功能面和工程专业子系统必须有系统相关性和协调性。工程的整体结构和功能必须和谐，功能面和各专业工程子系统必须平衡。这种协调性具有广泛的意义。主要体现在：

1. 功能上的均衡性，既不残缺，也不显冗余。一个工程各个功能面大小的分配应该均衡，各个专业工程子系统搭配是合理的。

例如，在一个校区建成后，预定规模的学生能够有效地使用各个功能区，既不出现功能的缺少（如缺少某些功能），也没有功能的不足（如某些功能面设置不够，造成学生在使用过程中的拥堵），又不出现某些功能的冗余（即功能闲置，没有发挥作用）。

2. 工程的设计质量应是均衡的，最好各个功能区（建筑）和专业工程子系统能够均衡地达到预定的使用寿命。

3. 功能面之间、专业工程子系统界面之间无障碍，能够形成高效率运行的整体。

4. 工程与周边环境的协调。工程同时也是城市大系统中的一个子系统。它的功能面和专业工程子系统发挥作用需要外界提供条件，如需要外界提供水、电、交通，并向外排出垃圾、废水等。所以工程的许多功能面和专业工程子系统与环境系统存在界面和接口。工程系统必须同外界环境相关子系统之间协调一致。

只有实现这种协调与平衡，才能保证工程安全、稳定、高效率的运行。

第三节　工程系统构成举例

一、某大学新校区系统结构

1. 某大学新校区总体要求。征地 3700 余亩（246.7hm^2），东西约 1.8km，南北约 1.4km，预计建成后供 30000 学生学习和生活。

2. 功能区

按照校区学生和教师规模，以及他们生活、学习、工作、后勤保障的需要，该校区规划有如下规模的功能区：

（1）教学区（509000m^2）：公共教学楼（100000m^2），图书馆（50000m^2），学校行政办公楼（20000m^2），各学院（系）专业用房（339000m^2）；

（2）学生生活区（315000m^2）：研究生公寓（60000m^2）、本科生公寓（200000m^2）、学生食堂（40000m^2）、大学生活动中心（15000m^2）；

（3）教师生活区（教工公寓60000m^2）；

（4）外事活动区（30000m^2）：国际交流中心（20000m^2）、留学生楼（10000m^2）；

（5）科研区（87000m^2）：科技创业中心（15000m^2）、科研大楼（30000m^2）、研发基地（42000m^2）；

（6）后勤、保卫区（58000m^2）：综合楼（20000m^2）、后勤服务中心（10000m^2）、接待中心及教工活动中心（15000m^2）、幼儿园（3000m^2）、医院（8000m^2）、车库（2000m^2）；

（7）体育运动场地（15500m^2）：体育馆（14000m^2）、室外游泳池（1500m^2），以及标准田径场3个、篮球场93个、排球场120个、网球场9个、足球场3个。

累计建筑面积 1074500m^2。

湖水面积 18.25hm^2，道路用地面积（宽3.5m以上）25.64hm^2，绿化用地面积 149.78hm^2，绿地率 59.80%。

通过工程规划设计，该学校建筑红线和功能区总体布置见图 2-9。

在每一个功能区中还有许多子功能区，如公共教学区中有多个子功能区，其中 B 区（图 2-10），它由 8 栋教学楼，5 个楼梯间，楼之间连接通道，楼外道路和景观绿化等子功能区组成。

3. 专业工程子系统

每个功能面由不同的专业工程子系统构成。将教学区，教师和学生生活区，外事活动区，后勤区域和运动场地等上述各功能区的专业工程子系统提取出，得到本校区专业工程系统的构成。它包括：建筑，土木工程（结构工程），给水排水，供电，园林绿化，道路工程，设备工程，卫生系统，装饰工程，信号系统，卫星接受系统，多媒体系统，通信网

第三节 工程系统构成举例

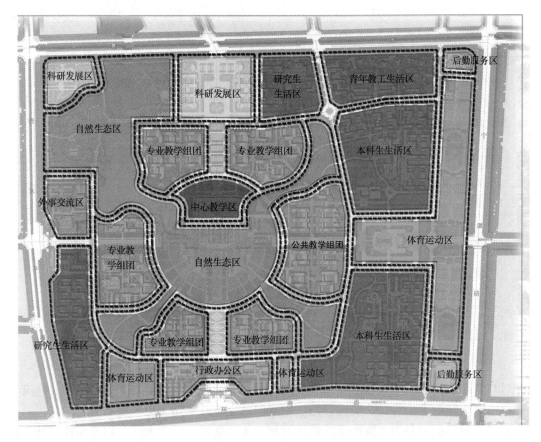

图 2-9 某学校新区红线范围和功能区总体布置图

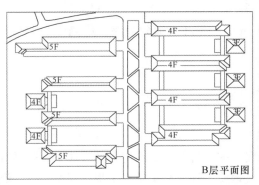

图 2-10 某校区公共教学区 B 区图

络系统，交通系统，消防系统，人防工程，环境工程，校园智能化系统工程等。

一个校区就是由这些专业工程子系统构成的。这些专业工程子系统对本校区的专业设计、施工和供应工作有规定性。

二、南京地铁工程系统结构

南京地铁 1 号线一期工程（图 2-11）是联系该市南北的大通道，它在 1999 年动工，2005 年通车。它的系统结构如下。

1. 功能区的划分

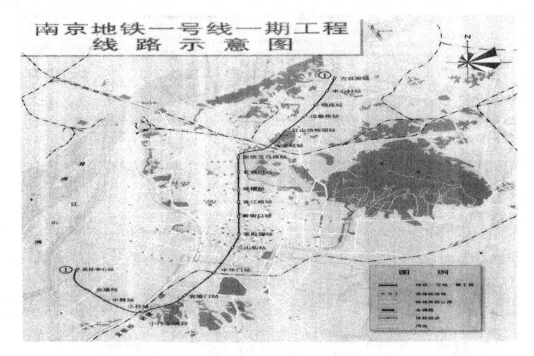

图 2-11 南京地铁 1 号线一期工程示意图

(1) 车站：三山街站、张府园站、新街口站、珠江路站、鼓楼站、玄武门站、许府巷站、南京火车站站、小行站、安德门站、中华门站、东井亭站、迈皋桥站等。

各个车站还会划分为不同的子功能区，如出入口通道、地下大厅、票务和检票处、商务中心等。

(2) 区间段：为两车站之间的隧道或高架桥。

(3) 车辆段基地：小行车辆站，迈皋桥车辆站。还可以细分为综合维修中心、车辆段、材料库房、培训中心等。

(4) 总控制中心。

(5) 办公行政大楼。

(6) 变电所等。

2. 地铁的专业工程子系统

上述功能区是由一些专业工程子系统组合而成的，将整个地铁工程的专业工程子系统提取出来，主要有：建筑、土建结构工程、水文地质工程、给水排水工程、照明、空气调节工程、装饰工程、综合布线、隧道工程、桥梁工程、道路工程、轨道工程、电梯、动力工程、消防工程、设备安装工程、供电系统、机车工程、自动检售票系统（AFC）、环境监控系统、各种防灾报警系统（FAS）、各种信号系统（ATS、ATP、ATO）、各种通信系统（有线、无线）、广播系统、报时系统、闭路电视系统、综合监控系统等。

大家一走进地铁就会感受到工程系统的结构和各个专业工程子系统的运作。

三、某智能化住宅小区的系统结构

某住宅小区平面布置见图 2-12。

1. 功能面：在建筑红线范围内，该住宅小区可以分为 3 栋住宅楼，停车场、园林绿

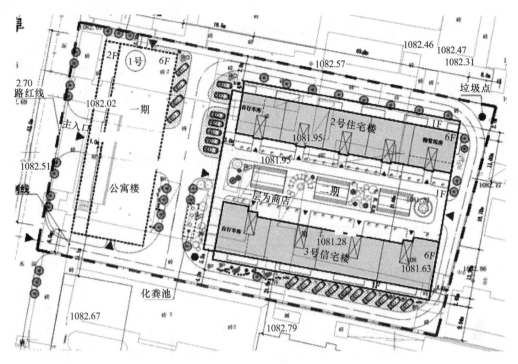

图 2-12　某住宅小区平面图

化区、道路、物业管理办公区（包括智能建筑的系统集成中心）、进出口、维护工程等功能面。

2. 专业工程子系统包括：建筑、结构工程、给水排水、供电、绿化和景观、设备、卫生系统、交通工程、智能系统、装饰工程、消防工程、人防工程等。

该住宅小区的智能系统又可以细分为：

(1) 智能系统集成中心。

(2) 综合布线系统。

(3) 3A 系统。

1) 楼宇设备自动控制系统（BAS）。包括供电监控系统、照明监控系统、暖通空调监控系统、给水排水监控系统、电梯监控系统、停车场监控系统、消防监控系统、安全监控系统等。

2) 办公室自动化系统（OAS）。

3) 通信自动化系统（CAS）。包括电话通信线路、电话交换机、网络电话（IP 电话）、计算机网络。

(4) 门禁系统、停车场管理系统、防盗报警系统、电子巡更系统、闭路电视监控系统。

(5) 消防系统：火灾报警系统、消防联动控制系统（控制对象包括灭火设施、火灾事故广播、消防通信、防排烟设施、防火卷门、防火门等）。

(6) 公共广播系统和有线电视系统等。

第四节 工程相关学科的专业结构

从上面的分析可见,在整个国民经济中,工程有不同的种类;一个工程又是由许多专业子系统构成的。工程需要科学技术的支持,而科学技术是分门别类的,每个专业工程子系统都有相应的技术问题,则形成各个工程学科。所以工程系统又与我国高等院校中的工程学科分类体系紧密联系。

1. 根据《普通高等学校本科专业目录和专业介绍》,工学下的工程一级学科类别包括 21 个门类(表 2-2)。

我国工学一级学科目录　　　　表 2-2

门类编码	门类名称	门类编码	门类名称	门类编码	门类名称
0801	地矿类	0808	水利类	0815	航空航天类
0802	材料类	0809	测绘类	0816	武器类
0803	机械类	0810	环境与安全类	0817	工程力学类
0804	仪器仪表类	0811	化工与制药类	0818	生物工程类
0805	能源动力类	0812	交通运输类	0819	农业工程类
0806	电器信息类	0813	海洋工程类	0820	林业工程类
0807	土建类	0814	轻工纺织食品类	0821	公安技术类

在这些工学的一级学科专业中,除工程力学类、测绘类、材料类等整个工程的基础学科外,主要是按照工程类别设置的。这些大类划分与工程所处的领域相关,是针对该领域的工程系统相关的科学技术。

2. 在高等院校中,在一级工程学科下还设置许多二级或三级学科。这些主要是按照工程的专业子系统划分的。许多工程专业就是以研究工程中的专业子系统为对象的。例如,建筑学、土木工程、给水排水、暖通空调、电器工程、机械工程、通信工程等。

3. 一个具体的工程系统是由许多专业子系统构成,也就是由许多工程学科构成的。由于现代建筑工程功能要求的多样性,需要许多专业工程系统组合。某一领域的工程需要许多跨一级的二级或三级工程学科的配合与协调。

例如,一个纺织厂工程的建设(设计、施工、制造)和运行维护并不仅仅涉及纺织工程(081405),还涉及消防工程(082102)、土木工程(080703)、环境工程(081001)、测绘工程(080901)、安全工程(081002)、交通运输(081201)、交通工程(081202)、电气工程及其自动化(080601)、电子信息工程(080603)、通信工程(080604)、计算机科学与技术(080605)、电子科学与技术(080606)、建筑学(080701)、建筑环境与设备工程(080704)、给水排水工程(080705)、机械设计制造及其自动化(080301)、热能与动力工程(080501)等二级专业学科。

由工程的系统结构分析可见,工程是许多专业的集成,工程实体的构建和正常运行是许多专业协同工作的结果,需要多门学科知识的理论指导。工程整体功能的实现和各单体建筑间功能的协调,要求工程各专业的参与者们不能囿于自己的专业领域思考问题,而应该从工程总体目标出发,有"大工程观"和系统集成的思想和方法。

第五节 工程相关企业和行业

一、工程相关企业分类

工程的设计、施工、供应、运行维护和管理（包括咨询、技术）服务工作等是由一些工程界企业（或专业人员）完成的，所以工程系统又与工程界企业分类体系有密切的关系。工程是建筑业的收入载体，所以与工程关系最大的领域是建筑业、建筑市场和建筑业企业。工程相关的企业是工程技术和工程管理专业的毕业生就业的主要选择对象。它的范围十分广泛，可以按照多维的标准划分。

（一）按照工程相关行业划分

如房屋建筑工程企业、石油化工工程企业、公路工程企业、水利水电工程企业、核工业工程企业、铁路工程企业、矿山（冶炼）工程企业、民航工程企业、港口与航道工程企业、电力工程企业、市政公用工程企业、通信与广电工程企业、机电安装工程企业等。这些企业就以承包该大类工程为目标。

有些企业专业化更细，如土建工程中的基础工程施工企业、土石方工程施工企业、装饰装修工程企业等。

（二）按照在工程中所承担的任务划分

如工程承包（施工）类企业、咨询类（可行性研究、造价咨询、招标代理、工程管理）企业、勘察和规划设计类企业、供应（制造）类企业、运行维护（如物业管理）类企业等，也有综合性的工程总承包企业。

这决定了我国工程领域的执业资格的划分和工程管理专业的毕业生就业去向。

（三）按照企业规模划分

按照企业规模划分企业资质的标准可以随着行业发展水平进行调整。

1. 工程承包企业资质

根据我国现行《建筑业企业资质管理规定》，建筑业企业资质分为施工总承包、专业承包和劳务分包三个序列，按照工程性质和技术特点分别划分为若干资质类别，各资质类别按照规定的条件划分为若干资质等级。

根据《建筑业企业资质等级标准》（建［2001］82号），我国现行工程施工总承包企业资质等级划分为特级、一级、二级、三级。2007年，我国具有资质等级的总承包和专业承包建筑业企业有62074家，其中特级企业占到总数的0.43%，一级企业约占到9.67%，二级企业约占到27.3%，三级及以下企业占总数的62.61%。

企业资质主要按照企业业绩、企业总经理和三总师的资格、工程技术和经济管理人员数量和职称要求，企业的一级资质项目经理（建造师）数量要求，企业注册资本金，企业净资产，近3年最高年工程结算收入，企业与承包工程范围相适应的施工机械和质量检测设备要求等决定的。

如房屋建筑工程一级企业资质的标准包括：近5年的工程业绩，企业总经理、总工程师、总会计师、总经济师的资格要求，工程技术和经济管理人员数量和职称要求，企业具有的一级资格项目经理（建造师）数量要求，企业注册资本金，企业净资产，近3年最高年工程结算收入，企业具有与承包工程范围相适应的施工机械和质量检测设备要求等。

特级企业资质标准是在一级企业的基础上，企业注册资本金3亿元以上，企业净资产3.6亿元以上，企业近3年上缴建筑业营业税均在5000万元以上，企业银行授信额度近3年均在5亿元以上等。

不同资质的企业可以承接不同规模的工程。特级企业可承担各类房屋建筑工程的施工。

2. 勘察、设计企业资质

根据我国现行《建设工程勘察设计资质管理规定》，从事建设工程勘察、工程设计活动的企业，应当取得建设工程勘察、工程设计资质证书后，方可在资质许可的范围内从事建设工程勘察、工程设计活动。

我国工程勘察资质分为工程勘察综合资质、工程勘察专业资质、工程勘察劳务资质。工程勘察综合资质只设甲级；工程勘察专业资质设甲级、乙级，根据工程性质和技术特点，部分专业可以设丙级；工程勘察劳务资质不分等级。

工程设计资质分为工程设计综合资质、工程设计行业资质、工程设计专业资质和工程设计专项资质。工程设计综合资质只设甲级；工程设计行业资质、工程设计专业资质、工程设计专项资质设甲级、乙级。根据工程性质和技术特点，个别行业、专业、专项资质可以设丙级，建筑工程专业设计资质可以设丁级。

《工程设计资质标准》（建市〔2007〕86号）对工程设计行业各级资质单位应拥有的注册资本、专业技术人员、技术装备和设计业绩等条件提出具体的要求。

3. 监理企业资质

根据我国现行《工程监理企业资质管理规定》，工程监理企业资质分为综合资质、专业资质和事务所资质。综合资质、事务所资质不分级别。专业资质按照工程性质和技术特点划分为若干工程类别，分为甲级、乙级；其中，房屋建筑、水利水电、公路和市政公用专业资质可设立丙级。

对各类资质标准有具体的注册资本，企业技术负责人资格，企业注册监理工程师、注册造价工程师、一级注册建造师、一级注册建筑师、一级注册结构工程师或者其他勘察设计注册工程师数量等要求。

4. 造价咨询企业资质

造价咨询企业主要承担建设项目的可行性研究和投资估算，项目经济评价，工程概算、预算、结算、竣工决算、工程招标标底、投标报价的编制和审核，对工程造价进行监控以及提供有关工程造价信息资料等业务工作。

按照《工程造价咨询企业管理办法》的规定，工程造价咨询企业资质分为甲、乙两个等级。资质标准主要规定企业资历，出资人情况，专职技术负责人的职称，从事工程造价专业工作年限，企业所具有的获得国家注册证书的造价工程师数量，企业具有专业技术职称、从事工程造价专业工作的专职人员数量，企业注册资金，固定的办公场所和组织机构要求，近几年已完成的工程业绩等。

二、建筑业

（一）建筑业的概念

工程相关行业最重要的是建筑业。

1. 广义的建筑业不仅包括房屋建筑、桥梁、堤坝、港口、道路等建（构）筑物建造施工，线路、管道、设备安装及建筑物装饰装修，还包括相关的建设规划、勘察、设计、技术、管理、咨询等服务活动，以及建筑构配件、建材生产、建筑环境设施的运行、相关的教育科研培训等活动。建筑业是工程建造全过程及参与进行相关建筑活动的产业群体。

2. 狭义的建筑业是指国家标准的产业分类中的建筑业。包括房屋建筑工程和土木工程的建造、设备、线路、管道安装、装饰装修等活动。根据国民经济行业分类国家标准（GB 4745—2002），建筑业的产业内容见表2-3。

建筑业的产业内容一览表　　　　　　表2-3

代码门类	类别大类	名称	说明
E		建筑业	
	47	房屋和土木工程	建筑工程从破土动工到工程主体结构竣工（或封顶）的活动过程。不包括工程内部安装和装饰活动
	48	建筑安装业	建筑物主体工程竣工后，建筑物内各种设备的安装活动，以及施工中的线路敷设和管道安装。不包括工程收尾的装饰，如对墙面、地板、顶棚、门窗等处理活动
	49	建筑装饰业	对建筑工程后期的装饰、装修和清理活动，以及对居室的装修活动
	50	其他建筑业	

（二）我国建筑业企业状况

全国经济普查数据显示，建筑业企业的构成如下：

1. 2008年末，全国共有建筑业法人企业单位22.7万个，从业人员3901.1万人；建筑业有证照的个体经营户26.4万户，从业人员199.9万人。

建筑业企业法人单位中，国有企业及国有独资公司9000个，占3.8%；集体企业1.0万个，占4.5%；私营企业15.3万个，占67.6%；港、澳、台商投资企业1000个，占0.4%；外商投资企业1000个，占0.4%；其余类型企业5.3万个，占23.4%。

2. 建筑业企业法人单位中，房屋和土木工程建筑业占41.0%；建筑安装业占19.3%；建筑装饰业占29.2%；其他建筑业占10.4%。

3. 建筑业企业法人单位从业人员中，国有企业及国有独资公司占12.7%，集体企业占6.7%，私营企业占37.0%，其他有限责任公司占34.6%，其余类型企业占9.1%。

4. 建筑业企业法人单位从业人员中，房屋和土木工程建筑业占83.0%；建筑安装业占8.3%；建筑装饰业占4.8%；其他建筑业占3.9%。

三、房地产业

1. 房地产业的概念

房地产是房产与地产的总称，即房屋和土地两种财产的统称。在物质形态上看，房地产可被定义为土地及地上建筑物和其他构筑物、定着物。

房地产作为国民经济中一个独立的极其重要的产业门类，属于第三产业大类。房地产业主要包括如下产业活动：

（1）土地开发和再开发；

（2）房屋开发和建设；

（3）地产经营，包括土地使用权的出让、转让、租赁和抵押；

（4）房地产经营，包括房产（含土地使用权）买卖、租赁、抵押等；

(5) 房地产中介服务，包括信息、咨询、估价、测量、律师、经纪和公证等；

(6) 房地产物业管理服务，包括家居服务、房屋及配套设施和公共场所的维修养护、安全管理、绿地养护、保洁、车辆管理等；

(7) 房地产金融服务，包括信贷、保险和房地产金融资产投资等。

2. 我国房地产业的发展

我国房地产业的真正发展始于 1984 年，国家颁布了《国民经济行业分类标准和代码》，第一次将房地产业列为独立的行业。1987 年深圳特区公开出让第一块城市国有土地，标志着我国房地产业开始发展，并逐步占据国民经济的重要地位。

1998 年以后，伴随着住房制度改革的不断深化以及房地产金融信贷政策的调整，房地产业重新进入平稳、快速发展的时期。自 2000 年以来，我国房地产年完成投资额一直呈增长趋势，由 2000 年的 4984 亿元增长到 2008 年末的 30580 亿元（图 2-13）。从 2000～2007 年，全国房地产投资各年增长均超过 20%。2007 年达到 30% 以上，成为国民经济的支柱产业之一。

2000 年以来，房地产业的年竣工面积从总体上呈快速增长趋势。2000～2003 年增长迅速，2004 年增速有所放缓，但 2005 年又出现强劲增长，这种趋势一直保持到 2007 年（图 2-14）。

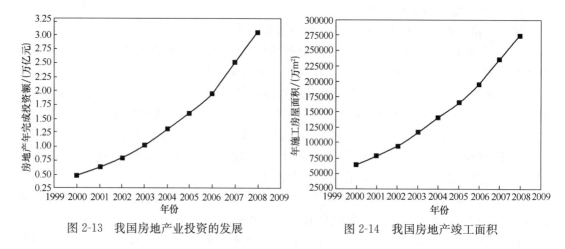

图 2-13 我国房地产业投资的发展　　　　图 2-14 我国房地产竣工面积

复 习 思 考 题

1. 列举所遇到的工程，并说明其所属类别。
2. 选择常见的工程，了解该工程技术系统的组成，并图示其系统构成。
3. 工程技术系统的各个部分为什么要协调？主要需要进行哪些方面的协调？
4. 走访当地的工程相关企业（施工企业、设计单位、监理企业、造价咨询企业或招标代理企业），了解他们的工作内容及工作成果。
5. 根据国民经济行业分类标准，简述建筑业的产业内容。
6. 查阅本校所设置的工程专业，了解该专业在工程中的作用。

第三章 工程的寿命期系统过程

【本章提要】 本章围绕工程的建设和运行过程，介绍工程寿命的概念、工程寿命期系统模型、工程环境系统、工程寿命期各阶段的主要工作、工程相关者，使学生对工程的寿命期系统过程和相关各方有一个宏观的了解。

第一节 工程寿命期概念

一、工程寿命的几个概念

任何一个工程就像一个人一样，有它的寿命期。工程寿命期是指从工程构思开始到工程报废拆除的全过程。

关于工程的寿命期有如下几个重要概念：

1. 设计寿命

任何工程在前期有一个预定的寿命，即工程的设计寿命。设计寿命是按照工程的总目标，在设计任务书中确定的工程预期寿命，它是对工程耐久年限的规定，由建筑的结构、材质、施工质量等决定的，对工程的各方面有决定性影响。

如我国在《民用建筑设计通则（GB 50352—2005）》中对工程的设计寿命（设计使用年限）有具体的规定，以主体结构确定的建筑耐久年限分下列四级（表 3-1）。

我国民用建筑设计寿命　　　　　　　　　　　　　表 3-1

建筑等级	耐久年限	适用建筑类型
一级	100 年以上	特别重要（如纪念性）建筑和高层建筑
二级	50～100 年	一般性建筑
三级	25～50 年	次要建筑（易于替换的结构构件）
四级	15 年以下	临时性建筑

工程的设计寿命主要是对工程的主体结构而言，并非要求所有的专业工程系统都达到这个设计寿命。例如对主体结构设计寿命 100 年的建筑，即使选择较好的防水材料，其设计寿命也只有 30 年左右。

对于不同的工程，其设计寿命会有所不同。我国一些工程的设计寿命见表 3-2。

我国一些工程的设计寿命　　　　　　　　　　　　表 3-2

序号	名称	设计年限	序号	名称	设计年限
1	秦山核电站	30 年	5	某大学教学楼	70 年
2	田湾核电站	40 年	6	某大学体育馆	100 年
3	三峡主体大坝	100 年	7	南京地铁	100 年
4	成都地铁	100 年	8	国家大剧院	100 年

2. 服务寿命

服务寿命是由工程能否满足使用功能或价值要求定义的,分为物理服务寿命和经济服务寿命:

(1) 物理服务寿命。即工程能够被正常使用的时间,是工程的各个组成部分在满足外界服务需求前提下的物理寿命。它与设计寿命有直接关系,主要由主体工程的结构和材料规定,同时受建设过程和使用环境影响,如果工程使用劣质的材料或工程工艺达不到要求,工程地质或工程结构出现问题,或工程遭受人为或自然灾害都会导致工程物理服务寿命的缩短。

(2) 经济服务寿命。通俗地说,就是工程再继续使用在经济上就不合算了。由于随着工程使用年限延长,各个专业工程系统的老化,不仅其产出效率降低,而且运行费用(包括燃料动力费用、维修费用、能耗、产品的废品数量)就会增加。当增加到一定程度,这个工程就失去进一步使用的价值。这就像一部旧汽车,虽然还可以用,但它的维修频率和维修费用高,燃料消耗大,它的平均年使用费如果超过新车的平均年使用费,从经济上来说,就不如买新车。

经济服务寿命会随着工程的更新改造,产品转向而变化。

有时由于产品市场的衰退,或科学技术的进步导致新产品的出现使原工程产品或服务失去市场,或者失去竞争力,致使工程失去进一步使用的价值,则会缩短它的服务寿命。

3. 工程的实际使用寿命

使工程达到设计寿命,或者在设计寿命期内能够正常地发挥功能作用,这是实现工程价值的基本要求。但在实际情况下,工程的实际使用寿命并不等于工程的设计寿命。

(1) 在西方社会,房屋建筑早年以石结构为主,因而至今欧洲的许多古城堡和教堂仍可看到这些建筑印迹。长期以来那里的人们追求工程的久远和历史影响,逐渐形成他们对建筑的一些价值观念。他们尽可能保护古建筑,开发古建筑的维修技术和工艺。西方国家建筑物平均寿命大约 80 年(表 3-3),所以西方城市许多街区、房屋依然保持几百年前的老样子,这些古建筑提升了这些城市的价值和吸引力,保存了各个时期的建筑文化。这些是值得我们借鉴的。

西方国家建筑物平均寿命   表 3-3

国家	建筑物平均寿命(年)	国家	建筑物平均寿命(年)
比利时	90.0	西班牙	77.4
法国	102.9	英国	132.6
德国	63.8	奥地利	80.6
荷兰	71.5		

(2) 而在我国,人们一直追求新的建筑,对工程建设的立项和拆除都十分轻率。近几十年来,我国几乎每一个城市都在大规模拆迁,现在到处在拆工程和炸工程(图 3-1),许多地方已经开始拆除 20 世纪 80 年代,甚至 90 年代的建筑了。许多工程都是短命与夭折的,有许多建筑因"未老先衰","病入膏肓",不得不提前退役。

据统计,目前我国建筑平均寿命为不到 30 年,仅为设计寿命(50~70 年)的一半。虽然,人们对建筑工程实际寿命的统计方法存在争议,但目前我国建筑工程实际寿命期很

(a) (b)

图 3-1 我国各个地方都出现炸工程的现象

短是一个不争的事实。

(3) 目前我国工程寿命期短带来了非常巨大的损失,对我国自然资源、社会资源、微观经济和宏观经济都产生深远的影响。

1) 这种持续的大拆大建导致我国大量自然资源的浪费和重大的环境污染。我国本身就是资源不很丰富的国家。这样大建大拆的折腾加剧了我国资源的紧张,对我国整个社会的可持续发展,对后代产生很大的影响。

2) 导致我国工程经济效益很差。由于建筑的寿命期短,则工程投资在工程全寿命期中的分摊(工程的年折旧费)就会很高,也就是说,我国建筑工程的年使用费中投资的分摊额远远高于国外。

从工程的全寿命期来看,工程的寿命期越长,工程的效益就越好。例如在西方,许多建筑寿命都在一百年以上,甚至几百年,这样工程建设的投资在寿命期中各年度分摊的数量是很少的。而且建筑越久远,它的文化和历史价值就越大,实质上是在不断升值。

3) 大量的甚至是成片老城区的拆除新建,以及建了再拆,许多老建筑消失了,导致我国很多地方建筑文化的断层。

4) 这种不断的大规模的拆迁带来社会的不安定。这几年在这方面出现了我国历史上少有的景象。

5) 由于我国大量的工程拆除,使我国许多固定资产的投资不能形成有效的社会财富积累。我国每年都有大量的资金投入建筑,而不久再拆掉,造成了大量的社会财富和自然资源的浪费。就像一个家庭,由于成员的辛勤劳作确实挣了很多钱,用钱盖房子,但隔几年又把房子拆掉再建,建后再拆,这样的家庭,不可能真正"富起来"的。

通过大规模的工程建设确实可以拉动经济,促进国民经济的发展。但如果目前建设的工程都是短命的、病态的,则这样的工程建设投资对于国民经济不是健康的动力,而是像体育界的"兴奋剂"。尽管在短期内会促进经济的腾飞,但它却挥霍了我国经济发展的后劲,与可持续发展的方针是相违背的。

(4) 我国目前建筑工程寿命期偏短,有深刻的社会的、历史的、技术的、文化的根源。每一座"短命建筑"的背后都可以找到它的"病根",而目前这种整个社会的大拆和到处爆破就展示了整个工程界和整个社会的问题。

二、工程寿命期阶段划分

在工程寿命期中工程经历由产生到消亡的全过程。不同类型和规模的工程寿命期是不一样的，但它们都可以分为如下四个阶段（图3-2）：

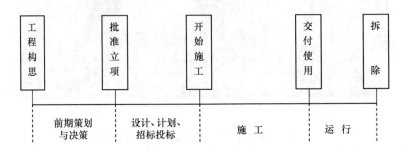

图3-2　工程的寿命期阶段划分

（1）工程的前期策划和决策阶段。这个阶段从工程构思到批准立项为止。其工作内容包括工程的构思、目标设计、可行性研究和工程立项。

（2）工程的设计与计划阶段。这个阶段从批准立项到现场开工为止，其工作包括设计、计划、招标投标和各种施工前准备工作。

（3）工程的施工阶段。这个阶段从现场开工开始，各专业各部分工程按照设计完成，最终建成整个工程，并通过验收为止。这是工程技术系统的形成过程。

（4）工程的运行阶段。这个阶段是工程寿命期中时间最长的，在这个过程中，工程通过运行实现它的使用价值。在这个过程中需要经常性维护（维修），可能有对工程的更新改造、扩建等工作。最终，工程寿命结束，被拆除。

在上述工程的寿命期中，每个阶段又有复杂的过程，形成工程建设和运行程序。任何工程在其寿命期中都必须经历这个程序。

虽然各个工程技术和工程管理专业的学生毕业后主要在工程批准立项到交付运行为止的建设过程中工作，但他们必须有工程全寿命期的理念！

三、工程寿命期系统模型

工程在一定的时间跨度和空间范围上建设和运行，它是一个开放的系统，与环境之间存在着许多交流（图3-3）。

1. 工程在寿命期过程中需要环境提供资源，包括：

（1）土地。任何工程都在一定的空间上建设和运行，都要占用一定的土地。

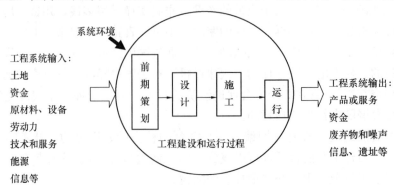

图3-3　工程的开放系统模型

(2) 资金。例如建设投资，运行过程中需要的周转资金等。

(3) 原材料。如建筑所需的材料、构配件、工程建成后生产产品所需要的原材料。

(4) 设备。如施工设备、生产设备等。

(5) 劳动力。

(6) 技术和服务工作。如设计技术、施工技术、生产产品技术，建设过程中的技术鉴定和管理服务。

(7) 能源。如电力、燃料等。

(8) 信息。工程建设者和运行者从外界获得的各种信息，指令。

这些输入是工程建设和运行顺利进行的保证，是一个工程存在的条件。

2. 工程同时向外界环境输出，包括：

(1) 产品或服务。如水泥厂生产出水泥，化工厂生产出化工产品，高速公路提供交通服务，汽车制造厂生产汽车，学校培养学生等。这些产品或服务必须能够被环境接受，必须有相应的市场需求或社会需求。

(2) 资金。即工程在运行过程中通过出售产品取得盈利，归还贷款，向投资者提交利润，向政府提供税收等。

(3) 废弃物。即在建设和运行过程中会产生许多废弃物，如建筑垃圾、废水、废气、废料、噪声，以及工程结束后的工程遗址等。

(4) 信息。在建设和运行过程中向外界发布的各种信息，提交的各种报告。

(5) 其他，如输出新的工程技术、管理人员和管理系统等。

第二节　工程环境系统

一、工程环境的重要性

任何工程都是在一定的环境中生存的。工程与环境之间存在十分复杂的交互作用。工程活动不仅受到环境的约束，而且对环境有着巨大的影响。主要体现在：

1. 工程产生于环境（主要为上层系统和市场）的需求，它决定着工程的存在价值。通常环境系统出现问题，或上层组织有新的战略，才能产生工程需求。而且工程的目标，如工程规模定位，产品的品种、产量、质量要求的确定必须符合环境（特别是市场）的要求。工程必须从上层系统，必须从环境的角度来分析和解决问题。

2. 工程的实施需要外部环境提供各种资源和条件，受外部环境条件的制约。如果工程没有充分地利用环境条件，或忽视环境的影响，必然会造成实施中的障碍和困难，增加实施费用，导致不经济的工程。

3. 环境决定着工程的技术方案（如平面布置、建筑风格、结构选型等）和实施方案（如施工设备选择、施工现场平面布置等）以及它们的优化，决定着工期、费用、质量要求等。工程的实施过程又是工程与环境之间互相作用的过程。通过对环境的认知，可以掌握工程现有内外环境的特点与变化规律，以寻求现有环境的不足，以通过工程规划、设计、施工和运行达到改善环境的目的。

例如，工程的艺术风格和造型必须与环境协调和谐，在建筑设计中要考虑工程的地形、地貌、生态环境，以及建筑热湿环境、建筑声环境、建筑光环境等。从根本上说，建筑学就是研究建筑及其环境的学科。

4. 环境是工程全寿命期最重要的约束条件，是产生风险的根源。现代工程都处在一个迅速变化的环境中。在工程实施中，由于环境的不断变化，形成对工程的外部干扰（如恶劣的气候条件、物价上涨、地质条件变化等），这些干扰会造成工程不能按计划实施，造成工期的拖延，成本的增加，使工程实施偏离目标，造成目标的修改，甚至造成整个工程的失败。所以风险管理的重点之一就是环境的不确定性和环境变化对工程的影响。

5. 工程活动不能单纯地以改造自然为目的，而要遵循生态和社会活动的规律，使社会、经济、生态和谐共处，可持续发展。这就要求工程决策者在工程建设和运行中不仅要考虑工程系统内组成要素之间的协调，而且要考虑工程和生态、社会、文化、政治和自然等环境因素之间功能关系的协调。

所以环境对工程的整个建设和运行过程有重大影响，涉及各个专业工程子系统和工程管理的各个方面。现代工程界的一些重大问题，如工程的可持续发展，循环经济和绿色经济在工程中应用，生态建筑、低碳建筑等都是要解决工程与环境的关系问题。这就要求工程各参加者都应重视环境问题，具有工程伦理意识和道德意识，具有社会责任感和历史使命感。

为了充分地利用环境条件，保护环境，降低环境风险对工程的干扰，达到工程与环境和谐的目的，工程管理者必须进行全面的环境调查，必须大量地占有环境资料，在工程全过程中注意研究和把握环境与工程的交互作用。

二、工程环境的主要内容

工程环境是指对工程的建设、运行有影响的所有外部因素的总和，它们构成工程的边界条件。工程环境包括如下方面：

1. 自然环境

（1）自然地理状况：如自然风貌、地形地貌状况；抗震设防烈度及工程建设和运行期地震的可能性；地下水位、流速；地质情况，如土类、土层、容许承载力、地基的稳定性，可能的流沙、暗塘、古河道、溶洞、滑坡、泥石流等。

（2）生态环境，如动植物分布、物种情况。

（3）气候条件：

1）年平均气温、最高气温、最低气温，高温、严寒持续时间；

2）主导风向及风力，风荷载；

3）雨雪量及持续时间，主要分布季节等。

（4）可以供工程使用的各种自然资源的蕴藏情况。

2. 经济环境

（1）社会的发展状况。该国、该城市处于一个什么样的发展阶段和发展水平。

（2）国民经济计划的安排，国家的工业布局及经济结构，国家重点投资发展的工程、领域、地区等。

（3）国家的财政状况，赤字和通货膨胀情况。

（4）国家及社会建设的资金来源，银行的货币供应能力和政策。

（5）市场情况：

1）市场对工程或工程产品的需求，市场容量、购买力、市场行为，现有的和潜在的市场，市场的开发状况等；

2）当地建筑市场情况，如竞争激烈程度，当地建筑企业的专业配套情况，建材、结构件和设备生产、供应及价格等；

3）劳动力供应状况以及价格；

4）能源、交通、通信、生活设施的状况及价格；

5）城市建设水平；

6）物价指数，包括全社会的物价指数，部门产品和专门产品的物价指数。

3. 政治环境

主要为工程所在地（国）政府和政局状况。

（1）政治局面的稳定性，如有无社会动乱、政权变更、种族矛盾和冲突，宗教、文化、社会集团利益的冲突。

（2）政府对本工程态度，提供的服务，办事效率，政府官员的廉洁程度。

（3）与工程有关的政策，特别对工程有制约的政策，或向工程倾斜有促进的政策。

4. 法律环境

工程在一定的法律环境中实施和运行，适用工程所在地的法律，受它的制约和保护。

（1）法律的完备性，法制是否健全，执法的严肃性，投资者能否得到法律的有效保护等。

（2）与工程有关的各项法律和法规，如规划法、合同法、建筑法、劳动保护法、税法、环境保护法、外汇管制法等。

（3）国家的土地政策。

（4）对与本工程有关的税收、土地政策、货币政策等方面的优惠条件。

（5）各项技术规范和规范性文件。

5. 工程周围基础设施、场地交通运输、通信状况

（1）场地周围的生活及配套设施，如粮油、副食品供应、文化娱乐，医疗卫生条件。

（2）现场及周围可供使用的临时设施。

（3）现场周围公用事业状况，如水、电的供应能力、条件及排水条件。

（4）现场以及通往现场的运输状况，如公路、铁路、水路、航空条件、承运能力和价格。

（5）各种通信条件、能力及价格。

（6）工程所需要的各种资源的可获得条件和限制。

6. 工程相关者的组织状况

工程相关者，特别是工程的投资者（决策者）、业主、承包商、工程所属的企业、工程所在地周边居民或组织等的如下情况：

（1）工程所属企业的组织体系、组织文化、结构、能力、企业的战略、对工程的要求、基本方针和政策。

（2）投资者的能力、基本状况、战略、对工程的要求、政策等。

（3）工程承包商、供应商的基本情况，技术能力、组织能力。

(4) 工程产品的主要竞争对手的基本情况。

(5) 周边组织（如居民、社团）对工程的需求、态度，对工程的支持或可能的障碍。

7. 其他方面

(1) 社会人文方面。如工程所在地人的文化素质、价值取向、商业习惯、风俗和禁忌。

(2) 建筑文化环境，如当地传统的建筑风格。

(3) 技术环境，即工程相关的技术标准、规范、技术发展水平、技术能力，解决工程建造和运行问题技术上的可能性。

(4) 工程所需的劳动力、规划人员、设计人员、管理人员状况。如劳动力熟练程度、技术水平、工作效率、吃苦精神；劳动力的可培养、训练情况；当地教育，工程相关的技术教育和职业教育情况等。

第三节　工程寿命期各阶段主要工作

一、工程的前期策划阶段

（一）前期策划工作的重要性

工程的前期策划阶段是指从工程的构思产生到批准立项为止。在这阶段要搞清楚：

为什么要建设工程？

建什么样的工程（规模、产品）？

怎样建设（什么总体方案）？

工程建设的效益和效果将会怎么样（总投资、预期收益、回报率）？

工程建设有什么意义和影响（对企业、对地区、对国家、对环境）？

按照现代医学和遗传学研究结果证明，一个人的寿命、健康状况在很大程度上是由他的遗传因素和孕育期状况决定的。而工程与人有生态方面的相似性。前期策划是工程的孕育阶段，决定了工程的"遗传因素"和"孕育状况"。它不仅对工程建设过程、将来的运行状况和使用寿命起着决定性作用，而且对工程的整个上层系统都有极其重要的影响。

工程寿命期的投资曲线和影响曲线可见图 3-4。这说明，虽然工程的投资是随着工程的进展逐渐增加的，前期决策和设计阶段投入很少，大量的投资使用在施工阶段。但对工程寿命期的影响曲线刚好相反：前期影响很大，即在前期决策阶段失误会对工程造成根本

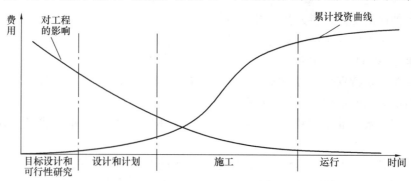

图 3-4　工程寿命期投资曲线和影响曲线

性影响，在设计阶段，设计费用常常不到全寿命期费用的1%，但设计工作决定了全寿命期费用的75%；而施工阶段影响就小多了。

所以应该重视工程前期决策过程。从前面对三峡工程的决策过程的描述可见，大型工程的前期决策是非常复杂的。

(二) 工程前期策划过程和主要工作

1. 工程构思的产生

工程构思的产生是十分重要的。任何工程构思都起源于对工程的需求。它在初期可能仅仅是一个"点子"，但却是一个工程的萌芽。例如三峡工程的构思是在1918年由孙中山先生在《建国方略之二——实业计划》中提出的。

工程构思是对工程机会的思考。它的产生需要有敏锐的感觉，要有艺术性、远见和洞察力。它常常出之于工程的上层系统（即国家、地区、城市、企业）的现存的需求、战略、问题和可能性上。不同的工程，其构思的起因不同，可能有：

(1) 通过市场研究发现新的投资机会，有利的投资地点和投资领域。例如：

通过市场调查发现某种产品有很大的市场容量或潜在市场，要开辟这个市场，就要建设生产这种产品的工厂或设施；

企业要发展，要扩大销售，扩大市场占有份额，必须扩大生产能力，就要新建厂房或生产流水线；

企业要扩大经营范围，增强抗风险能力，搞多种经营，灵活经营，向其他领域、地域投资，建设新的工程；

出现了一种新的技术、新工艺、新的专利产品，可以建设这种产品的生产流水线（装置）；

市场出现新的产品需求，顾客有新的要求；

当地某种资源丰富，可以开发利用这些资源。

这些产生对工程和工程所提供的最终产品或服务的市场需求，都是新的工程机会。工程应以市场为导向，应有市场的可能性和可行性。

(2) 上层系统（国家、地区、城市、企业）运行存在问题或困难。这些问题和困难都可以用工程解决，产生对工程的需求。可能是新建工程，也可能是扩建工程或更新改造。例如：

城市道路交通拥挤不堪，必须通过道路的新建和扩建解决；

住房特别紧张，必须通过新建住宅小区解决问题；

环境污染严重，必须通过新建污水处理厂或建设环境保护设施解决；

能源紧张，由于能源供应不足经常造成工农业生产停止，居民生活受到影响，则可以通过建设水电站、核电站等解决；

市场上某些物品供应紧张，可以通过建新厂或扩大生产能力解决；

企业产品陈旧，销售市场萎缩，技术落后，生产成本增加，或企业生产过程中资源和能源消耗过大，产品的竞争力下降，可以通过对生产工艺和设备的更新改造解决。

(3) 为了实现上层系统（国家、地区、城市、企业）的发展战略。例如为了解决国家、地方的社会和经济发展问题，使经济腾飞，常常都是通过工程实施的，则必然有许多工程需求。所以一个国家或地方的发展战略，或发展计划常常包容许多新的工程。对国民经济计划、产业结构和布局、产业政策、社会经济增长状况的分析可以预测工程机会。

目前世界城市化率平均为50%。而国家统计局的数据显示，2007年度我国的城市化率达到44.9%。按照我国的发展战略，到2050年，我国的城市化率将提升到75%以上。城市化率大幅度提升将会促进国内住宅工程、城市基础设施工程、服务业相关工程等建设大幅度的发展。

此外，我国的城市交通发展战略、能源发展战略、区域发展战略等，都包含大量的工程建设需求，或者它们都必须通过工程建设实现。例如，我国这几年提出了许多国家的区域发展战略，如江苏沿海发展战略、环渤海湾发展战略、海南发展战略等，每一个战略的实现都需要几千亿人民币的工程投资。

一个国家、一个地方、一个产业如果正处于发展时期、上升时期，有很好的发展前景，则它必然包容或将有许多工程机会。

（4）一些重大的社会活动，常常需要大量的工程建设，如2008年奥运会、2010年世博会、2010年亚运会，以及每一次全国运动会等，都会有大量的工程建设需求。

2. 工程构思的选择

工程的构思仅仅是一个工程的机会。在一个具体的社会环境中，一方面我们所遇到的问题和需要很多，这种工程构思可能是多种多样的；另一方面人们可以通过许多途径和方法（即工程或非工程手段）解决问题，达到目的；同时由于社会资源有限，人们解决问题的能力有限，并不是所有的工程构思都是值得或者能够实施（投资）的。对于那些明显不现实或没有实用价值的工程构思必须淘汰，在它们中间选择少数几个有价值和可能性的工程构思，进行更深入的研究。构思选择通常考虑的因素有：

（1）通过工程能够最有效地解决上层系统的问题，满足市场的需要。对于提供产品或服务的工程，应着眼于有良好的市场需求前景，将来有良好的市场占有份额和投资回报。

（2）使工程符合上层系统（国家、地区、城市、企业）的战略，以工程对战略的贡献作为选择尺度，例如通过工程促进竞争优势的增长，有助于长期目标的实现，提高产品的市场份额，或增加利润规模等。应全面评价工程对这些战略的贡献。例如，三峡工程的建设立项主要是从我国国民经济中长期发展战略角度出发的。

（3）必须考虑到自己有进行工程建设的能力，特别是经济（财务）和技术能力，现有资源和优势能得到最充分的利用。

对大型的、特大型的、自己无法独立进行的工程，常常通过合作（如合资、合伙、项目融资等）进行的，则要考虑潜在合作者各方面优势在工程上的优化组合，以达到各方面都有利的结果。

（4）具有环境的可行性，例如工程不违反法律，对生态环境影响和社会影响较小。工程是在政府允许或鼓励的范围内的，自然条件比较适宜工程的实施和运行等。

（5）选择建设和运行成功的可能性最大，风险最小和成就（如收益）期望值大的工程。

前面介绍的三峡工程从构思到建设的过程，经历近70年，人们一直考虑上述这些问题。

3. 确定工程建设要达到的预期总体目标和总体实施方案

工程总目标是工程实施和运行所要达到的结果状态，它将是工程总体方案策划、可行性研究、设计和计划、施工、运行管理的依据。

工程总目标通常由一些指标表示,如工程的功能定位、工程规模、实施时间、总投资、投资回报、社会效益等。

工程总实施方案包括工程的功能定位和各部分的功能分解,总的产品方案,工程总体的建设方案,工程总布局,工程建设总的阶段的划分,总的融资方案,设计、实施、运行方面的总体方案等。

如南京长江大桥一直十分拥挤,要解决长江两岸的交通问题可以有多个方案,如建隧道、新建大桥、扩建旧大桥等,必须在其中做出选择。

4. 提出工程建设项目建议书

工程建设项目建议书是对工程构思情况和问题、环境条件、工程总体目标、工程范围界限和总体实施方案的说明和细化,同时提出需要进一步研究的各个细节和指标,作为后继的可行性研究、技术设计和计划的依据。它已将工程目标转变成具体的实在的工程建设任务。

对于一些大的公共工程,工程项目建议书必须经过主管部门初步审查批准,通常要提出工程选址申请书,由土地管理部门对建设用地的有关事项进行审查,提出意见;城市规划部门提出选址意见;环境保护部门对工程的环境影响进行审查,并发出许可证。

5. 可行性研究

即对工程实施方案进行全面的技术经济论证,看能否实现工程总目标。现代工程的可行性研究通常包括如下内容:

(1) 产品的市场研究,市场的定位和销售预测。主要预计工程建成后,什么样品种和规格的产品能够被市场接受,工程产品或服务有多大的市场容量,产品或服务的市场价格在什么样的水平上等。

市场研究是工程可行性研究的关键,它对确定产品方案、生产规模,进而确定工程建设规模有决定性影响。

(2) 按照生产规模分析工程建成后的运行要求。包括工程产品的生产计划,资源、原材料、燃料及公用设施计划,企业组织、劳动定员和人员培训计划。

(3) 按照生产规模和运行情况确定工程的建设规模和计划。包括:

1) 建厂条件和厂址选择;

2) 工程的生产工艺、主要设备选型、建设标准和相应的技术经济指标;

3) 工程的建设计划,主要单项工程、公用辅助设施、配套工程构成,布置方案和土建工程量估算;

4) 环境保护、城市规划、防震、防洪、防空、文物保护等要求和相应措施方案;

5) 建设工期和实施进度安排。

(4) 投资估算和资金筹措。将建设期投入,运行期生产费用,市场销售收入等汇总确定工程寿命期过程中的资金支出和收入情况,绘制现金流曲线,得到工程寿命期过程中的资金需要量,并安排资金来源。

(5) 工程经济效益、环境效益和社会效益分析。

6. 工程的评价和决策

在可行性研究的基础上,对工程进行全面评价,包括:

技术方面的评价:技术上的可实现性;

经济评价：经济的盈利性和可行性；

财务评价：资金来源的可靠性，投资回收期；

国民经济评价：对国民经济的作用和贡献；

社会评价：对居民收入，生活水平和质量，居民就业，不同群体（特别是弱势群体）利益，文化、教育、卫生、基础设施、社会服务容量、城市化进程、民族风俗习惯和宗教等方面的影响；

环境影响评价：对环境、生态、土地、资源影响状况及保护状况等。

根据可行性研究和评价的结果，由上层组织对工程的立项做出最后决策。

在我国，可行性研究报告，连同环境影响评价报告、项目选址建议书，经过批准，工程就正式立项。经批准的可行性研究报告就作为工程建设的任务书，作为工程初步设计的依据。

现在由于大型工程的影响很大，工程的评价和决策常常需要在全社会进行广泛地讨论。

二、工程的设计和计划阶段

从工程的批准立项到现场开工是工程的设计和计划阶段，通常包括如下工作：

（一）工程建设管理组织的筹建

按照我国工程建设程序的规定，在可行性研究报告批准后，工程即立项，就应正式组建工程建设的管理组织，也就是通常意义上的业主（过去又称为建设单位），由它负责工程的建设管理工作。尽管有些大型工程在可行性研究阶段就有管理工作班子，但由于那时工程尚未立项，经过可行性研究还可能发现该工程是不可行的，所以那时的工作管理班子还不能算通常意义上的工程建设管理组织或业主。

（二）土地的获得

工程都是在一定的土地上（即"建筑红线"范围内）建设的。工程建设项目一经被批准，相应的选址也就已经获得了批准。但在建设前必须获得在该土地上建设工程的法律权力——土地使用权。

1. 土地的定义

一般说来，土地是地球上的特定部分。通常人们将土地称为不动产。不动产中所说土地是指地表及其上下一定范围内的一定权利。工程一经建成，即与土地成为一体。

2. 我国的土地所有制

依据《中华人民共和国土地管理法》规定，我国土地所有制为社会主义公有制，即全民所有制和劳动群众集体所有制。

（1）全民所有，即国家所有。我国法律规定，所有城市市区土地全部属于国家所有。农村中的国有土地包括除法律规定集体所有的森林、山岭、草原、荒地、滩涂以外的全部矿藏、水流、森林、山岭、草原、荒地、滩涂、名胜古迹、自然保护区，国有农、林、牧、渔场用地，国家拨给国家机关、部队、学校企事业单位使用的土地等，都属于国家所有。

（2）劳动群众集体所有。对农村和城市郊区的土地，除由法律规定属于国家所有的以外，属于农民集体所有；宅基地和自留地、自留山，属于农民集体所有。由各个集体经济组织（如村委会）代表该组织内的全体劳动人民享有土地的使用、收益和处分的权利。

3. 土地的获得方式和获得过程

这涉及我国土地使用制度。工程使用的土地通常可以通过如下方式取得：

（1）通过土地划拨获得土地使用权。土地使用权划拨，是指经政府土地主管部门依法批准，在土地使用者缴纳土地补偿、安置或拆迁补偿等费用后，取得的国有土地使用权。通常划拨土地所指的无偿，是指不需交纳土地出让金。

以划拨方式取得的土地使用权，除法律、法规另有规定外，没有使用年限的限制。

通常，军事工程、政府办公设施工程、国家重点扶持的能源、交通、水利等基础设施用地、市政配套工程、公共事业工程等通过土地划拨获得土地使用权。

（2）通过土地使用权的出让获得。除在法律规定的范围内划拨国有土地使用权外，我国实行国有土地有偿使用制度。

工程所有者直接通过与政府签订土地出让合同，向政府缴纳土地使用权出让金，获得在一定年限内对该土地的使用权。其使用权在使用年限内可以依法转让、出租、抵押或者用于其他经济活动，其合法权益受国家法律保护。

我国法律规定，土地使用权出让有最高年限（表3-4）。土地使用期满，使用者可以申请续期，重新签订土地使用权出让合同，支付土地使用出让金。

我国法律规定土地出让年限　　表 3-4

土地用途	出让年限
居住	70 年
工业	50 年
教育、科技、文化、卫生、体育	50 年
商业、旅游、娱乐	40 年
综合或其他	50 年

我国土地管理法规定，土地使用权出让通常采取协议、招标、拍卖的方式。各种出让方式有不同的程序，最后政府都要与土地使用权受让人签订土地使用权出让合同，土地使用权受让人按合同约定支付土地价款，并办理土地登记的有关手续。

1）由于国家对土地利用有总体规划，规定土地用途，各城市还有城市总体规划。使用土地的单位和个人必须严格按照规划确定的用途建设工程。

在一宗土地的使用权出让时，通常应配有相应的规划要点，以约束该土地的用途，不可以随意建设工程。出让合同中要明确规定出让地块的用地面积、位置、用途、出让年限和其他土地出让的约束条件，如根据城市规划的规定，确定该规划用地的性质（居住、工业、教育、科技、文化、卫生、体育、商业、旅游、娱乐，以及综合性用地）、建筑密度、建筑容积率、建筑限高、绿化率、建筑间距、竣工时间、建设进度等。

这些指标对工程规划和设计有法律的规定性。

2）在签订土地出让合同后，受让方应按照土地出让合同规定缴纳土地出让金和其他费用后，办理土地使用权证，方可使用土地。

如果要改变土地权属和用途，应当办理土地变更登记手续。

（3）通过土地使用权转让获得。指已经获得土地使用权人再将土地使用权通过出售、交换、赠与方式转移给工程所有者，以建设工程。土地使用权转让要签订转让合同。

通过转让获得土地使用权的使用期限，从转让合同生效起到原出让合同规定的土地使用年限为止。

土地转让同样有一定的程序：需要提出申请，经过土地部门审查，并缴纳相关税费，进行土地登记，更换土地使用权证书。

(4) 通过土地使用权租赁获得。即工程所有者向土地使用权人租赁土地（连同土地上的建筑物），并支付相应的租金。他们签订土地租赁合同。该合同不能违背国家法律、法规和土地使用权出让合同规定的该土地的用途。租赁期限不能超过法律、法规规定的原出让合同规定的土地使用年限。

（三）工程规划

工程规划侧重于对整个工程（一个区域、建筑群）总图的布局。

1. 工程规划是在总目标和工程总方案基础上确定工程的空间范围，并对工程的系统范围、工程的功能区结构和它们的空间布置进行描述，确定各个单体建筑的位置。工程规划必须按照城市规划对工程的要求，包括用地范围的建筑红线、建筑物高度和密度的控制等进行。

工程规划最终结果主要是规划图、功能分析表，以及工程的技术经济指标。

（1）规划图描述工程的空间位置和范围（用红线描述工程界限），并将工程的主要功能面（如分厂、车间、道路）在总平面图或空间上布置（图2-6）。

（2）功能分析表是按照工程的目标和最终用户需求构造工程的主要功能和辅助功能，以及它们的子功能（空间面积分配）。

（3）工程规划的技术经济指标主要对规划的用地面积、建筑面积、建筑密度、建筑覆盖率，有时还包括停车位数量的统计和归纳。

2. 工程规划的依据。工程规划的依据主要包括：

《中华人民共和国城乡规划法》；

相关工程规划面积指标的国家标准，如普通高等学校建筑规划面积指标、科研建筑规划面积指标、新建工矿企业项目住宅及配套设施建筑面积指标、通信工程项目建设用地指标、轻工业工程项目建设用地指标、纺织工业工程项目建设用地指标、机械工业工程项目建设用地指标、核工业工程项目建设用地指标、电力工程项目建设用地指标、建材工业工程项目建设用地指标、电子工程项目建设用地指标、林产工业工程项目建设用地指标、新建铁路工程项目建设用地指标、公路建设项目建设用地指标等；

《城市规划编制办法》、《城市居住区规划设计规范》和《现行建筑设计规范大全》、区域、城市或地区总体规划；

批准的可行性研究报告，或项目任务书、或项目立项文件；

现场勘察调研资料和地形图等。

3. 由于规划对工程全寿命期有重大影响，要十分重视工程规划方案的科学性。工程规划方案通常都要请多家设计单位参与竞争，各家提出规划方案，通过比选、优化，确定最终方案。

4. 工程的规划文件必须经过政府规划管理部门的审批。这样工程的建设才有法定的效力。在以后的设计、施工中必须严格按照政府规划管理部门批准的规划文件执行。

按照《城乡规划法》，建设单位在取得《土地使用权证》后才可以申请建设用地规划许可证；再申请建设工程规划许可证。申请程序如下：

（1）建设单位向城市规划部门提出用地申请；规划部门会同各相关部门现场踏勘，并征求环保、消防、人防、文物、土地管理等部门意见，提出用地红线及规划设计要点。

（2）建设单位按照批准的规划要点，组织编制工程总体规划方案，向城市规划行政主管部门申请定点,由城市规划行政主管部门核定其用地位置和界限,提供规划设计条件,核发建设用地规划许可证。

(3) 建设单位委托有相应资质的设计单位编制工程规划,经过政府规划主管部门审查批准,发出建设工程规划许可证。

(4) 建设单位向工程建设管理部门提出工程建设申请。

(四) 工程勘察

1. 工程勘察工作的重要性

工程勘察是指采用专业技术手段和方法对工程所在地的工程地质情况、水文地质情况进行调查研究(图3-5),对工程场地进行测量,以对工程地基做出评价,为地基基础设计提供参数,并对地基基础设计和施工,以及地基加固和不良地质的防治提出具体的方案和建议。

图3-5 工地现场勘察

工程勘察工作是设计和施工的基础,对工程的规划、设计、施工方案、现场平面布置等有重要的影响。通过工程地质和水文地质的勘察能够了解工程地质情况,及早发现不良工程地质问题,使工程基础和上部构造的设计科学合理,有助于编制科学合理的施工方案。工程的质量、工期、费用(投资)、使用效果与寿命等与工程勘察的准确性有直接的关系。许多工程,由于工程勘察不准确,导致施工过程中塌方,工程设计方案和施工方案的变更,建成后建筑物开裂,甚至倒塌,工程不能正常使用等。

2. 工程勘察的内容

工程勘察分初勘和详勘。工程勘察的成果是工程勘察报告。它的内容主要包括:

(1) 工程概况、任务要求、勘察阶段及勘察工作概况;

(2) 场地位置、地形地貌、地质构造、不良地质现象、地层成层条件、岩土的物理力学性质等数据;

(3) 场地的稳定性和适宜性、岩土的均匀性和标准承载力,地下水的影响,土的最大冻结深度,地震基本烈度以及由于工程建设可能引起的工程地质问题等,有针对性地提出适宜的基础形式和有关的计算参数及施工中应注意的事项;

(4) 勘察工作图表成果,如勘探点平面布置图、综合工程地质图或工程地质分区图、工程地质剖面图、地质柱状图或综合地质柱状图、有关测试图表等。

(五) 工程设计

设计是按照工程规划要求确定工程功能区(单体建筑)的规模和空间布置,并对各个专业工程系统进行详细的定义和说明。最后通过设计文件,如规范(工程说明)、图纸、建筑模型,对拟建工程的各个专业工程系统进行详细描述。

1. 设计工作过程。

按照工程规模和复杂程度的不同,工程的设计工作阶段划分会有所不同(图3-6)。

(1) 设计前导工作。在进行设计之前,首先要了解并掌握与工程有关的各种情况:

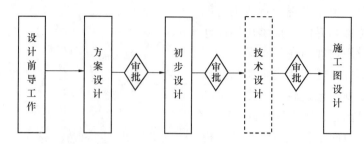

图 3-6 我国工程设计过程

1)全面了解设计任务书,如使用者对拟建工程的要求,特别是对工程所应具备的各项使用功能的要求等。

2)城市规划对工程的要求,包括用地范围的建筑红线、建筑物高度和密度的控制,以及对工程经济估算依据和所能提供的资金、材料、施工技术和装备等;

3)可能影响工程的其他客观因素,如自然条件(包括地形、气候、地质、自然环境等)、城市的人文环境、交通、供水、排水、供电、供燃气、通信等各种条件和情况等。

(2)方案设计。方案设计是在工程规划的基础上深化各个专业工程的实现方案,如主要的建筑方案、结构方案、给水排水方案、电气方案等。首先要考虑建筑物内部各种使用功能的合理布置,要根据不同的性质和用途合理安排,各得其所。这不仅出于功能上的考虑,同时也要从艺术效果的角度来设计,使工程成为城市有机整体的组成部分。

要考虑和处理建筑物与城市规划的关系,其中包括建筑物和周围环境的关系,建筑物与城市交通或城市其他功能的关系等。

方案设计通常要通过业主及规划部门的审批才能进行下一步的设计。

(3)初步设计。初步设计是在方案设计基础上的进一步深化,重点要解决实现方案设计的技术上的难点和措施,有时初步设计做得较深入,也叫扩大初步设计。

1)初步设计最终提交文件包括设计说明书、初步设计图纸、概算书等。

2)初步设计必须严格按设计任务书(或可行性研究报告)批准文件执行,不得改变产品方案、建设规模和工程方案。如果因外界条件变化,需要做必要的调整时,需经原设计任务书(可行性研究报告)批准部门同意,并在初步设计批文中重新明确。初步设计概算必须严格控制,超过设计任务书(或可行性研究报告)规定的投资过多时,必须报告原批准单位并说明原因。

3)初步设计审查。对一般的工程,初步设计必须经过审查才能进行下一步的设计。审查需要提供的资料有:项目立项计划、环境评价报告、规划总平面图、规划用地许可证、工程地质勘察资料、初步设计图纸(包括建筑、结构、水电)、初步设计说明文件、概算书、配套设施文件等。

不同的工程领域,审查会有不同的要求。如我国化工领域有《化工建设项目初步设计审查管理办法》,要求报审的初步设计文件,必须满足国家有关规定和主管部门关于"化工工厂初步设计内容深度的规定"和"化工设计概算编制办法"等规定的要求,并附有批准的可行性研究报告、环境影响评价等批准文件以及全部建厂条件的协议和复印件。

(4)技术设计。对技术上比较复杂的工业工程,需要增加技术设计过程。技术设计又叫工艺设计,对于不同的工程而言,技术设计具有不同内容。

水利水电工程有技术设计大纲范围，包括水电站厂房圆筒式机墩技术设计大纲范本，坝后式厂房设计大纲范本，宽缝重力坝设计大纲等。国务院三峡工程初步设计审查委员会在批准初步设计的同时，决定责成设计部门编制8个单项技术设计，包括4座主要建筑物（大坝、厂房、永久船闸和升船机）、机电、二期围堰、建筑物的监测和泥沙专题。

（5）施工图设计。施工图是按照专业工程系统（如建筑、结构、电、给水排水、暖通等工程）对工程进行详细描述的文件。在我国，施工图是设计工作和施工的桥梁，是直接提交施工招标的文件，是施工单位进行投标报价、制定工程施工方案和安排施工的技术文件。

施工图不仅要解决各个细部的构造方式和具体做法，还要具体体现细部与整体、各个专业工程系统之间的相互关系。

1）施工图设计文件包括所有的工程专业的设计图纸（含图纸目录、说明和必要的设备、材料表）和工程预算书。施工图设计文件的深度根据不同的工程，有不同的要求。

2）我国《房屋建筑和市政基础设施工程施工图设计文件审查管理办法》对施工图设计审查有专门的规定。国家实施施工图设计文件审查制度，即由建设主管部门认定的施工图审查机构按照有关法律、法规，对施工图涉及公共利益、公众安全和工程建设强制性标准的内容进行审查。

施工图审查需要提交下列资料：工程设计合同、初步设计审批文件、专项设计审查主管部门（消防、人防、交管等）的批件、岩土勘察报告、岩土勘察文件审查意见书、施工图设计文件、总图及相关设计基础资料、各专业相关计算书、计算软件名称及授权书。

审查机构应当对施工图审查下列内容：
①是否符合工程建设强制性标准；
②地基基础和主体结构的安全性；
③勘察设计企业和注册执业人员以及相关人员是否按规定在施工图上加盖相应的图章和签字；
④其他法律、法规、规章规定必须审查的内容。

施工图审查退回建设单位后，建设单位应当要求原设计单位进行修改，并将修改后的施工图报原审查机构审查。

2. 设计应由有相应资质的设计单位的专业人员完成的，工程设计按照建筑物和专业主要分为：

（1）工艺设计（产品结构、工艺流程、设备选型等）；
（2）建筑设计（包括平面功能布局、立面造型、不同人流和车流的合理组织等）；
（3）结构设计（地基基础、主体结构等）；
（4）配套专业设计（水、电、通风、装饰等）；
（5）配套设施（如附属工程）设计；
（6）专项设计，如节能、消防、人防、交通等。这些设计文件必须经过专门部门的审批。

同时，设计文件（如施工图）也是按照上述专业工程系统分类的。

3. 设计方案优化。由于设计对工程寿命期过程的重要作用，而且设计涉及相关的各个专业，所以设计方案的优劣有很大的影响，必须进行多方案的比选和技术经济分析，以选择优化的工程方案。

例如，北京奥运会场馆建设工程，按照奥运行动规划的总体要求，在满足国际奥委会和国际单项体育组织确定的技术质量标准的条件下，基于"节俭办奥运"的方针，对北京几个奥运场馆的设计方案进行了优化调整，减少新建奥运场馆，增加改扩建和临建场馆。特别针对国家体育馆、国家游泳中心等场馆的钢结构、膜结构、可开启屋顶、室内环境等进行设计优化，节约了大量的建设资金。

（六）编制工程实施计划

即对工程的建造进行全面的系统的计划，做出周密的安排。

1. 按照批准的工程项目任务书提出的工程建设目标、规划和设计文件编制工程的总体实施规划（大纲）。总体实施规划（大纲）是对工程建设和运行的实施策略、实施方法、实施过程、费用（投资预算、资金）、时间（进度）、采购和供应、组织、管理过程作全面的计划和安排，以保证工程建设目标的实现。

2. 随着设计的逐步深化和细化，按照总体实施规划（大纲），还要编制工程详细的实施计划。详细的实施计划要对工程的实施过程、技术、组织、费用、采购、工期、管理工作等分别做出具体详细的安排。

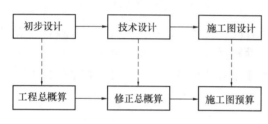

图 3-7 设计过程与工程费用计划的对应

随着设计的不断深入，实施计划也在同步地细化，即每一步设计，都应有相应的计划。如对工程费用（投资），初步设计后应作工程总概算，技术设计后应作修正总概算，施工图设计后应作施工图预算（图 3-7）。同样，实施方案、进度计划、组织结构也在不断细化。

（七）工程招标和施工前的各种批准手续

1. 工程报建。建设单位必须向建设行政主管部门做工程报建手续，需要提交工程立项批准文件、建设工程规划许可证、银行出具的资信证明或财政部门出具项目出资意见、工程拆迁手续证明、建设工程施工图审查合格书等。

2. 向工程招标管理部门办理工程招标核准和备案手续。

3. 工程招标。即通过招标委托工程范围内的设计、施工、供应、项目管理（咨询、监理）等任务，选择这些任务的承担者。对这些工程任务的承担者来说，就是通过投标承接工程项目的任务。

根据招标对象的不同，有些招标工作会在立项后就进行，如对勘察、规划设计的招标；而有些招标工作要延伸到工程的施工过程中，如有些装饰工程、部分材料和设备的采购等。

4. 工程质量监督注册。根据《建设工程质量管理条例》，建设单位在领取施工许可证或者开工报告前，应当按照国家有关规定办理工程质量监督手续。通常监督单位要审查建设工程规划许可证，勘察、设计、施工、监理单位资质等级证书及中标通知书，施工图设计文件审查报告书或批准书等文件。

5. 工程安全备案。根据《建设工程安全生产管理条例》，依法批准开工报告的建设工程，建设单位应当自开工报告批准之日起 15 日内，将保证安全施工的措施报送建设工程所在地的县级以上地方人民政府建设行政主管部门或者其他有关部门备案。

6. 拆迁许可证。对需要进行房屋拆迁的工程，在工程开工前，建设单位必须向房屋所在地的市、县人民政府房屋拆迁管理部门申请拆迁许可证，要提交建设项目批准文件、建设用地规划许可证、国有土地使用权批准文件、拆迁计划和拆迁方案，办理存款业务的金融机构出具的拆迁补偿安置资金证明等。这样才有权对现场原有建筑物进行拆迁。

7. 申请施工许可证。根据《建筑工程施工许可管理办法》在工程开工前，建设单位必须向工程所在地的县级以上人民政府建设行政主管部门申请施工许可证（按照国务院规定的权限和程序批准开工报告的建筑工程，不再领取施工许可证）。通常要提交建设工程规划许可证、国有土地使用证、工程中标通知书、工程承包合同、设计图纸、监理合同、工程质量监督通知书等。

（八）现场准备

包括场地的拆迁、平整，以及施工用的水、电、气、通信等的条件准备工作等。

三、工程的施工阶段

工程的施工阶段从现场开工到工程的竣工，验收交付为止。在这个阶段，工程的实体通过施工过程逐渐形成。工程施工单位、供应商、项目管理（咨询、监理）公司、设计单位按照合同规定完成各自的工程任务，并通力合作，按照实施计划将设计蓝图经过施工过程一步步形成符合要求的工程。这个阶段是工程管理最为活跃的阶段，资源的投入量最大，工作的专业性强，管理的难度也最大，最复杂。

（一）施工前准备工作

1. 现场的平整和临时设施的搭设。

（1）现场平整。在现场原建筑物拆除后，还要进行一些清理和现场平整工作，使施工现场具有可施工条件（图3-8）。

（2）工程现场临时设施搭设。现场临时设施是为施工过程服务的。对大型工程，由于建设期长，施工现场工作人员多，需要安排大量的临时设施。这些临时设施本身就包含许多工程项目。

图 3-8　某工程现场准备

1）场地规划。需要安排临时道路、围墙和出入口及大门、工地的绿化等。

2）办公生活区域。需要搭设会议室、保安及门卫用房、工人宿舍、临时办公用房、厨房及食堂、卫生间及淋浴、急救室、临时化粪池、小车停车场和自行车棚、锅炉及备用发电机房、施工出入口的冲洗设施。

3）施工区域。需要搭设试验用房、工具房、仓库、混凝土搅拌站/机用棚、木工加工场、沙石堆场、现场给水排水的临时布置、钢筋堆场和钢筋加工场、工地机械修理房、机电加工场和机电仓库等。

4）其他布置。如公司标语/CI（企业形象）标志、旗杆、旗帜、安全设施。

某工程的现场平面布置见图3-9。

2. 承包商提出开工申请，或业主通过工程师签发开工令。

3. 按照红线定位图、规划放线资料对工程进行定位、放线和验线。

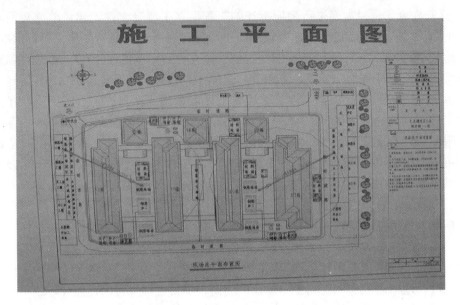

图 3-9 施工现场平面图

4. 编制各分项工程详细施工方案、工期计划，并组织施工设备进场。

5. 图纸会审和技术交底。

（1）图纸会审是业主、设计单位人员、施工人员互相沟通的过程，目的是使施工单位熟悉和了解所承担工程任务的特点、技术要求、工程难点以及工程质量标准，充分理解设计意图，保证工程施工方案符合设计文件的要求。通过图纸会审，施工单位有责任发现工程设计文件中明显的错误，并可以对设计方案的优化提出意见和建议。

（2）技术交底是施工单位技术人员和操作人员的沟通过程，是对设计和施工技术文件会审和落实的过程。技术交底的重点是工程的施工工艺及施工操作要点。

技术交底的层次分为：项目技术负责人向工程技术及管理人员进行施工组织设计交底、技术员向班组进行分部分项工程实施方法交底、班组长向工人进行操作技术交底。

技术交底的内容，包括：设计意图、施工图要求、构造特点、施工工艺、施工方法、技术安全措施、执行的规范、规程和标准、质量标准、材料要求、特殊部位的施工工艺。

（二）工程施工过程

工程施工过程中有许多专业工程的施工活动。例如一般的房屋建筑工程有如下工程施工活动。

1. 土建工程施工：

（1）单个工程定位放线。按照工程规划和设计图纸在土地上对单个工程的空间位置进行定位（图 3-10）。

（2）基础和地下工程施工。包括基础放线、降水（如采用轻型井点降水、管井与自渗砂井结合降水）、基坑支护（如土钉墙支护、护坡桩支护等）、基坑维护、桩基工程、基础土方开挖（挖土）、基础工程（地下结构，基础模板、钢筋、基础混凝土工程、基础验收）等工程施工活动（图 3-11）。

基础工程是工程的根基，对工程的稳定性，耐久性有决定性的作用。基础工程出现问题常常是致命的，而且是不可修复的。

图 3-10　单个工程定位放线

图 3-11　基础工程施工

（3）主体结构工程施工。包括搭设脚手架、主体工程定位放线（标高、位置）、主体模板工程、钢筋工程、混凝土工程、砌体工程、钢结构工程、门窗工程、屋面工程等施工活动（图 3-12）。

图 3-12　主体结构工程施工
(a) 厂房主体结构施工；(b) 房屋主体结构施工

主体结构施工质量对工程的寿命期影响最大，常常是质量管理的重点。

2. 配套设施工程施工，如水、电、消防、暖通、除尘和通信工程的施工活动，它们常常要与主体结构施工搭接（图 3-13）。

3. 设备安装工程施工，如电梯、生产设备、办公用具、特殊结构施工、钢结构吊装等施工活动。

对许多大型工程，安装工程施工难度很大，技术要求高。京沪高速铁路南京人胜关长江大桥近日将自主研发的 60t 大型架梁吊机铺设在主桥墩钢架梁顶部进行作业，此举在我国大型桥梁建设史上尚属首次（图 3-14）。

4. 装饰工程施工。包括外装修和内装修。

外装修：外装修脚手架、与建筑物的拉结、脚手架防护、幕墙工程、外墙贴面；

内装修：墙体粉刷、贴面、木构件制作、室内器具等。

图 3-13　管道铺设与楼面施工搭接施工　　图 3-14　大胜关长江大桥 60t 大型架梁吊机

5. 楼外工程施工，如楼外管道、道路工程、绿化景观工程、照明工程等。

在工程施工中要安排好各个专业搭接，如在结构工程施工中要为设备的安装预埋件，为给水排水工程、暖通工程、电、智能化综合布线工程预埋管道和预留洞口等。

（三）竣工验收

当工程按照工程建设任务书，或设计文件，或工程承包合同完成规定的全部内容，即可以组织竣工检验和移交。如果工程由多个承包商承包，则每个承包商所承包的工程都有竣工检验和移交的过程。整个工程都经过竣工检验，则标志着整个工程施工阶段结束。

1. 工程验收准备工作。在工程竣工前有许多准备工作。如：

组织人员进行逐级的检查，看是否完成预定范围的工程项目，是否有漏项；

建筑物成品的保护和封闭；

拆除各种临时设施，拆除脚手架，对工程进行清洗，清理施工现场等；

多余材料、机具和各种物资的回收、退库和转移工作。

2. 竣工资料的准备。包括竣工图的绘制，竣工结算表的编制，竣工通知书、竣工报告、竣工验收证明书、质量评定的各项资料（结构性能、使用功能、外观效果）的准备。

3. 工程竣工自检。承包商对工程首先进行全面检查，检查工程的完成情况，设备、配套设施的运行情况，电气线路和各种管线的交工前检查。承包商应在自检验收合格的基础上，向业主提出竣工验收申请，说明拟验收工程的情况，经监理单位审查，认为具备验收条件，与承包单位商定有关竣工验收事宜后，提请业主组织竣工验收。

4. 验证竣工工程与规划文件、建设工程规划许可证、绿化设计方案、建筑安装工程档案移交文件等是否一致。

5. 工程竣工验收。对一个建设工程的全部竣工验收而言，大量的竣工验收基础工作已在所属各单位工程和单项（单体）工程竣工验收中进行。对已经交付竣工验收的单位工程（中间交工）或单项工程并已办理了移交手续的，原则上不再重复办理验收手续，但应将单位工程或单项工程竣工验收报告作为全部工程竣工验收的附件加以说明。

按照竣工验收通知书安排，对工程进行竣工验收，验收合格后签发竣工验收报告，施工单位的工程竣工报告，监理单位的工程质量评估报告，勘察、设计单位的质量检查报告，规划、公安消防、环保等部门出具的认可文件或准许使用文件，施工单位签署的工程质量保修书等。

6. 将工程竣工验收报告、规划、消防、环保等验收认可文件、工程质量保修书（使用说明书、质量保证书）、工程质量监督报告及其他必要的文件，进行工程竣工验收备案。

7. 在竣工验收备案全套资料基础上，签发建设工程竣工合格证。

8. 竣工资料的总结、交付、存档等工作。工程竣工验收合格后，要向城市建设档案管理部门提交最终的工程竣工图纸存档。

9. 进行工程竣工决算。

（四）工程的运行准备工作

工程由业主（或建设单位）移交给工程的运行单位，或工程进入运行状态，则标志着工程建设阶段任务的结束，工程进入运行（生产或使用）阶段。移交过程有各种手续和仪式，对工业工程，在此前要共同进行试生产（试车），进行全负荷试车，或进行单体试车，无负荷联动试车和有负荷联动试车等。

在工程投入运行之前要完成如下运行准备工作：

运行维修手册的编制；

运行的组织建立；

运行人员和维修人员的培训；

生产的原材料、辅助材料准备；

生产过程的流动资金准备等。

在工程总承包项目中，许多运行准备工作也在承包商的工程承包范围之内。

（五）施工阶段的其他工作

有些属于工程施工阶段的工作任务或竣工工作会持续到工程的运行阶段。

1. 工程的保修（缺陷通知期）。在运行的初期，工程建设任务的承担者（如设计、施工、供应、项目管理单位）和业主按照工程任务书或工程承包合同还要继续承担因建设问题产生的缺陷责任，包括对工程的维护、维修、整改、进一步完善等。

2. 工程的回访。工程的任务承担者（设计单位、施工单位等）还要对工程运行状态作回访，了解工程的运行情况、质量、用户的意见等。通常要了解主体结构、屋面、设备、机电安装工程、装修工程、各种管道工程状况，并承担保修责任。

3. 工程建设阶段的考核评价。包括建设工期的考核评价、工程质量的考核评价、工程成本的考核评价、安全生产的考核评价、实际投资的考核评价等。

四、工程的运行阶段

一个新的工程投入运行后直到它的设计寿命结束，最后被拆除，就像一个人一样，经过了成长、发育、成熟、衰退的过程。它的内在质量、功能和价值有一个变化过程。通常，在运行阶段，有如下工作：

1. 申请工程产权证。

目前，工程产权证主要是针对房屋工程而言的。例如，有的城市就规定：房屋建成后首先由开发商去相关政府部门办理产权证，称为初始登记；办理完毕后，个人购房者才能去办理各自的产权证。

2. 在运行过程中的维护管理，要确保工程安全、稳定、低成本、高效率运行，并保障人们的健康，节约能源、保护环境。

工程在运行阶段要进行经常性维护和阶段性修理。这对于保证工程良好的运行状态，延长工程的使用寿命有很大的作用。就像人一样,要有经常性体检,经常性健康诊断,发现病症就要治疗。

3. 工程项目的后评价。在工程运行一个阶段后,要对工程建设的目标、实施过程、运行效益、作用、影响进行系统的客观的总结、分析和评价。它是与工程前期的可行性研究工作相对应的。

4. 对本工程的扩建、更新改造、资本的运作管理等。

工程在寿命期中由于社会要求的变化,工程产品的转向,常常需要扩大功能,更新用途等,就要进行更新改造、扩建。

5. 工程经过它的寿命期过程,完成了它的使命,最终要被拆除。人类有史以来,任何工程都会结束,最终还回到一块平地。可能要进行下一个工程的实施,进入一个新的循环。

一般工程遗址的拆除和处理是由下一个工程的投资者和业主承担的。不作为前一个工程寿命期的工作任务。但从一个工程对社会和历史承担的责任来说,应该考虑到工程寿命期结束后下一个工程的方便性,能够方便的、低成本的处理本工程的遗留问题。

我国是一个地少人多的国家,土地资源十分匮乏,大量的工程报废后要拆除进行下一个工程的实施,所以这个问题十分重要。

第四节 工 程 相 关 者

工程的建设和运行需要各种投入,同时又有各种产出。在这个过程中会影响到社会的许多方面,需要许多方面的认可和支持。所以工程的建设和运行过程与许多方面利害相关。

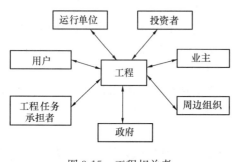

图 3-15 工程相关者

工程相关者是与工程的建设和运行过程利害相关的人或组织,有可能通过工程获得利益,也可能受到损失或损害。工程是靠工程相关者推动和运作的。工程的相关者的范围非常广泛(图 3-15),特别是公共工程,涉及社会各个方面。

通常对工程过程有最大影响的相关者如下:

1. 工程产品的用户。即直接购买或使用工程最终产品的人或单位。工程的最终产品通常是指在投入运行后所提供的产品或服务。例如房地产开发项目的产品使用者是房屋的购买者或用户;城市地铁建设工程最终产品的使用者是地铁的乘客。

有时工程的用户就是工程的投资者,例如某企业投资新建一栋办公大楼,则该企业是投资者,该企业使用该办公大楼的科室是用户。

用户决定工程产品的市场需求,决定工程存在的价值。如果工程产品不能被用户接受,或用户不满意,不购买,则工程没有达到它的目的,失去它的价值。

2. 投资者。工程的投资者通常包括工程所属企业、对工程直接投资的财团、给工程贷款的或参与工程项目融资的金融单位(如银行),以及我国实行的建设项目投资责任制中的业主单位。对许多公共工程，政府是投资者。

在现代社会，工程的资本结构是多元化的，融资渠道和方式很多，如政府独资、企业独资、中外合资、BOT（建造－运营－转让）方式等。则工程投资者也是多元化的，可能有政府、企业、金融机构、私人、本国资本或外国资本等。例如：

某城市地铁建设工程的投资者为该市政府；

某企业独立投资新建一条生产流水线，则该工程的投资者就是该企业；

某企业与一外商合资建一个新的工厂，则该企业和外商都是该建设工程的投资者；

某发电厂工程是通过BOT融资的，参与BOT融资的有一个外资银行、一个国有企业和一个国外的设备供应商。他们都是该工程的投资者。

投资者为工程提供资金，承担投资风险，行使与所承担的风险相对应的管理权利，如参与对工程重大问题的决策，在工程的建设和运行过程中的宏观管理、对工程收益的分配权利等。所以如果工程获得成功，投资者就能取得利益；工程失败，投资者不能得到回报，就要受到损失。

3. 业主（建设单位）。"业主"一词主要体现在工程的建设过程中。建设一个工程，投资者或工程所属的企业必须成立专门的组织或委派专门人员以业主的身份负责工程的管理工作，如我国的基建管理部门、建设单位等。

相对于工程的设计单位、承包商、供应商、项目管理单位（咨询、监理）而言，业主是以工程的所有者的身份出现的。

工程的投资者和业主的身份在有些工程中是一致的，但有时又可能不一致。一般在小型工程中，业主和工程的投资者（或工程所属企业）的身份是一致的。但在大型工程中他们的身份常常是不一致的，这体现出工程所有者和建设管理者的分离，更有利于工程的成功。

4. 工程任务的承担者，如承包商、供应商、勘察和设计单位、咨询单位（包括项目管理公司、监理单位）、技术服务单位等。他们通常接受业主的委托完成工程任务或工程管理任务。他们为工程建设投入管理人员、劳务人员、机械设备、材料、资金、技术，按照合同完成工程任务，并从业主处获得工程价款。

5. 工程所在地的政府，以及为工程提供服务的政府部门、基础设施的供应和服务单位。

它们为工程做出各种审批（如立项审批，城市规划审批）、提供服务（如发放工程所需要的各种许可）、实施监督和管理（如对招标投标过程监督和对工程的质量监督）。

政府代表社会各方面，从法律的角度保证工程的顺利实施，为工程提供服务，监督工程的实施，并保护各方面利益。

6. 工程的运行和维护单位。运行和维护单位是在工程建成后接受工程的运行和维护任务，它直接使用工程生产产品，或提供服务。例如对城市地铁建设工程，工程运行和维护单位是地铁运营公司和相关生产者（包括运行操作人员和管理人员）。住宅小区的运行和维护单位是它的物业管理公司。

7. 工程所在地的周边组织。如工程所需土地上的原居民、工程所在地周边的社区组织和居民等。如被拆迁的人员，为工程贡献出祖居的房屋和土地，要搬迁到另外的地方生活。

8. 其他组织。如与工程相关的保险单位。

复 习 思 考 题

1. 简述工程的寿命期阶段并作图示说明。
2. 调查一个实际工程，了解该工程的系统输入和输出，并分析这些输入和输出对社会的影响。
3. 简述工程环境的主要内容，说明环境对工程的影响。
4. 简要说明工程前期策划工作的重要性。
5. 举例说明工程构思的产生。工程构思的选择通常应考虑哪些因素？
6. 工程设计和计划阶段一般包含哪些工作？简述工程设计的步骤及其提交的设计成果。
7. 假设您的家庭住房需要进行装修，描述该工程的主要工作过程。
8. 实践活动：针对你熟悉的工程（或选择学生将来所从事的工程），全面调查了解该工程系统输入和输出、工程构思的产生、工程策划过程、工程的功能组成、工程环境、各阶段的主要工作以及工程的相关者。
9. 思考题：工程相关专业与工程管理有什么关系？

第四章 成功的工程

【本章提要】 本章主要介绍工程应有的指导思想、目的和使命、工程文化以及现代社会对成功工程的要求。成功的工程必须体现工程建设的基本指导思想，必须反映新的工程理念。对一个具体的工程来说，这些要求就是工程的目标。

上述这些决定了工程的价值体系。

第一节 概 述

一、我国现代工程的困境

自 20 世纪 80 年代以来，我国一直处于工程建设的高峰期，世界一流的最大的工程都在我国。几乎全国各个大中小城市几十年如一日，像一个大工地。工程建设对我国社会和经济的发展做出了巨大的贡献。

人们建造一个工程都希望获得工程的成功。但怎样才算是成功的工程？

对人来说，一个从全寿命期角度成功的人，必须是各方面都是成功的，如对社会有贡献的、长寿的、心理和身体健康的、能够抗病抗灾的等。常常某一个小的问题就会导致"不成功"，如一个器官的问题就可能导致人的死亡。

工程与人很相似。由于工程是一个非常复杂的社会、技术系统，经过一个很长的寿命期过程，所以工程的成功必然有许多因素，是非常难以描述的。一个工程的成功必须是工程整体的成功，全面的成功。人们都希望自己建设的工程能够像都江堰一样，成为一个历史的丰碑。都江堰是我们祖先的杰作，已经运行了 2000 多年！它既是经典，又是"时髦"的工程——最符合科学发展观，最健康长寿。2000 多年以来人们对于都江堰有许多评价，有大量的赞美之词，因为从"各方面"看，它都是完美的。这个"完美"程度是其他工程难以达到的，所以它是千古绝唱。

同样，常常一两个因素的失误就可能导致一个不成功的，甚至是失败的工程。

纵观我国近十几年来的工程，特别是建筑工程存在如下非常奇特的历史景象：

1. 我们有做好工程的一切条件。如：

（1）有先进的工程技术、方法和设备。我国的许多专业工程的设计技术并不落后，许多施工技术是很先进的，甚至国际上领先的；工程设备、现代信息技术、计算机技术、互联网、应用软件基本上与发达国家是同步的。

所以，我们有能力做世界上最高的建筑，最大跨的或最长的桥梁，最大的水利工程，最大体积的混凝土工程，最大吨位的吊装工程。

（2）我们有最先进的建设和发展理念指导。近几十年，我国政府提出许多先进的科学的治国理念、发展方针，如科学发展观、绿色经济、循环经济、和谐理念、建设资源节约型社会和环境友好型社会、以人为本等。这些都是在哲学层面上为工程建设和运行提出科

第四章 成功的工程

图 4-1　10 年内装修 3 次的储蓄所

学的指导思想。

这些也是现代国际上最先进的工程理念。

（3）我国的工程技术人员、工人是当今世界上最富有聪明才智和吃苦耐劳精神的。近几十年，在国际上，我国的工程界（工程承包企业、工程师、劳务人员）是最忙碌的，也是最辛劳的。这也是世界著名的。

（4）不缺钱。这些年为了拉动经济，我国进行了大规模的工程建设投资，特别是政府工程，似乎有用不完的钱，甚至许多工程建设的目的似乎就是为了把钱用完的。

在笔者学校不远的银行储蓄所近 10 年装修了 3 次（图 4-1）。这些十分富有的单位似乎就是为了将钱用完而搞工程的。

许多地方城市基础设施比发达国家的城市还要奢华。

2. 但从总体上说，我国目前的工程缺少精神、价值，大量的工程失控，大量的工程是不可持续的、不成功的，表现在：

（1）我国到处在炸建筑、拆建筑。全国几乎所有的大中小城市都在大规模拆迁。这是我国历史上少有的大规模"破旧立新"的年代。不仅将大量前人的建筑拆完了，而且已经拆到 20 世纪 80 年代，甚至 90 年代的建筑了。人们没有任何惋惜地炸掉自己在十几年前，甚至几年前建设的工程，甚至有许多标志性建筑也被炸掉了（图 4-2，表 4-1）。

我国建筑工程爆破企业的水平是一流的，业务也十分兴旺。

（2）大量的新建工程疾病缠身，"未老先衰"。

图 4-2　某市被炸掉的标志性建筑

我国最近几年被炸的建筑　　　　　　　　　表 4-1

序号	被炸建筑名称	设计年限	建设时间	拆除时间	使用年限	说明
1	沈阳夏宫	80~100	1992	2009	15	经营不善
2	广州天河城西塔楼	80~100	1994	2007	12	土地出让
3	浙大湖滨校区主教学 3 号楼	100	1991	2007	13	土地出让
4	青岛铁道大厦	100	1991	2007	15	建新火车站
5	沈阳五里河体育场	100	1988	2007	20	
6	南昌五湖大酒店		1997	2010	13	功能和结构缺陷

例如中体博物馆竣工于1990年6月，是在北京举办亚运会时兴建的，与亚运会场馆等30多个项目集体获得过"特别鲁班奖"。但到2005年，其地基已出现不均匀下沉，85%以上的地板和墙体已出现贯通性开裂，承重钢梁断裂，存在重大安全隐患。

北京西客站，还没有投入使用就发现大量的质量问题。

这几年，"楼裂裂"，"楼歪歪"，"楼碰碰"等常常见诸舆论，成为社会关注的热点问题。

我国大量的工程，甚至是一些标志性大型工程，远远看很壮观，但不能细看，工程的设计、工艺、材料粗糙。由于工程（如门窗、墙体、屋面、卫生洁具等）质量问题导致我国许多建筑是高能耗的，高水耗的。

(3) 我国大量的标志性建筑工程采用外国的建筑风格，方案由外国的设计师设计，大量的新建筑都取"洋"名字。大家都以建筑风格的"洋"化为标志，为卖点。

此外，我国近年来大量的标志性建筑在艺术风格上追求怪异、奢华，而在人文艺术方面却是苍白的。

(4) 大量的建筑事故。

工程建设领域是我国社会安全伤亡事故的重点高发领域，近年来出现许多重大的工程安全事故（表4-2）。

国内最近几年重大的工程安全事故　　　　表4-2

工程名称	时间	现象	伤亡数量	经济损失	主要原因
重庆綦江彩虹桥	1999.1.4	垮塌	40人死亡，14人受伤	631万元	设计存在严重问题；吊杆锁锚质量问题；混凝土强度未达设计要求；管理混乱，责任不落实，工程发包混乱；领导腐败严重
上海轨道交通4号线	2004.7.1	三栋建筑严重倾斜，防汛墙局部塌陷	无人员伤亡	直接损失1.5亿元	施工方改变开挖顺序，断电导致温度回升，地下沉压水导致喷沙
凤凰堤溪沱江大桥	2007.8.13	垮塌	64人死亡		设计没有考虑如不均匀沉降等各种不利因素，水泥质量不合格，质量检查验收不力；腐败
杭州地铁事故	2008.11.15	坍塌	21人死亡		地下连续墙设计埋入土体深度严重不足，以致抵抗力不足，造成整体坍塌而造成
上海倒楼事件	2009.6.27	倒塌	1名工人死亡	7亿元	大楼北面堆土超过10m，南面基坑挖土4.6m，造成太大的压力差，楼房桩基被破坏

四川大地震是应该记载在我国历史上的一个十分惨痛的事件。其中就有大量的中小学教学楼倒塌，造成许多学生死亡，而其主要原因是由于工程质量引起的。有许多楼板没有钢筋，用的是钢丝；许多混凝土几乎没有什么强度，用手就可以扳下来（图4-3）。虽然对这些工程事故责任没有进行进一步分析和追究，但这是我们工程界无法推卸责任的事实。

图 4-3 在 5·12 汶川大地震震坏的学校教学楼

（5）工程建设领域是腐败的重灾区。近几十年来，被揪出来的腐败分子相当大的比例与工程建设有关，如与土地的批租、工程立项、工程招标、设备采购等有关。

而我国工程承包市场的混乱，不规范也是很有名的。

（6）工程建设和运行引起大量的社会问题，如拆迁问题、三角债问题、环境污染问题、能源紧张问题、农民工工资问题、房地产价格问题、农村土地问题、诚信问题等。许多已经演变成重大的社会问题。

3. 当然，上述问题有深刻的历史、时代、社会、文化的根源，但在"工程界"内，必须从总体上、根源上系统地思考如下问题。

（1）成功的工程的要求，我们应该追求一个什么样的工程目标？

（2）工程应该有什么样的价值体系？

（3）工程是整体的，工程系统是各个独立的专业工程子系统紧密结合，相互配合、相互依存的体系。工程的成功需要各个工程专业共同工作，它们应有的共同的价值体系，构建共同的平台。

现代工程管理面向的是由各个专业子系统构成的整个工程系统，要协调各个专业工程设计和专业施工的任务，必须探讨各个工程专业的共性。

二、取得工程成功的基本要素

工程由各个工程专业系统构成，经过一个复杂的实施和运行过程。要完成工程系统的建设和运行，保证工程全寿命期过程的顺利，取得一个工程的成功，需要社会环境、工程系统各个方面的共同作用，但从工程系统本身的角度，有如下几个基本要素（图4-4）。

1. 在这个体系中，工程的指导思想、工程的目的、使命、文化、成功的工程的要求（目标）都是涉及工程的重大问题，是工程的灵魂，决定工程最本质的东西，构成工程的核心价值体系。这几方面是一个工程整体所共有的，不分工程专业，不分工程阶段，不分参加者。

工程参加者应该在这些问题上达成共识。这些内容在本章以下各节论述。

一个成功的工程必须基于正确的、理性的、健康的价值体系之上。我国目前工程界存在的大量问题，实质上主要是上述几个方面的问题。

2. 工程目标是通过工程的实施工作完成的，要获得工程的成功，必须做好工程实施的每一项工作。它们涉及：

各个工程专业的工作，如各个专业工程的设计、施工、供应、运行维护等；

工程管理工作和工程系统集成工作等。

这些工作构成工程全寿命期各个阶段实施工作过程，工程的目标就是通过工程的全寿命期过程逐步实现的。

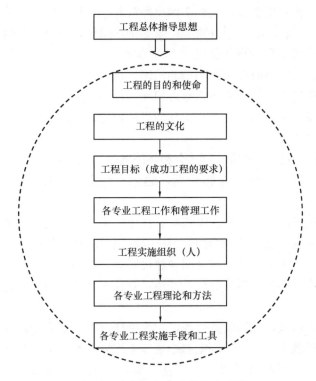

图 4-4 取得工程成功的基本要素

3. 工程实施工作的完成者构成工程组织，即这些专业型工作和管理工作都是由各个专业的设计、施工和管理人员承担的，包括投资者、业主、设计单位、承包商、供应商、运行单位、技术咨询单位、工程管理单位等构成。工程需要各个工程专业人员的参与。

要取得成功的工程，需要工程参加者的共同努力，必须设置科学的高效率的工程组织。

4. 各个专业工程理论和方法。各个专业工程的设计、施工和管理人员要胜任各自的工作，必须有自己先进的和科学的专业工程理论、技术和方法。它们构成整个工程的理论和方法体系。

如对一个建筑工程，需要先进和科学的规划理论和方法、建筑学理论和方法、力学理论和方法、材料科学理论和方法、结构工程设计理论和方法，以及土力学、岩体力学、水文学、流体力学、工程施工、工程经济学、工程管理等理论和方法。

5. 每个工程专业有各自的实现手段和工具，构成工程的手段和工具体系。要取得工程的成功，需要各专业工程有现代化的设备、仪器、工具、计算机和软件（如设计 CAD、工程项目计划、预算、控制软件）、通信工具（网络技术）、管理工具等。

目前，在我国工程中并不缺少实现手段和工具，我国的许多专业工程的设计和施工技术在国际上都是一流，计算机和信息工程硬件和软件基本上与国外同步。

由于工程各专业都是为工程整体服务的，工程系统的统一性和整体性决定了工程专业之间的内在联系。这种联系表现为工程价值体系的统一性和工程专业体系的相关性。

三、我国工程应有的指导思想

工程的建设和运行是我国现代社会最普遍和最主要的经济、社会和科研活动，由于工程投入的自然资源和社会资源多，对整个国民经济和当地社会的影响大，它承担很大的社会责任和历史责任。工程应有一个健康的科学的指导思想，它是工程的灵魂和精神，工程的各个方面都应该落实工程的指导思想。

最近几十年来，我国政府提出许多新的治国理念、发展战略和方针，对工程的建设和运行有很好的指导作用，应作为总体指导思想在工程中应用：

（1）科学发展观、可持续发展。在工程的目标设置、规划、设计、计划、施工全过程中，必须符合如下总体要求：

1）工程应能够促进国家和地区的社会和经济健康的和可持续的发展。

2）工程自身有可持续性，能够长期、健康、稳定、高效率地运行，能够"健康长寿"。

工程是我国国民经济肌体中的基本组织。试想一下，如果我国大量的工程是不可持续的，是疾病缠身、未老先衰，是短命的，怎么会有国家和社会的可持续发展！

（2）绿色经济、循环经济和生态文明，建设资源节约型社会。

绿色经济以经济与环境和谐为目标，并通过有益于环境或与环境无对抗的行为，实现经济的可持续增长。

循环经济以物质能量梯次和闭路循环使用为特征，把清洁生产、资源综合利用、生态设计和可持续消费等融为一体，运用生态学规律来指导人类社会的经济活动，在环境方面表现为污染低排放，甚至污染零排放。其基本要求是通过"减量化（Reduce）、再利用（Reuse）、再循环（Recycle）"，充分和节约使用资源。在工程中应着重体现：

1）注重工程与生态环境的协调，保护环境，保护生态，减少污染，减少工程对环境的影响，做环境友好型工程。

2）在达到工程的功能目标和保证工程质量的前提下，尽可能节约使用自然资源，尤其是不可再生资源，如能源、水、木材、钢材等，特别要节约使用土地。

3）尽可能采用生态工法，保持工程的生态功能，减少对当地生态环境的损害，应用环保、清洁生产工艺等环境友好型技术。

4）充分利用工程中产生的废弃物，达到工程废弃材料的循环使用。这不仅涉及工程施工中的废弃物，还涉及工程运行（生产）中、工程产品消费和报废过程中、工程被拆除后产生的废弃物。

（3）和谐。使工程相关者各方面满意，达到工程与自然环境的和谐。

（4）以人为本。在工程过程中以人为出发点和中心，合理解决人与工程之间的关系。在工程中体现在：

1）充分考虑到用户的便利，通过有效的交通组织，保证他们的安全、方便和尽可能快捷地通行，减少对他们的干扰。

2）通过对工程完备的功能设计和人性化设计，保证工程建成后为用户提供更加安全、稳定、快捷、更为人性化的服务。

3）保证施工期间施工人员的安全、健康，保护基层施工人员的切身利益。

4）不仅考虑到业主、政府、投资者的需求、目标和利益，还要充分考虑到城市和周边居民的利益和交通要求，达到使各方面满意的结果。

工程的指导思想必须体现在工程的全过程中，体现在工程的各方面，包括工程的目标设置、各专业工程的活动和管理活动中，各种专业工程的理论和方法体系中。

在我国工程界，要真正落实上述国家建设总体指导思想，而不是在口头上，我国的工程界还有许多工作要做。

第二节　工程的目的和使命

一、工程的目的

工程起源于一个具体的目的，科学、健康而理性的目的是一个成功工程良好的出发点，对工程的各方面都会产生影响。

工程的建设出自于人类社会的经济、文化、科学和生活需求。工程的根本目的是为了认识自然、改造自然、利用自然，满足人们的物质和文化生活的需要，实现社会的可持续发展。

对于具体的工程，其目的是通过建成后的工程运行，为社会提供符合要求的产品或服务，以解决人类社会经济和文化生活的问题，满足或实现人们的某种需要，可能是战略的、社会发展的，企业经营的、科研的、军事的要求，如：

改善人们的住房、交通、能源应用及其他物质条件，提高物质生活水平；

丰富人们的社会文化生活，特别是精神生活的需要；

进行科学研究，探索外层宇宙空间，探索未知世界；

科学技术的进步和人类文明的传承；

促进社会的和谐和进步。

这些目的都是通过工程运行所提供的功能实现的。

工程不应是为了单纯地拉动经济，或为城市或地区的形象，或为某部门或人员的政绩而建设的！

二、工程的使命

（一）工程使命的内涵

使命的本义是指重大的责任，工程的使命是由工程的目的引导出的。

由于现代工程投资大，消耗的社会资源和自然资源多，对社会的影响大，工程建成后的运行期长，所以工程承担很大的社会责任和历史责任。所有的工程参加者，不管是投资者，还是业主、承包商、不同专业的设计和施工人员、制造商等，都应该有一种使命感。

工程的使命主要体现在：

1. 满足社会，或工程的上层系统（如国家、地区、城市、企业）的要求。工程最根本的目的是通过建成后的工程运行为社会，为它的上层系统提供符合要求的产品或服务，以解决上层系统的问题，或为了满足上层系统的需要，或为了实现上层系统的战略目标和计划。如果工程建成后没有使用功能，就不能达到这个要求，则失去了它最基本的价值。

如建设一个住宅小区，但却不能居住，则它没有完成它的使命；建一条高速公路，但却经常损坏，人们不能正常使用，或没有达到预定的通行量和通行速度，则也没有完成它的使命。

2. 承担社会责任。现代工程投资大、消耗的社会资源和自然资源多，对环境影响大，对周边居民和组织的影响大。所以它担负着很大的社会责任，必须为社会作出贡献，不造成社会负担，降低社会成本。工程必须不污染自然环境，不破坏社会环境，必须考虑社会各方面的利益，赢得各方面的支持和信任。

3. 承担历史责任。一个工程的整个建设和运行（使用）过程有几十年，甚至几百年。所以，它不仅要满足当代人的需求，而且要能够持续地符合将来人们对工程的需求，承担历史责任，有它的历史价值。这样应该保证工程能够长命百岁，达到它的设计寿命，最后"寿终正寝"。

一个成功的工程必须经得住历史的推敲，显示出它的历史价值。

（二）工程使命的作用

工程的使命代表着该工程的建设者对于社会和历史的一个承诺，集中体现了工程的核心价值。它具有特别重要的作用。

1. 工程的使命应是工程建设者的一种理想，鼓励他们将其专业知识用于对工程有价值的工作上。使命应在工程建设者的工作中得到贯彻，变成他们的道德追求。这样参与工程建设和运行的所有人，不管他们属于哪个单位（如投资者、承包商、项目管理公司）他们应有这种使命感，这样他们就会有相同的动机、共同的语言和道德基础，共同的价值准则。他们才能有效地合作。

2. 工程的使命能够产生积极向上的工程组织文化。

组织文化是组织所具有的共同的价值观、行为准则。使命是一个组织存在和发展的根本动因和前提条件。由于工程组织是一次性的，而且工程的参加者隶属于不同的企业，所以他们容易有不同的利益、价值观和行为准则。而工程的使命体现了工程所有参加者共同的价值观。这就易于形成以工程使命为核心的一致的工程组织文化。

3. 工程的使命是工程全寿命期目标的出发点。

工程的目标服从于工程的使命。使命必须通过具体的目标来描述和实现，完成目标就应是完成使命的过程。没有具体的目标并且执行目标的过程，使命就是空的。因此，必须按照工程的使命设计工程的总目标，并将它们分解为参加者各方面和各个阶段的可衡量的目标。

4. 工程的使命是工程组织沟通的基础和组织凝聚力的根源。

工程使命能使工程参加者对工程组织具有认同感和归属感，能建立参加者成员与工程之间的相互依存关系，使参加者的个体行为、思想、感情、信念、习惯与工程使命和总目标有机地统一起来，形成相对稳固的文化氛围，凝聚成一种无形的合力与整体趋向，激发大家努力实现工程的总目标。

工程使命为工程参加者的沟通提供了基础。共同的工程使命感能使工程参加者对工程总目标达成共识，并且在行动上主动协调，减少组织之间的矛盾和争执。

只有有使命感的人才能建设好一个工程！

第三节　工程的文化

工程的文化是由工程的目的和使命引导出的，涉及工程实体所蕴含的风格、传统、艺术，以及工程参与者的精神、态度、职业道德等。

我国现代大量的工程缺少精神、价值、文化，大量的工程失控，大量的工程不可持续，这些问题的原因主要是由我们这代人缺乏健康的工程文化引起的。

一、工程的建筑艺术、风格

1. 工程是人造的技术系统，同时又是"艺术品"，蕴含着文化。所以不同国家（或民族），以及不同时期的工程，体现不同国家（民族）以及时期的文化风格，人们的审美观点，精神，艺术特征。所以工程又反映历史，传承文化。任何一个时代、社会应该有自己的建筑文化。

从远古时代搞建筑工程开始，人类就不仅追求建筑的实用性，而且追求建筑的艺术性，如通过在建筑上的绘画、雕刻、工艺美术，以及园林艺术，创造室内外空间艺术环境，给人以美的感受。

但是建筑又不同于其他艺术门类，它需要大量的财富投入和技术条件，工程规模大，需要大量的劳动力和群体智慧，保留时间长，对社会、政治、经济、人文、历史影响大，为任何其他艺术门类所难以比拟。

建筑风格因受不同时代的政治、社会、经济、建筑材料和建筑技术等的制约以及建筑设计思想、观点和艺术素养等的影响而有所不同。外国建筑史中古希腊、古罗马有陶立克、爱奥尼克和科林斯等代表性建筑风格；中古时代有哥特建筑的建筑风格；文艺复兴后期有巴洛克和洛可可等建筑风格。

在我国历史上不同的年代有不同文化风格的建筑。如我国古代宫殿建筑，其平面严谨对称，主次分明，砖墙木梁架结构，飞檐、斗拱、藻井和雕梁画栋等形成中国特有的建筑风格。中国古代建筑以取得与自然的协调而著称于世，遵法自然，追求"天、地、人"三者和谐，体现了中国古代哲学的精髓。这是古代中国人营造建筑的一种自觉意识和一种理想境界。这些建筑是中国传统文化的重要组成部分。

我国古代都江堰为最"可持续发展"的工程，体现我国古人"天人合一"的思想和和谐理念，是一幅绚丽的历史和艺术画卷。

我国的古典园林就体现了完美的中国文化，在处理人与自然关系时，体现以人为本、尊重自然的理念。

园林实际面积的狭小与空间意向上宽广的矛盾突出，为了在有限的空间中创造出丰富多彩，各具个性的景观和层出不穷、含蓄不尽的意境，古典园林采用了以小见大，浑然天成、扩大视觉空间的艺术处理方法。通过亭、台、楼、阁、厅、堂、轩、舫、廊、假山、水、花木等元素构造出丰富多彩的画卷。在园林中，"一步一景"，一堵墙就是一幅水墨画，园中有园，景中有景，而且整体上体现我国古代人们的精神，天人合一，与环境和谐的理念，一个园林，就是一个"天人合一"的生态系统（图1-16）。这也符合现代建筑工程设计发展的潮流。

我国近代建筑也有自己的风格，如民国南京的许多建筑就有自己独特的建筑风格。

建筑有传承文化的职责，如果在工程建设中破坏了古代建筑，而新建筑又失掉民族性和艺术性，这常常是一个民族文化衰败的象征。

2. 工程一个很重要的特点是：它的价值，随着时间的延伸，由它所蕴含的文化决定。时间越长，工程的功能、材料、施工技术和工艺、投资等方面的重要性和影响在降低，而工程的文化价值在增加，甚至工程的文化价值会远远超过其功能价值。如我国的万里长城现在已经没有功能价值，即现在人们已经不用它来防御外敌，但由于它有丰富的文化内涵，成为我国最重要的建筑之一。

我国现存的古代建筑，除了都江堰、大运河等少数几个外，都没有功能价值了，但由于其丰富的文化价值和历史内涵，作为我国的重点文物保护单位，或世界文化遗产，能使我们夸耀于世界。

外国的访问者、旅游者到中国主要看长城、北京四合院、苏州园林、都江堰，而不看代表他们文化的建筑，如欧式一条街。

3. 工程所蕴含的文化价值主要在于工程所有的建筑式样、艺术风格，所代表的艺术和文化特色。这些常常是由工程的建筑设计决定的。所以一个传承于世的经典建筑是它的建筑师的丰碑，是它所代表的文化的丰碑。

4. 近几十年来，我们现在的许多标志性建筑，如国家大剧院、鸟巢、中央电视台主楼，都由国外的设计师设计，采用国外的设计方案，代表着国外的建筑文化。虽然是我们花费了大量的人力、物力、财力，消耗了我们的社会资源和自然资源建设的，但由于它们所蕴含的文化风格，在一百年或更长时间后（如果它们还能够存在的话），都不能作为我们这代人所做的反映我国文化的建筑，都很难使我们的后人夸耀于世界。

二、工程参加者所具有的价值观念

工程参加者的文化、价值观、道德是工程文化的一个重要方面，它包括如下内容：

1. 工程参加者（投资者、建设者、管理者等）应有的建筑价值观、审美观。因为工程的艺术风格是由人决定的（设计和选择的）。所以要建富有文化的工程，首先必须有"文化人"，要建有品位的工程，首先需要有品位的人！

影响工程建筑艺术风格的最重要的是工程的建筑师和决策者，工程主要体现他们的价值观、环境观，以及所属的民族和时代的特征。

在我国，建筑设计的主导权并不完全在建筑师，而是决策者（如投资者）有更大的决定权。

不可否认，我国现代工程中追求"世界第一"，追求奇特、怪异、奢华的建筑风格是与现在社会的浮躁、虚荣相关的，反映现代社会人们的文化品位和精神。

要获得成功的工程，决策者、规划和设计人员，以及实施者，应戒除浮躁、提高美学和艺术品位、提高文学素养、不能急功近利，不能只考虑近期需求、眼前利益，避免造成建筑工程破坏环境和低品位，以向历史负责的精神完成工程任务。

2. 在一个工程师或工程管理者的眼中，工程是有生命的，作为自己的作品，应该努力使它传承于世。应该将自己参与建造的工程当成自己的孩子，付出应有的辛劳，努力工作，精心呵护，使它健康成长。——这应作为工程师基本的工作态度。

每一个工程参加者都应该感到，建设一个工程是"历史性的"的工作，应有向社会和历史负责的精神工作。

同时，不应该随便拆除建筑工程，不管是他人建设的，还是自己过去建设的，应尊重前人的、他人的工作成果。

3. 在工程中要处理与自然的关系，所以必须有健康的自然观，要敬畏自然，追求人与自然的和谐。工程师应爱惜自然资源，追求节俭，珍惜财富，尽力进行工程优化。

4. 在工程建设过程中，工程师处理工程事务时，应恪守职业道德，应有良知、理性，有公平心和公正心，诚实信用。

5. 实事求是，以认真细致、负责任的态度，以应有的勤勉、务实和科学的精神踏踏实实地工作。在处理工程事务时应尊重科学，尊重工程自身的规律性。

6. 工程中的团队精神和合作精神。工程是一个整体，任何参加者，只承担工程的一部分、一阶段，甚至一项专业性工作，但他必须有团队精神，有工程的总体意识和全寿命期的理念。

第四节　成功的工程要求

基于前面对现代工程的作用和特点、工程系统模型、寿命期过程、目的和使命的描述，可以看出，成功工程的评价尺度应该是多维的。它应该反映下列各方面：

1. 现代工程的特殊性；
2. 体现工程所担负的重大的社会责任和历史责任；
3. 工程寿命期时间长，过程十分复杂；
4. 工程相关者多，各方面要求的不一致性；
5. 环境对工程有重要作用，同时工程对环境的影响大；
6. 要能反映新的工程理念，从工程的全寿命期考虑，体现工程建设的基本指导思想。

所以评价一个工程是否成功是一个十分复杂而又十分困难的问题。成功的完美的工程要符合许多指标，但常常一个因素的影响就可能导致一个不成功的工程！

成功工程的要求落实在一个具体的工程中，就需要有量化的和非量化的指标描述，成为该工程的目标。

一、达到预定的功能和质量要求

现代工程追求在全寿命期过程中工作质量、工程质量、最终整体功能、产品或服务质量的统一性。

（一）工程质量

1. 符合预定的功能要求

从总体上说，工程的总目标是通过工程的建设和运行提供符合预定质量和使用功能要求的产品或服务来实现的。这是工程使用价值的体现。所以工程必须达到预定的功能要求，实现工程的使用目的，包括满足预定的产品的特性、使用功能、质量要求、技术标准等。这是对工程的质的规定性。

工程的整体使用功能符合预定的要求，能够均衡地高效率地发挥作用，保质保量地提供预定的产品或服务。如汽车厂生产的汽车，以及相应的售后服务是符合要求的。南京地铁的作用是为乘客提供服务，则必须有高质量的服务。

2. 工程的技术系统符合一定的质量要求，如汽车制造厂的厂房、所用材料、设备、各功能面（单体建筑）和专业工程子系统（如墙体、框架、门窗等）、整个工程都达到预定的质量要求。这是实现工程功能要求的基本保证。

3. 工程系统运行和服务有高的可靠性。工程系统的可靠性是指在正常的条件下（如人们正常合理操作，没有发生地震、爆炸等自然和人为灾害）在规定的时间内可以令人满意地发挥其预定的功能的能力。这不仅要求系统运行的可靠性、平均维修间隔时间长、失败的概率最小，而且要求系统耐久性好，系统失败所导致的不良后果小。如果工程在运行中时常要维修，或经常出现故障，则是不成功的。

4. 工程系统的运行有高的安全性，不能出现人员伤亡、设备损害、财产损失等问题。这涉及结构的安全性、机械设备的安全性、工程建设和运行过程中的安全措施等。

5. 工程系统的运行和服务符合人性化的要求，人们可以方便、舒适地使用工程。工程主要是为人服务的，人们追求更高的生活质量，对建筑物的方便性、舒适性的要求也就越来越高。工程设计应符合人体的特征，应该使人在使用产品或服务过程中感到舒适。

6. 工程具有可维修性。工程维修是指对工程进行维修保养，使工程保持或恢复到规定状态。可维修性是指能够方便、迅速、低成本地进行工程维修，使维修可达、可视、经济、维修时间短、维修安全，检测诊断准确，有较好的维修和保障计划。

（二）工程建设和运行过程中工作质量

工程系统是通过工程建设和运行活动完成的，所以上述工程的质量要求都是通过工作质量保证的。工作质量，即所有的设计、施工、供应、工程管理和运行维护等工作过程都符合质量要求。具体地说，要保证如下方面的质量：

1. 工程规划和设计质量。由于工程的功能，以及工程所反映的文化、造价、可持续发展能力等各方面都是由工程的规划和设计决定的，所以工程的功能和质量在很大程度上是由规划和设计决定的。对工程功能有重大影响的是：

（1）对工程系统规划的科学性。

（2）设计标准，技术标准的选择。

（3）设计工作质量，如设计图纸清晰、正确、简洁。

（4）设计方案的质量。成功工程的许多要求都必须通过工程设计方案表现出来。

在现代工程中一个好的设计方案还应具有可施工性，它涉及许多方面，如：

1）在保证达到工程功能目标的前提下，工程的设计方案应便于施工，应尽可能采用简洁的结构形式，减小施工难度。

可施工性比较差的建筑如广州歌剧院，其外形为两块砾石——"大石头"是歌剧院主体大剧场，"小石头"是多功能剧场（图4-5）。

图 4-5 可施工性比较差的工程

由于外形纯粹是一个非几何形体设计，倾斜扭曲之处比比皆是。幕墙上的花岗岩、玻璃没有一块是重复的，玻璃也分了单曲、双曲、转角等好几种规格。全部要分片、分面单独定制，再拼接安装，难度很大。工程的总用钢达1万多吨，是国家大剧院的两倍。

2）将施工知识和经验最佳地应用到工程的设计中，避免施工过程中的设计变更，保证工期短和成本节约。

如设计时分析所需物资的可供性，对当地的建筑材料、土源、水源、运距等进行调查，提高设计对自然环境的适应性。

3）促进"建筑工业化"，推广应用标准化设计，尽可能多地采用工厂生产的预制建筑部件，实现工厂化生产和标准化施工等。

2. 工程施工质量。工程施工过程是工程实体的形成过程，工程施工质量是工程质量的保证。成功的工程需要严格的施工质量管理。

在施工各个阶段建立严格的质量控制程序，对工程的材料、设备、人员、工艺、环境进行全面控制，发现工程质量问题要认真处理，确保工程质量。

在施工过程中认真执行施工质量标准和检查要求，严格按工艺要求做好每一道工序，不符合质量要求的工序要坚决纠正，不留隐患，保证每一道工序都符合质量要求，保证从施工准备到竣工验收每个环节都有严格的检查和监督。

在工程竣工时，及时提供完整的竣工技术文件和测试记录，做到图纸、数字准确，字迹清楚，以便维护单位使用等。

3. 工程管理工作的质量。这是取得高质量工程的保证，通过决策、计划和控制，提高工程和工作质量。

4. 工程运行维护工作的质量，如对住宅工程，就是物业管理工作的质量。

二、具有良好的工程经济效益

任何工程都要花费一定的成本（投资、费用），并取得一定的效果（经济收益或社会效益）。成功的工程不仅应以尽可能少的费用消耗（投资、成本）完成预定的工程建设任务，还应低成本地提供工程产品和服务，达到预定的功能要求，提高工程的整体经济效益。

（一）在整个工程全寿命期中费用的节约

现代工程追求全寿命期费用节约和优化，追求在全寿命期中生产每单位产品（或提供单位服务）平均费用最低。工程全寿命期费用由建设总投资和运行期费用组成。

1. 建设总投资。这是业主或投资者为工程的建设所承担的一次性支出。

任何工程必然存在着与工程任务（目标、工程范围和质量标准）相关的（或者说相匹配的）投资、费用或成本预算。它包括了工程建成，交付使用前的所有投入的费用，通常由土地费用，工程勘察费用，规划、设计、施工、采购、管理等费用构成。

2. 在工程使用过程中为工程的运行、产品和服务的产出所支付的费用。这种费用是在工程运行期中每年（月）支付的。

上述两种费用存在一定的关系。通常对一个具体的工程，如果提高工程的质量（或技术标准），增加工程建设总投资，则在使用过程中运行维护费用（如维修费、能耗、材料消耗、劳动力消耗）就会降低。反之，减少工程建设总投资，降低工程质量标准，就会增加工程运行过程中的费用。就像人们为了节约一次性投资，买一部二手车，在使用过程中，油耗和维修费会很高。而如果买一部新车，油耗和维修费较低。

我国工程界一直存在一种状况：大家关注建设投资的减低，而忽视运行费用，导致工程功能和质量的缺陷，使工程在运行过程中的能耗、维护费用的增加。

（二）工程的其他社会成本低

工程的其他社会成本是指工程全寿命期中由于工程的建设和运行导致社会其他方面支出的增加，它不是直接由工程的建设者、投资者、生产者等支付的，而是由政府或社会的其他方面承担的。社会成本是多方面的，例如：

1. 在人们建造或维修一条高速公路期间,有许多车辆绕路所多消耗的燃料和车辆的磨损开支。建设期越长,这样的花费就会越多。

2. 在工程的招标投标过程中许多未中标的投标人的投标开支。在工程的招标投标中,投标人通常较多,各个投标人都要为投标花费许多成本,如购买招标文件、环境调查、制订实施方案、做工程估价、编制投标文件等。而最后仅有一个单位中标。则投标单位越多,该项工程的招标社会成本越高。

我国大量的工程招标都将标段和专业工程分得很细,都采用公开招标方式,导致大量社会成本的浪费。

3. 工程使用低价劣质的污染严重的材料,尽管工程的建设投资减少,但导致工程的使用者健康受损,使社会医疗费用支出增加。

4. 许多工程为了节约投资,减少环境治理设施的投入,导致工程产生的三废(废水、废气、废渣)的排放得不到有效治理,导致河流污染,国家再投资更多的钱治理环境污染。

如我国太湖的污染就是由于几十年来周边的工程建设和运行直接向太湖排污造成的,现在国家要花费大量的资金治理。2009年4月,江苏省政府推出的《太湖流域水环境综合治理实施方案》确定,治理工程将投资1083亿元,确保到2012年,太湖湖体水质由2005年的劣Ⅴ类提高到Ⅴ类;到2020年,基本实现太湖湖体水质从Ⅴ类提高到Ⅳ类的目标。这些治理资金投入实质上就是过去在太湖周边的工程建设和运行的社会成本。

工程的社会成本的实际计算是很困难的,但工程人员对它应该有基本的概念。一个成功的工程应尽力减少对其他方面的负面影响,减少由它引起的社会成本。这体现了工程的社会和历史责任。

(三)取得高的运营收益

工程是通过出售产品,提供服务,向产品和服务的使用者取得工程收益。工程的运营收益有许多指标,如产品或服务的价格、工程的年产值、年利润、年净资产收益,总净资产收益、投资回报率等。

三、符合预定的时间要求

任何工程的建设和运行都是在一定的历史阶段进行的,而且都有一定的时间限制。工程的时间限制不仅确定了工程的寿命期限,而且构成了工程管理的一个重要目标,在现代市场经济条件下工程的时间要求也是多方面的。

1. 在预定的工程建设期内完成。一般在工程立项前,就确定工程的建设期,它作为工程的总目标之一。工程的建设期有两个重要方面:

(1)工程建设的持续时间目标,即任何工程建设不可能无限期延长,否则这个工程建设是无意义的。例如规定一个工厂建设必须在四年内完成。

必须理性地确定工程的建设期限。一般这个期限越短,工程的功能和质量的缺陷就会越多。近几十年来,我国的建设工程普遍的建设期较短,特别是政府工程,许多工程已经违背了工程自身的客观规律性要求,造成工程规划、设计、施工质量的缺陷,就像一个早产儿,一生都会是孱弱多病的。目前人们在这方面缺少基本的理性思维。

(2)工程建设的历史阶段范围。市场经济条件下工程的作用、功能、价值只能在一定历史阶段中体现出来,则工程的实施必须在一定的时间范围(如2008年1月至2011年12月)内进行。例如企业投资开发一个新产品,只有尽快地将该工程建成投产,产品及时占领市场,该工程才有价值。否则因拖延时间,被其他企业捷足先登,则该工程就失去了它的价值。

所以工程建设的时间限制通常由工程开始时间、持续时间、结束时间等构成。

2. 达到工程的设计寿命期,延长工程的服务寿命。

3. 投资回收期。投资回收期用来反映工程建设投资需要多久才能通过运营收入收回,达到工程投资和收益的平衡。这个指标是工程的时间目标、建设投资目标和收入目标的统一。

4. 工程产品(或服务)的市场周期。工程产品的市场周期是按照工程的最终产品或服务在市场上的销售情况确定的,通常可以划分为市场发展期、高峰期、衰败期。对于基础设施、房地产开发、工厂等工程,市场周期常常是十分重要的,反映工程价值真实实现的时间,常常比竣工期更重要。

例如南京地铁一号线工程预定建设期5年,运行初期(市场发展期)8年,达到设计运行能力的时间(市场高峰期)为15年,而设计年限为100年。

又如,对一个房地产开发项目,市场周期是从产品推向市场开始(预售,买楼花)到卖完为止。有的房地产小区,虽然按期建设完成,但就是销售不出去,成为烂尾楼。而有的房地产小区尚未建设完成就预售一空。则它们虽然同时建成,但有不同的市场周期。

又如某长江大桥采用双塔钢箱梁斜拉桥,桥塔采用钢结构,当时为国内第一座钢塔斜拉桥,也是世界上第一座弧线形钢塔斜拉桥(图4-6)。工程质量优良、及时竣工,但由于位置

图4-6 某成功建造,但运营不成功的工程

偏远,交付后由于长期达不到设计的交通流量(市场周期),造成大量亏损。

四、使工程相关者各方面满意

(一)重要性

1. 在现代企业管理和工程管理中,相关者满意已经作为衡量组织成功的尺度。使工程相关者满意体现了工程的社会责任,要求在工程中不仅要保证投资者和业主的利益,而且要照顾到工程相关者各方面的利益,对社会有贡献。

2. 这是工程顺利实施的必要条件。因为工程的相关者对工程的顺利实施起到或多或少的作用。在国际工程中人们经过大量的调查发现,工程成功需要许多因素,其中参加者各方的努力程度、积极性、组织行为、支持等是最重要的。没有各方面的支持,则不可能有成功的工程。

工程的成功必须经过工程相关者各方面的协调一致和努力。他们参与工程,都有各自的目标、利益和期望。他们对工程的支持力度和在工程中的组织行为是由他们对工程的满意程度决定的,而这个满意程度又是由他们各自的期望和目标的实现程度决定的。

在现代社会，工程周边居民的抗议就会打乱整个工程计划，造成工程的拖延和费用（投资）的增加。

3. 要使工程相关者满意，必须在工程寿命期中照顾到各方面的利益。工程总目标应包容各个相关者的目标和期望，体现各方面利益的平衡。这样有助于确保工程的整体利益，有利于团结协作，克服狭隘的集团利益，达到"多赢"的结果。这样才能够营造平等、信任、合作的气氛，就更容易取得工程的成功。这也是现代社会"和谐"的体现。

4. 所以在工程中，工程管理者必须研究：谁与本工程利害相关？他们有什么目标，期望从工程得到什么？如何才能使他们满意？在工程寿命期中关注他们的利益，注意与他们沟通。

（二）工程相关者各方面的期望

在第三章第四节中，提及一般工程的相关者。不同的人（单位、机构）参与工程过程有不同的动机，带着不同的目标（期望和需求）。这种动机可能是简单的、也可能是复杂的；可能是明确的，也可能是隐含的（表4-3）。

工程主要相关者的目标或期望 表 4-3

工程相关者	目 标 或 期 望
用 户	产品或服务价格、安全性、产品或服务的人性化
投资者	投资额、投资回报率、降低投资风险
业 主	工程的整体目标
承包商和供应商	工程价格、工期、企业形象、关系（信誉）
政 府	繁荣与发展经济、增加地方财力、改善地方形象、政绩显赫、就业和其他社会问题
生产者	工作环境（安全、舒适、人性化）、工作待遇、工作的稳定性
工程周边组织	保护环境、保护景观和文物、工作安置、拆迁安置或赔偿、对工程的使用要求

1. 用户。用户购买和使用工程产品或服务的动机是要获得价格合理的工程产品和周到、完备、安全的服务。这要求工程必须在功能上符合要求，同时讲究舒适、安全性、健康、可用性；有周到、完备的、人性化的服务，体现"以人为本"，符合人们的文化、价值观、审美要求等，达到"用户满意"。

在所有工程相关者中，工程产品的用户是最重要的，因为他们是所有工程相关者最终的"用户"。对整个工程来说，只有他们的"满意"才是真正的"用户满意"，工程才有价值。当用户和其他相关者的需求发生矛盾时，应首先考虑用户的需求。

在工程的目标设计、可行性研究、规划、设计中必须从产品用户的角度出发，进行产品的市场定位、功能设计，确定产品销售量和价格。

2. 投资者。他参与工程的动机是实现投资目的，他的目标和期望有：

（1）以一定量的投资完成工程建设，在工程建设过程中不出现超投资现象。

（2）通过工程的运行取得预定的投资回报，达到预定的投资回报率。

（3）较低的投资风险。由于工程的投资和回报时间间隔很长，在这个过程中会有许多不确定性。投资者希望投资失败的可能性最小。

3. 业主。业主的目标是实现工程总目标和全寿命期整体的综合的效益。他不仅代表和反映投资者的利益和期望,而且要反映工程任务承担者的利益,更应注重工程相关者各方面利益的平衡。

4. 工程任务的承担者。他们希望取得合理的工程价款;降低工程施工或服务的成本,取得合理的利润;与业主搞好关系,赢得企业信誉和良好的形象;尽可能在合同工期内完成工程和供应。

5. 政府。政府注重工程的社会效益、环境效益,希望通过工程建设和运行促进国家(地区)经济的繁荣和社会的可持续发展,解决当地的就业和其他社会问题,增加地方财力,改善地方形象,使政府政绩显赫。

6. 工程的运行单位。它要求工程达到预定的功能,如预定的生产能力、预定的质量要求、符合规定的技术规范要求;生产能力和质量稳定;工程运行维护方便,低成本。

生产者(或员工)希望有安全、舒适、人性化的工作环境,较高的工作待遇。

7. 工程所在地的周边组织。他们要求保护环境,保护景观和文物,要求增加就业、拆迁安置或赔偿,有时希望能够使用工程,工程的负面影响较少。

在上述工程利益相关者中,他们的利益常常存在矛盾、冲突。这是现代工程的特征之一。在现代社会,工程的技术难度在相对减小,而工程相关者利益的平衡是现代和将来工程的难点!

我国近三十年来,由于国家处于经济转型时期,各种利益冲突暴露在工程建设过程中,带来了工程管理的困难。而且随着社会的进步,这个问题会更加严重,对工程建设和运行各方面的影响会更大。

五、与环境协调

(一) 与环境协调的重要性

工程作为一个人造的社会技术系统,在它的形成过程中必须处理和解决好人与自然的关系,以及人与人的关系。环境问题越来越引起人们的重视,成为工程领域研究的一个热点问题,也是一个重要的社会问题,近几十年来,工程对环境的破坏会造成非常恶劣的影响(图4-7)。

人们越来越重视工程建设和运行过程及其最终产品对环境的影响,要求建成环境友好型工程。

工程与环境协调涉及工程寿命期全过程,以及各个要素对环境的影响。还涉及工程最终报废时应减少污染,方便土地的生态复原。

图4-7 某发电厂工程在运行过程中的污染

这体现工程建设者正确的自然观和历史责任感。

(二) 工程与环境协调的主要方面

从工程管理的角度,环境是多方面的,不仅包括自然和生态环境,还包括对工程的寿命期有影响的政治环境、经济环境、市场环境、法律环境、社会文化和风俗习惯环境、上层组织环境等。

1. 工程与生态环境的协调，是人们最重视的，也是最重要的。工程作为人们改造自然的行为和产品，它的过程和最终结果应与自然融为一体，互相适应，和谐共处，达到"天人合一"。这涉及：

（1）在建设、运行（产品的生产过程或服务）、工程产品的使用、最终工程报废过程中不产生，或尽量少产生环境污染，或者影响环境的废渣、废气、废水排放或噪声污染等应控制在法律规定的范围内。

（2）工程在建设和运行过程中是健康的和安全的，不恶化生态，如尽量不破坏植被或者减少对植被的破坏，尽量避免水土流失、动植物灭绝、土壤被毒化、水源被污染等，保障健康的生态环境，保持生物多样性。

工程环境问题不仅仅着眼于工程的红线内的环境，还是个大环境的概念。如我国许多城市为了绿化环境，搞生态城市，将农村或深山里的大树移栽过来。有一个住宅小区，为了建设生态小区，花很多钱到南美移栽一些特种树木来绿化小区。这完全违背了环境保护和生态工程的基本理念。

（3）采用生态施工法，减少施工过程污染，在建设和运行过程中使用环保的材料等，例如某体育馆，直接采用素混凝土面，不用油漆，这样不仅减少油漆对人的污染，而且在工程寿命期中不需要经常油漆（图4-8）。

图4-8　某体育馆采用素混凝土面以减少污染

（4）节约使用自然资源，特别是不可再生的资源，包括尽量减少土地的占用，节约能源、水和不可再生的矿物资源等，尽可能保证资源的可持续利用和循环使用。例如房地产小区应该有中水回收利用设施，利用中水浇灌花木，以节约用水。

（5）建筑造型、空间布置与环境整体和谐。

2. 继承民族优秀建筑文化。工程建设不仅不损害已有的文化古迹，而且在建筑上应体现对民族传统文化的继承性，具有较高的文化品位，丰富的历史内涵，符合或体现社会文化、历史、艺术、传统、价值观念对工程的整体要求。

3. 建设规模、标准应与当时经济能力相匹配，符合环境（包括国情、地方情况），同时又有适度的先进性和前瞻性。

工程应符合上层系统的需求，对地区、国民经济部门发展有贡献。由于工程寿命期很长，环境又是变化的，必须动态地看待工程系统与环境的关系，要注重在工程过程中工程系统与环境的交互作用。

4. 注重工程的社会影响，不破坏当地的社会文化、风俗习惯、宗教信仰、风气。

5. 在工程的建设和运行过程中符合法律法规要求，不带来承担法律责任的后果。

工程的环境问题是现代工程界的重点问题。

六、工程应具有可持续发展能力

在现代社会，工程是社会经济和环境大系统的一部分。现代社会追求可持续发展，要求工程是"长命百岁"的，持续地发挥它的作用，即它必须具有可持续发展的能力。

（一）可持续发展的基本概念

可持续发展是人类社会的一个重大命题。可持续发展要求人口、资源、环境、发展互相协调；要求资源可持续利用，经济可持续增长，社会可持续公平，文化可持续昌盛；要求保护和加强环境系统的生产和更新能力，使环境和资源既满足当代人的需要，又不对后代的发展构成威胁。在土地和自然资源等方面给后代留有再发展的余地，在不损害后代人需求的前提下，解决经济和社会发展问题。

可持续发展要求经济发展不能以破坏环境质量和自然资源为代价；要求争取社会、经济、资源和自然的综合协调发展，做到人与环境持续的和谐相处。

可持续发展体现向历史负责的精神，顾及民族的生存和社会的长治久安。

（二）工程与可持续发展

工程都是在一定的区域内进行的，它的寿命期很长，对经济和社会生活有很大的贡献，同时工程要占用土地，又要消耗大量的自然资源和社会资源，有很大影响。城市的建设、地区的发展都是通过工程建设实现的。所以对整个社会，工程的可持续发展是最重要，也是最具体的。

工程的可持续发展有十分丰富的内涵。工程作为人们改造自然的活动，它的可持续发展不仅体现人与自然的协调，物质世界和精神世界的统一；而且符合辩证唯物主义的发展观和向历史负责的精神，反映工程的伦理道德。

工程的可持续发展，要求人们既关注工程建设的现状，又注重工程未来发展的活力。

（三）工程可持续发展的内涵

工程的可持续发展与城市、地区可持续发展的特征不同，应有新的内涵（图4-9）。

1. 工程对地区和城市发展有持续贡献的能力

建筑工程必须符合城市和地区的可持续发展的总体要求，推动该城市/地区的可持续发展。这是工程存在的价值。如果工程不能发挥这个价值，则它就要被拆除，就不可持续了。

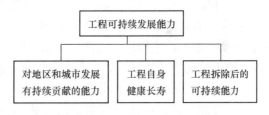

图4-9 工程可持续发展的内涵

对城市或地区的可持续发展能力，人们已作了比较详细的分析，建立了许多指标体系，通常包括如下四大类指标，每大类指标又由许多小指标构成。工程的建设和运行常常会引起这些指标的变化，这种变化就是工程对地区和城市可持续发展的影响。

（1）社会发展指标。可以细分为：

1）人口。包括总人口、人口增长率、人口年龄构成、人口密度、平均寿命、城市化水平、绝对贫困人口的比例等。

2）就业结构。包括劳动力总量，就业率、失业率、就业结构等。

3）教育。包括居民的受教育程度、成年文盲率、绝对贫困的人口的比例、社会犯罪率等。

4) 基础设施。包括每千人拥有的铁路和公路的长度、道路长度或面积增长率、每千人拥有的电话的数量、人均住房面积、供水增长率、人均消耗水平等。

5) 社会服务和保障。包括服务保障体系、每千人拥有医生的数量等。

工程建设和运行会提升社会发展指标，对社会发展指标有正的贡献。如通过建设一个学校会提高本地区居民的受教育程度；建设一条公路会增加每千人拥有的公路的长度或面积；建一个住宅小区会增加人均住房面积；通过工程建设会增加就业等。

(2) 经济发展指标。可以细分为：

1) 国民生产总值（GDP）。包括GDP年变化率、产业结构、各生产部门占GDP的比重、人均GDP等。

2) 地方经济。包括地方经济效益、财政收入增长率、地方产值等。

3) 工业化程度等。

工程建设和运行会促进经济发展指标的提升。如工程建设会增加建筑业的产值，上缴工程营业税，进而增加财政收入；增加钢材、水泥、燃料、电力的消耗，进而带动这些部门的产品需求，扩大生产，增加GDP，提升工业化程度等。

近三十年来，我国经济高速发展，其动力之一就是固定资产投资，依靠工程建设拉动的。

(3) 环境指标。可以细分为：

1) 环境治理状况。包括三废的排放量及变化率、人均排放量、排放总量、三废处理率、城市噪声、大气悬浮微粒浓度等。

2) 生态指标。如主要河流的水质情况、森林或绿地覆盖面及人均覆盖面、水土流失面积及变化率、自然保护区面积、饮水合格程度等。

3) 环保投资。包括环保治理投资、环保投资及占GDP的比重等。

在大多数情况下，工程对地区的环境指标是会有损害的，如工程要占用土地、破坏植被、污染水源、产生噪声。当然，如果建设一些环保设施，如建设和运行污水处理厂（装置）、垃圾焚化厂（装置）等，会提高相应的指标。

(4) 资源指标。可以细分为：

1) 资源存量。包括资源储量及变化率、资源的开发利用程度、资源破坏或退化程度等。

2) 资源消耗指标。包括人均资源的占有量及消耗量、能源消耗增长率、每万元工业产值能耗、单位GDP的能耗与水耗、资源的输入量，资源的保证程度等。

工程的建设和运行通常会消耗大量的自然资源，导致资源指标的降低。相反有些对现有的工程技术或工业生产技术的革新，对原生产设备的更新改造能够使生产过程更为节约资源，则会提升这项指标。

从上面分析可见，任何一个工程会对上述指标可能产生正面的影响，也必然会产生负面的影响。这就要求作工程对社会可持续发展影响的综合评价，同时又要在工程建设和运行过程中趋利避害，尽量发挥它的正面影响，减少它的负面影响，尽量提升工程对社会可持续发展的贡献能力。

2. 工程自身健康长寿

任何一个工程都有它的设计寿命，可持续发展的工程必须是"健康"的，能长久地发挥效用，达到或超过预定的设计寿命，不中途夭折，就像都江堰工程一样。延长工程的服务寿命，就能够提升工程的价值！

工程虽然是人工系统，但它也与人一样经历孕育、出生、成长、进步、扩展、结构变异、衰落的过程。工程健康和人的健康相似，一个健康的工程应该能按照自身的生命周期规律，完成自身的功能，善始善终。成功的工程必须达到：

(1) 工程的产品和服务功能的稳定性和持续性，能长期地适合要求。

工程的功能定位即所提供的产品或服务不仅满足目前的需要，同时应能够满足将来社会发展、人们的生活水平提高、人们审美观念的变化、科学技术进步与增长方式转变的需要。

(2) 工程系统有耐久性。耐久性是抵抗自身和自然环境双重因素长期破坏作用的能力，即保证其经久耐用的能力。建筑设计中，耐久性是指结构在正常维护条件下，随时间变化而仍能满足预定功能要求的能力。耐久性越好，使用寿命越长。

不同材料和结构耐久性又有所差别。例如混凝土结构耐久性是指结构对气候作用、化学侵蚀、物理作用或任何其他破坏因素的抵抗能力，是指结构在设计要求的目标使用年限内，不需要花费大量资金加固处理而保持其安全、使用功能和外观要求的能力。

(3) 工程有好的可维护性，能低成本运行。

当一个工程很难进行维护，或要进行维护必须要破坏其结构，影响其正常的运行，这个工程常常就要被拆除，就不可持续了。

同样，当一个工程的运行成本很高，如能耗很大、产品的质量很差，产生废料很多，进一步使用的价值就没有了。

(4) 工程要能方便更新和进一步开发。由于工程的使用期（设计寿命）达50年，或100年，甚至更长时间，工程在寿命期中上层组织的战略、产品市场、应用要求、社会的技术水平和生活水平会不断变化，所以工程不可能一直完全符合人们的需求，必须经常更新改造，必须持续地进行开发，要求工程必须具有较高的再生能力和发展能力。

同时，工程需要通过更新改造以实现自我完善，以减缓工程的衰落进程，以适应科学技术和文化的进步、社会的发展、经济增长方式的转变。工程应能够方便地、十分快捷地，在成本低，且影响小的情况下进行如下更新和进一步开发：

1) 工程功能和范围的扩展。由于社会需求的扩大、城市的演化，许多工程在寿命期中都会进行扩建，如我国许多年来发电厂搞"小改大"，我国近几年高速公路的扩建见表4-4。

我国近几年高速公路的扩建　　　　　　　　　　　　　　　表 4-4

高速公路名称	长度 (km)	建设期	扩建时间	扩建投资 (亿元)
福厦高速公路	228.766	1999	2007	182
沪宁高速公路	248.199	1996	2003	90
沈大高速公路	348	1984	2002	72
京津塘高速公路	142.69	1987	2007	60
西潼高速公路	130.09	1987	2008	68.9

所以一个成功的工程还必须充分考虑未来扩展的需要,具有可扩展性。工程的可扩展性体现在许多方面,如:

①进行工程规划和总平面布置时,应预留远景扩建的场地,不堵死扩建的可能性。

②专业工程系统具有可扩展性,最好不要因为扩建而使原专业工程系统报废。

③扩建边界的预留,使将来扩建时处理方便,低成本。

④最好能够使将来的扩展不影响使用。

2) 工程功能的更新,使工程功能不断提高,方便进行产业结构的调整,产品转向和再开发,以符合地区和城市新时期发展对工程新的需求。

3) 工程结构的更新,例如随着新的产业结构、地域空间结构的变化和产品的转向,工程结构能够适应新的产品结构、生产过程的调整。

4) 工程物质的更新与加固。

5) 建筑文化的更新。随着社会的发展,人们的文化、经济、技术、生活水平的提高,人们审美观念的改变,许多建筑文化和人文景观会显得落伍。

这涉及对旧建筑工程改造技术和方法,要在保留旧建筑历史特色的前提下使其适应新用途,通过复原、复兴、保存,改善基础设施和商业娱乐休闲设施,以及室外环境,以恢复或提升工程活力,使其重新"焕发青春",提升其功能适用度,延长使用年限,实质上就是延长了工程的寿命周期。例如在西欧,许多老建筑,在外部仍然保持旧的风格、式样,但内部却是高度现代化的,都是经过改造的。

可持续发展要求建筑造型、结构、空间布置有灵活性、实用性、可更新,具有发展余地。

(5) 具有防灾能力。在工程寿命期过程中,人为的或自然灾害是不可避免的,如地震、洪水、火灾、沉降、战争、爆炸、其他物体的冲击等。工程的防灾能力会在很大程度上影响工程寿命。工程要有一定的抗灾能力,不能发生一个很小的灾害就会导致工程重大的损失,或造成整个工程系统的瘫痪,或在灾后留下难以恢复的创伤。工程具有防灾能力体现在:

1) 有灾害监测预报和防御能力;

2) 在发生灾害时工程结构不易损坏,灾害的损失小;

3) 应急反应快、灾后恢复重建方便。

这必须通过工程的结构形式、监控系统、新材料等解决。

如前面图 2-3 所示的体育馆就是抗灾能力很弱的,那两根飘带在冰灾、地震、雪灾情况下非常危险,而且一经受灾,灾害损失会非常大——就是灾难性的!灾害的损害又是不可修复的。这样的建筑是不可持续的!

中央电视台主楼也属于这样的建筑。

3. 工程拆除后仍然有可持续能力

工程在结束阶段可持续发展涉及如下两个重要问题:

(1) 土地的生态还原。

工程的全寿命期是指从在一块土地上策划、建设和运行,到最终还回到一块土地的过程。在工程拆除后应能够方便地进行土地复原,方便将来新的工程建设。这是在工程所占用的土地上的可持续发展问题,是工程建设者对后人承担的历史责任。

在工程的建设和运行过程中必须考虑工程拆除后土地复原的问题。要考虑在本工程寿命期结束后能够方便地和低成本地复原到可以进行新的工程建设的状态，或者还原成具有生态活力的土地。

现在在我国已经发现有一些工厂，在拆除后，由于土地被污染，不仅寸草不生，而且人都不能走近，成为一块"死地"。有些工程在拆除后，残留的地下结构无法处理，使新建筑受到很大的限制。在这方面，我国现在的工程建设会给我国将来留下许多严重的问题。

例如，我国某大城市，原化工厂拆除后遗留数 10hm² 毒土地，无法进行进一步开发，核心区水质如酱油，散发出刺鼻的气息，还有股淡淡的农药味，活蹦乱跳的鲫鱼放进去几十秒就死。而要治理这片毒土地，不管采用哪种方案，费用都将需要几亿元或几十亿元人民币（图 4-10）。这说明原工程是不可持续的。这种现象在我国 20 世纪 80 年代的乡镇企业，甚至有些大型企业工程中都是十分普遍的。

基于如下几点，我们如果再不重视这个问题，将要付出极大的代价：

1）我国人多地少，土地资源匮乏，必须重复使用。我国的工程建设必然经历这种过程：现在以大规模新建为重点，不远的将来就会以运行维护（维修）为重点，再以后就要拆除旧的再建新的。

2）我国现在处于大规模的建设期，这几十年来的许多建筑都是"不可持续"的，都要拆除再建。

图 4-10 我国某化工厂拆除后遗留的毒土地

3）许多单位（如开发区）要经常性的改变产品，重新开发，所以工程要在拆除后再新建在我国许多地方已经形成常态。

我们必须以对后代负责的态度思考和解决这个问题。

（2）工程拆除后废弃物的循环利用。

这就像一个人一样，一个人在去世前，如果能够将他健康的器官移植到其他人身上继续使用，可以认为，这人的寿命期就延伸了，就是可持续的。

再利用和循环使用建筑材料是社会可持续发展的重要方面。这是因为它既节省了能源和资源，同时又减少了填埋，减轻了对环境的影响。

由于我国工程的拆除量大，导致我国建筑垃圾量很大，理论上说旧建筑的拆除所产生的各种物料都能够被再利用于新建筑中。大多数建筑垃圾由无机物构成，填埋重新融入自然系统需要相当长时间，而某些成分还会对生态环境构成直接危害。直接填埋这些不可再用的废物将不可避免地对当地的生态环境造成负面的影响。

图 4-11 某高速公路扩建工程的废料利用

利用旧建筑拆下来的物料，如用拆下来的旧砖头做新建筑基础的垫层，在我国已经持续很长时间。而金属废料，由于其价值较高，长期以来通常都会在拆卸过程中被回收再利用。

混凝土和岩石等可通过分类，循环再造作建筑碎石或粒料，可以用作：

1）再生混凝土，即将废弃混凝土经过破碎、分级并按一定比例相互配合后得到的以再生骨料作为全部或部分骨料的混凝土。如某高速公路扩建工程，将旧公路沥青混凝土面层粉碎后作为再生骨料（图 4-11）。

2）路基和建筑的垫层；
3）低标号的混凝土铺路砖块或类似的方块混凝土构件；
4）大体积混凝土的填充料；
5）海堤、防御工事石笼的填石替代物料。

为了便于从被拆卸的建筑物中提取出能够再利用和循环再造的材料，设计和施工方案应使工程在寿命期结束后能够方便拆除，且要考虑到建筑材料的再利用。

第五节 建立科学和理性的工程价值观

1. 对工程建设应该有一个新的健康的科学的心态。

从总体上说，现代人类的科学技术发展已经达到很高的水平，人类可以脚踏月球，建立宇宙空间站，航天器已经可以飞越太阳系。而在地球上建设一个工程（特别是建筑工程），可以说在人们可以想象的范围内，在技术层面上的实现已非难事，建筑工程的技术难度在相对降低。

所以对工程，在满足功能要求的前提下，尽量简略、低消耗、方便建造和使用，尽可能使资源能够充分和循环使用，在工程中照顾到各方面的利益，促进社会的和谐。

在 100 年前，建筑工程问题确实是科学的前沿，所以，那时建设一个世界第一高楼就是科学技术发达的表现，是国力的象征。而现在，这些已经不是科学前沿问题，也不是什么国力的象征，没有什么值得荣耀的。所以在地球上搞建筑工程已没有必要追求"世界第一"高楼（大跨度或长度桥梁、大吨位吊装、大体积混凝土浇筑、深基础）。一个民族的能耐无需要显示在这里。如前述图 1-5 迪拜大楼，带来的虚荣和表面的繁华，常常展现一个社会的病态，是不祥之兆。

工程也没有必要追求高难度的结构形式和怪异的建筑式样。在现代社会，环境问题、资源问题、气候问题、人口问题十分严重的情况下，人类没有必要在工程建设时给自己找麻烦，而且许多是不必要的麻烦。

2. 要注重工程的价值体系在工程寿命期和各项工作中的贯彻，从国家经济和社会发展总体指导思想出发，设立科学的、理性的工程目的、使命、文化以及成功的工程标准，工程参加者应就这些方面达成共识。

现代社会，由于科学技术的进步，科学技术越发达，人们认识自然和改造自然的能力就越强，如果工程价值体系迷失，就会给工程造成的负面影响，甚至破坏力就会越大。

3. 对具体的工程，要尊重工程自身的客观规律性，应该遵循科学的建设程序，在设立成功的工程的指标（即工程目标）时应有理性思维，有科学的精神。

例如：按照工程规模，应设立科学的建设期限，包括决策时间、设计时间和施工时间的指标。在我国，许多工程的建设期很短，工程决策很随意，好像显示出很大的魄力，同时大力压缩设计和施工的期限，不做详细的调查、认真细致的决策、精细的计划和设计。

人们常常为我们目前工程的建设高速度而赞叹和欢呼这都是非理性的。在生物界，胎儿的孕育和婴儿的成长有自身的规律性，通常"早产儿"是很难健康成长的，也不可能长寿的。工程有同样的规律性，我国的许多工程都是"早产儿"，工程的许多质量问题、安全问题、短命问题、高能耗问题都与此有关，或者根源在此。人们常常为了"献礼"，为了在某领导任期结束前剪彩，使工程提前一年半载，而造成工程的缺陷却会在50年或100年内影响工程的健康使用。这是很不理性的，但在我国却又是十分普遍的现象。

在如此短的建设期内，不可能对工程进行科学的规划，精细设计和施工，不可能建成优质的，经得住历史推敲的工程。

4. 在上述所提出的成功工程的要求中存在大量的矛盾和冲突，在一个具体的工程中，难以做到都能满足上述各方面的要求以及各点达到最好的指标。它们是工程自身的矛盾性，例如：

工程的质量要求（安全性和可靠性）越高，则总投资和全寿命期费用就会越高；

工程的设计寿命越长，总投资越高；

工期要求越短，工程的质量会越差；

在工程的相关者中，各方面的利益存在直接的冲突，如被拆迁者要求与投资者要求之间，承包商与投资者之间，产品用户与投资者之间；

工程的环境保护要求越高，工程的总投资和全寿命期费用就会越高；

建筑造型越新颖，越怪异，越不规则，工程的可施工性就会越差，材料和能源的消耗就会越高。

这些矛盾在工程中普遍存在，工程的参加者在整个工程过程中主要的时间和精力都用于解决这些矛盾和冲突。在工程中不能过于强调某一方面，而忽视其他方面，一个成功的工程最终要达到上述各方面整体的和谐。

5. 现代工程界一些重大的课题并不在一些专业工程技术方面，不在解决工程本身的高度、跨度、难度等问题上，而是在一些涉及整个社会的和历史影响的问题上：

工程要符合人类保护环境的要求，要降低污染，降低排放；

建设低碳消耗的、绿色的、生态的工程；

建设和谐的、各方面满意的工程；

工程全寿命期经济性良好的工程；

最符合人性化要求的工程等。

6. 社会、国家对工程的要求都是针对整个工程系统和过程（建设和运行全过程）的，涉及工程的选址、工艺选型、规划、建筑学、工程结构、工程材料和制造业、建筑智能化、工程管理等各个方面，是整个工程界和所有工程专业所面临的共同问题，是大家共同的责任。这就要求各个工程领域、各个工程专业和工程管理专业的创新和集成创新。

复 习 思 考 题

1. 举例说明工程的最终目的？
2. 结合第一章的内容学习，简述工程的使命。为什么要重视工程的使命？
3. 成功的工程评价尺度有哪些？
4. 工程功能要求指的是什么？
5. 现代工程的全寿命期成本包括哪些内容？举例说明工程的社会成本？
6. 调查一个实际工程，了解工程相关者以及他们的动机。为什么成功的工程必须使工程相关者各方满意？
7. 为什么工程应与环境相协调？工程与环境的协调应体现在哪些方面？
8. 工程可持续发展的内涵是什么？以都江堰工程为例说明实现工程可持续发展的意义。
9. 通过网络（有条件可运用中国论文期刊网）了解可持续发展的概念、研究进展及其现状。
10. 收集工程案例、学术论文等资料了解目前工程建设是如何保护生态环境的。

第五章 工程管理概述

【本章提要】 本章主要介绍：
(1) 工程管理的基本概念；
(2) 我国工程管理的历史发展；
(3) 现代工程管理的发展及其特征；
(4) 从投资者、业主、工程管理公司、承包商、政府等角度描述了他们的工程管理任务。

第一节 工程管理的概念

一、工程管理的定义

目前，国内外对工程管理有多种不同的解释和界定，主要有：

(1) "Engineering Management"。这是一种广义的工程管理，是面向不特定行业的工程管理，其管理对象是广义的"工程"。美国工程管理学会（ASEM）对它的解释为：工程管理是对具有技术成分的活动进行计划、组织、资源分配以及指导和控制的科学和艺术。

美国电气电子工程师协会（IEEE）工程管理学会对工程管理的解释为：工程管理是关于各种技术及其相互关系的战略和战术决策的制定及实施的学科。

中国工程院咨询项目《我国工程管理科学发展现状研究》报告中对工程管理也作了界定：工程管理是指为实现预期目标，有效地利用资源，对工程所进行的决策、计划、组织、指挥、协调与控制。

广义的工程管理既包括对重大建设工程实施（包括工程规划与论证、决策、工程勘察与设计、工程施工与运行）的管理，也包括对重要复杂的新产品、设备、装备在开发、制造、生产过程中的管理，还包括技术创新、技术改造、转型、转轨的管理，产业、工程和科技的发展布局与战略的研究与管理等。

(2) "Construction Management"。这就是我们常说的建筑工程管理，直接面向建筑行业，涉及建筑业管理与技术方面的研究与实践，包括建筑科学、建设管理、施工技术与工艺管理，也涉及建筑工程项目的运作模式，建筑工程相关各方的管理。它的管理对象是本书第一章所述的狭义的工程领域。所以，可以认为它是狭义的"工程管理"。

目前，我国工程管理专业主要是这种"工程管理"。它是上述广义的工程管理的一部分。

(3) "Project Management"即项目管理。项目管理具有十分广泛的意义，它是指通过使用现代管理技术指导和协调项目全过程的人力资源和材料资源，以实现项目范围、成本、时间、质量和各方满意等方面的预期目标。它与工程管理有一个交集——工程项目管理。

工程项目管理是工程管理的一个主要的组成部分。它采用项目管理方法对工程的建设过程进行管理，通过计划和控制保证工程项目目标的实现。工程管理不仅包括工程项目管理，还包括工程的决策、工程估价、工程合同、工程经济分析、工程技术管理、工程质量管理、工程的投融资、工程资产管理（物业管理）等。

二、工程管理的内涵

工程管理可以从许多角度进行描述，主要有：

1. 工程管理的目标是取得工程的成功，使工程达到第四章所描述的成功的工程的各项要求。对一个具体的工程，这些要求就转化为工程的目标。所以工程管理是多目标的管理。

2. 工程管理是对工程全寿命期的管理，包括对工程的前期决策的管理、设计和计划的管理、施工的管理、运行维护管理等。

3. 工程管理是涉及工程各方面的管理工作，包括技术、质量、安全和环境、造价（费用、成本、投资）、进度、资源和采购、现场、组织、法律和合同、信息等。这些构成工程管理的主要内容。

4. 将管理学中对"管理"的定义进行拓展，则"工程管理"就是以工程为对象的管理，即通过计划、组织、人事、领导和控制等职能，设计和保持一种良好的环境，使工程参加者在工程组织中高效率地完成既定的工程任务。

5. 按照一般管理工作的过程，工程管理可分为在工程中的预测、决策、计划、控制、反馈等工作。

6. 工程管理就是以工程为对象的系统管理方法，通过一个临时性的、专门的柔性组织，对工程建设和运行过程进行高效率的计划、组织、指导和控制，以对工程进行全过程的动态管理，实现工程的目标。

7. 按照系统工程方法，工程管理可分为确定工程目标、制定工程方案、实施工程方案、跟踪检查等工作。

三、工程管理的广义性

在现代社会，工程管理具有十分广泛的应用范围，具体体现在：

1. 现代工程中工程管理的专业化。在工程学科体系中，工程管理已经成为一个独立的专业，工程管理已经高度的社会化和专业化。在建设工程领域，有职业化的建造师、监理工程师、造价工程师、咨询工程师，以及物业管理公司。我国现在专职的工程管理队伍庞大，人员众多，他们为工程的建设和运行提供专职的管理服务，在我国的经济发展和社会建设中发挥重大作用。

2. 各个层次管理人员（如投资者、政府官员、企业家、企业的职能管理人员、业主）都会不同程度地参与工程决策、建设和运行过程，都需要工程管理知识和能力。

如投资者在确定投资目标和计划时必须考虑工程的可行性，必须考虑时间、市场、资源和环境的限制，对工程的实施方案必须有相应的总体安排，否则投资目标和计划就会不切实际，变成纸上谈兵。同时在工程的整个实施过程中，必须一直从战略的角度对工程进行宏观控制。投资者对工程和工程管理的理解和介入能够减少决策失误，减少非程序和不科学的干预。

3. 各专业工程师也需要工程管理知识和能力。

参与工程的专业工程技术人员也必然有着相应的工程管理工作。现代工程中纯技术性工作已经没有了,任何工程技术人员承担工程的一部分(工程专业子系统)任务或工作,他必须要管理自己所负责的工作,领导自己的助手或工程小组;在设计技术方案、采取技术措施时要科学地评价技术方案的可行性、经济性以及寻找更为经济的方案,必须考虑时间问题和费用问题;必须进行相应的质量管理,协调与其他专业人员或专业小组的关系,向上级提交各种工作报告,处理信息等。这些都是工程管理工作,都需要各专业工程师具备工程管理的相关知识和能力。

第二节 我国工程管理的历史发展

一、我国古代的工程管理

我国是一个有着灿烂建筑文明的国家。我国古代社会曾经建设了大量规模宏大,又十分复杂的工程。在这些工程实施过程中必然有相当高的工程管理水平相配套,否则很难获得成功,工程也很难达到那么高的技术水准。

但由于在我国历史上人们不注重工程管理过程和方法的记载,现在从史书上也很难看到当时工程管理的详细情景。长期以来,人们对我国工程管理历史的研究做得还很不够。实质上,在我国历史上,工程管理有许多东西值得人们去研究和认识。由于工程管理不仅与工程技术有关,还与社会的政治、经济、文化有关,有很大的继承性。所以对我国历史上工程管理的研究不仅能让人们知道前人工程管理的方法,而且对解决当代工程管理的问题也有相当大的作用。

(一) 我国古代工程的组织与实施方式

建筑活动是人类的最基本的社会生产活动之一。每一个历史时期工程的组织和实施方式都在很大程度上反映了当时生产力的发展水平、社会的政治和经济体制。

在我国古代,由于生产力水平低下,民间工程建筑通常规模较小,其建造过程与管理相对简单。建造活动一直是采用业主自营方式进行的,即由工程业主提供材料、资金和建筑图纸(或式样),雇用工匠和一般劳务,建筑成本实报实销。由于社会分工比较简单,建筑设计、施工和管理没有明确的界限,通常都集中于业主自身或其代表。这种组织和实施方式在我国现在的农村仍然存在。

而政府工程(官式建筑、皇家建筑)大都规模宏大,结构复杂,工程费用涉及国库的开支,所以列朝列代对官式建筑的管理都十分重视。它的组织和实施方式涉及国家的管理制度,有一套独立的运作系统和规则。

1. 我国古代政府工程的实施组织

我国古代政府工程的实施组织分为工官、工匠(匠役)、民役三个层次(图5-1)。工官代表着业主(政府、皇家),而工匠则是技术人员,民役是一般劳务。

(1) 工官。在中国历史上,自有史以来国家就设立建筑工程的主管部门。

在殷周时设置以管理官营工程为专职的"司空"、"司工"之职。

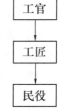

图 5-1 我国古代政府工程实施组织

秦代以后政府设置"将作少府"专营宫廷、官府营造等事务。

从汉代开始就设有"将作大匠",隋朝以后称为"将作监"。他们职掌建造宫殿、城廓、陵墓等工程的计划、设计、预算、施工组织、监工、验收、决算等工作。

隋代开始在中央政府设立"工部",用以掌管全国的土木建筑工程和屯田、水利、山泽、舟车、仪仗、军械等各种工务。在工部下设"将作寺",以"大匠"主管营建。

唐代工部尚书只负责城池的建设,另外专门设有"少府监"和"将作"管理土木工程。

宋代工部尚书职掌内容有所扩大。

以后明清两朝均不设"将作监",而在工部设"营缮司",负责朝廷各项工程的营建。

到了清朝工官制度更加完善。工官集制定建筑法令法规、规划设计、征集工匠、采办材料、组织施工于一身。

与工部对应,各府州县均设工房,工房主管营建,职掌建筑设计、工料估算、工程做法等行政事宜。

(2) 工匠(工官匠人,即专业技术人员)。工官匠人是专门为皇室及政府服务的建筑工匠,既负责管理又负责施工,因此他既是管理者又是劳动者。

在我国封建社会的每个朝代都有一套工匠管理制度。早期工匠都是被政府用"户籍"固定下来的。大部分建筑工匠平常都是以务农为主,以建筑施工技艺(手艺)为辅。早期,官府进行工程,就利用权力强行把他们征调到工程中服役,到了后来采用招募方式。工匠在工程中要受工官的严格管理和监督。

到了清代,工程专业化程度很高,工匠分工很细,例如在工程中常用的就有石匠、木匠、锯匠、瓦匠、窑匠、画匠等 25 种。

(3) 民役。在古代工程中的劳务最常见的是民役,即通过派徭役的形式将农民或城市居民强行征集到工程上。这些人通常在工程上做粗活。

另外一些大型国家工程还可以用囚徒施工。这在我国奴隶制社会,封建社会都十分常见。例如秦始皇建造始皇陵和阿房宫就调集"隐宫、徒刑者"70 余万。直到后来这种情况依然存在。

2. 我国古代政府工程的实施管理模式

我国古代工程的实施有自己适宜的管理模式,一般都采用集权管理方式,有一套严密的军事化的或准军事化的管理组织形式。它保证了规模巨大、用工繁多、技术复杂的大型建筑工程能在较短的工期内完成,而且质量十分精湛。

古代大型工程一般都由国家组织实施,由朝廷派员或由各级官府派员筹划、监工,成立临时管理机构(与我国现在的建设指挥部相似),工程完工后即撤消。政府领导人承担工程建设负责人。例如都江堰工程由太守李冰负责建造,秦代万里长城和秦直道的建设由大将蒙恬和蒙毅负责,汉长安的建设由丞相萧何总负责。

这种以政府或军队的领导负责大型工程管理的模式在我国持续了很长时间,使许多工程的建设获得了成功。直到建国后,我国投资建设的大型工程都由军队指挥员负责管理,现在许多大型国家工程和城市建设工程仍然由政府领导人承担管理者(如工程建设总指挥)。这和中国的文化传统、政治和经济体制相关。它能够方便协调周边组织,能够有效调动资源,高速度(高效率)地完成工程。

3. 实施程序

在中国历史上高度集权的社会制度下，具体工程建设的规划、设计和施工，有一套独特的程序、管理机构和组织形式。

《春秋左传》中记载东周修建都城的过程，在取得周边诸侯的同意后，"己丑，士弥牟营成周，计丈数，揣高卑，度厚薄，仞沟洫，物土方，议远迩，量事期，计徒庸，虑材用，书糇粮，以令役于诸侯"。比较具体地记载了在2500多年前我国古代建设城墙的工程过程，包括工程规划，测量放样，设计城墙的厚度和壕沟的深度，计算土方工作量和土方调配，计划工期，计算用工量，考虑工程费用和准备粮食的后勤供应，并向诸侯摊派征调劳动力。

到了清代建筑工程建设程序已经十分完备，有包括选址、勘察地形、设计、勘估（工程量和费用预算）、施工及竣工后保修一套完整的流程。在整个过程中有计划、设计、成本管理（估价、预算、成本控制、事后审计等）、施工质量管理、竣工验收、保修等管理工作。这个流程与现代工程建设过程十分相似。

（二）计划管理

在漫长的历史发展中，历朝皇帝都要进行大规模的宫殿、陵寝、城墙建设。在当时生产力低下和技术水平不高的条件下，这些大型建筑的兴建是绝非少数人在短期内所能完成的，必须动用大量的人力、物力。为了保证工程的成功，必须事先精心策划与安排，在实施过程中必须进行缜密的组织管理。

孙子兵法中有"庙算多者胜"，他是指国家对于战争必须事先做详细的预测和计划。可以想象当时国家进行大的工程也必然有"庙算"，即为工程的计划；可以肯定在那些规模宏大的工程建设中必然有"运筹帷幄"，必有时间（工期）上的计划和控制；对各工程活动之间必然有统筹的安排。

例如北宋皇宫遭大火焚毁后，由丁谓负责重新建造。建设过程遇到几个问题：烧砖头需要的泥土从何而来；大量的建筑材料（如石材、木材）的运输方式如何选择；建筑完成后建筑垃圾如何处理等。他计划和组织建造过程为：先在皇宫中开河引水，通过人工运河运输建筑材料；同时用开河挖出的土烧砖；工程建成后再用建筑垃圾填河，最终该皇宫建设工程节约了大量投资。

（三）质量管理

我国古代工程中的许多工艺方法和质量是非常高的，使我们至今还能看到或甚至使用这些工程。古代对工程必有预定的质量要求，有质量检查和控制的过程和方法，这样才能保证工程质量。

在周朝《周礼·考工记》中就有取得高质量工程的条件："天有时，地有气，材有美，工有巧，合此四者，然后可以为良"。这与现代工程质量管理的五大要素，即材料、设备、工艺、环境、人员是一致的。因为"工有巧"，不仅指工艺，而且指工匠（人员）。

考工记中详细叙说了古代各种器物（包括木器制作、五金制作、皮革制作、绘画、纺织印染、编织、雕刻制作、陶器制作等）的制作方式、尺寸、工艺、用料，甚至原材料的出产地，各种不同用途的合金的配合比要求，还包括城市建设工程规划标准，壕沟、仓储、城墙、房屋的施工要求等。

在我国古代很早之前的一些建筑遗址（如秦兵马俑）中就发现在建筑结构和构件上刻

生产者的名字的做法。这种"物勒工名"制度，就是一种古代非常重要的质量管理制度。《吕氏春秋·孟冬纪》云："物勒工名，以考其诚。工有不当，必行其罪，以究其情"。即在产品上刻上生产者的名字，以进行考核，把严格的考核制度与奖惩相结合，以确保工程的质量和数量按照规定和要求如期完成。这种质量管理责任制形式，与我们现在规定设计人员必须在图纸上签字一样。

图 5-2 南京城墙砖的质量责任

最典型的工程还有明代南京城墙的建设，其质量控制方法和责任制形式是在城墙砖上刻生产者的名字（图 5-2）。如果出现质量问题可以方便地追究生产者责任。

这些质量管理方法是简单而有效的，直到现在我们可以看到在南京明代城墙上砖头质量很好，甚至还可以清晰读出生产者的名字。

到了清代工程质量管理体系已经十分完备。例如对工程保固与赔修均有规定，宫殿内的岁修工程，均限保固三年；其余新、改扩建工程，按建设规模、性质，保固期分别为 3 年、5 年、6 年、10 年四种期限。工程如在保固期限内坍塌，监修官员负责赔修并交由内务府处理，如在工程保固期内发生渗漏，由监修官员负责赔修。

（四）工程估价和费用（成本、投资）管理

工程估价是一个古老的活动，它是与人类工程建造活动同步发展的。中国历史上历代帝王都大兴土木，工程建设规模大，结构复杂，资源消耗量大，官方很重视材料消耗的计算，并形成了一些计算工程工料消耗和工程费用的方法。

我国在工程的投资管理方面很早就形成一套费用的预测、计划、核算、审计和控制体系。

北宋时期，李诫编修的《营造法式》更是吸取了历代工匠的经验，对控制工料消耗做了规定，可以说是工料计算方面的巨著。

《儒林外史》第 40 回中描写萧云仙在平定少数民族叛乱后修青枫城城墙，修复工程结束后，萧云仙将本工程的花费清单上报工部。工部对他花费清单进行全面审计，认为清单中有多估冒算，经"工部核算：……该抚题销本内：砖、灰、工匠，共开销 19360 两 1 钱 2 分 15 毫……核减 7525 两"。这个核减的部分必须向他本人追缴，最后他回家变卖了他父亲的庄园才填补了这个空缺。该工程审计得如此精确，而且分人工费（工匠），材料费（砖、灰）进行核算，则必然有相应的核算方法，必有相应的用工、用料和费用标准（即定额）。同时可见当时对官员在工程中多估冒算，违反财经纪律的处理和打击力度是很大的。

清朝工部颁布的《工程做法则例》，是一部优秀的算工算料的著作，有许多说明工料计算的方法。为明晰地计算造价，清朝还制定了详细的料例规范——《营造算例》。清朝出现了专门负责工程估工算料和负责编制预算的部门——算房。它的职责是根据所提供的工程设计，计算出工料和所需费用。

而且按照清代工程的程序，算房在勘察阶段、设计阶段、勘估阶段、施工阶段、工程完工阶段都要参与工程的工料测算（量），进行全过程费用控制，有一整套的计算规则。

（五）工程的标准化

在传统的雇工营造建造模式下，历朝大规模的建造活动既要保证建筑工程的质量、控制建筑的成本，同时还要使建筑符合礼制，这就要求有建造标准来规范建造活动。

建造标准既是工程建造的依据，更是工程建造活动和工程建造专业人员的经验总结。

1. 周朝《周礼·考工记》就是一个古代工程（工艺）的标准，里面涉及古代各种器物的工艺、尺寸、用料、质量要求等。对城市布局，房屋、仓库、城墙、壕沟的结构和施工有专门的规定。

2. 宋代李诫（宋徽宗时将作少监）编制的《营造法式》是一部由官方制定并颁布的建造标准。

《营造法式》第一次对古代建筑体系作了比较全面的技术性总结，是我国第一部内容最完整的建筑设计、施工与施工管理典籍，与现代的工程规范很相似。《营造法式》分为如下部分：

（1）释名：对建筑术语作了考证，并对工程的各部分进行了划分和解释，相当于现在的分部分项工程名称。

（2）各作制度：制定了各作的加工造作制度，并按建筑等级制定了构件的规格、用材制度及加工方法。包括壕寨制度（基础城墙做法）、石作制度（石结构与雕刻方法）、大木作制度（木构架方法，柱、梁、枋、额、斗拱、椽等）、小木作制度（门、窗、隔扇、佛龛、道帐的图式）、瓦作制度、彩画作制度等。

（3）功限：按各作制度，规定了各工种构件产品的劳动定额及用工计算方法，相当于现在的劳动定额。

（4）料例：规范了各作制作的用料定额和有关产品质量标准，相当于材料消耗定额。

（5）图样：规定各作的平面图、断面图、构件详图及彩画图集，即施工图。

（6）看样：说明若干规定和数据。

《营造法式》比较全面地总结了历代工匠的土木工程建造经验，通过制定功限和料例等技术规范和管理制度，达到控制工料消耗、合理用工的目的。为编造预算和施工组织提供了严格的标准，既便于生产也便于检查工程质量。

3. 清雍正12年（1734年）由清工部颁布《清工部工程做法则例》，全书74卷。

前27卷为27种建筑的结构、尺寸的叙述，如大殿、厅堂、箭楼、角楼、仓库、凉亭等。用文字和少量附图详细说明了27种建筑的形式、构件的大小尺寸及其确定这些尺寸的基本原则，具体规定了应用上的等级差别和做工用料。

从28~40卷为各种斗拱做法、安装法及尺寸。

从41~47卷为各项装修（门窗隔扇）、石作、瓦作、土作做法。

后面各卷为各项用料、各工种劳动力计算和定额，这部分内容是建立在前面对建筑型制统一规定的基础上。

《工程做法则例》是作为房屋营造工程定式"条例"颁布的，目的在于统一房屋营造标准，加强工程管理制度，同时又是主管部门审查工程做法、验收工程、核销工料经费的依据，能够达到限定用工、用料，便于制定预算、检查质量、控制开支的最终目的。

二、近代工程管理

鸦片战争以后，我国传统的建筑生产方式发生了前所未有的变化。工官制度逐渐衰败，光绪三十二年（1906年）工部正式撤销，工官制度随同封建制度一起消亡。

第一次鸦片战争以后，中国被迫开放广州、厦门、福州、宁波、上海五个城市作为通商口岸。近代资本主义的工程建设方式随之进入中国。上海作为开埠最早的城市之一，是近代帝国主义在东方的经济中心，上海的建筑管理及其制度成为中国各地的范例，在中国近代史上具有典型意义，后来国民政府的工程管理组织设置和建筑法规的起草都参照上海租界的情况。

1. 城市管理机构——工部局。

1854年7月，英国、美国、法国三国领事召集居住在租界上的西方人会议，选举产生了由七名董事组成的行政委员会，不久即改为市政委员会，中文名为工部局。

工部局成立后机构和职能不断扩大，下设工务处负责租界内一切市政基本建设、建造管理等工作。工务处下设的具体职能部门有行政部、土地查勘部、营造部、建筑查勘部、沟渠部、道路工程师部、工场部、公园及空地部、会计部9个部门，管理日常事务。

工部局掌握城市建筑工程管理的三大权力：

（1）制订与修改有关建筑章程，如《华式建筑章程》和《西式建筑章程》。

（2）建筑设计图纸的审批，建筑许可证的核发。所有房屋建筑活动均须向工务处建筑查勘部申请建筑许可证，且以设计图纸通过审批为前提。

（3）负责审查营造厂、建筑师开业，审查工程开工营造，公共工程管理（批准预算、招标、监工、验收、付款等），以及对违章建筑的管理。

从19世纪60年代开始，全国许多城市，如北京、天津、沈阳等仿效租界的市政建设和市政管理体制，也陆续成立了工务局。

2. 经过许多年对城市建设管理与各工程技术专业规则的地方性探索，国民政府于1938年12月26日颁布了中国历史上第一部具有现代意义的全国性建筑管理法规——《建筑法》。之后又制定了建筑行业管理规则《建筑师管理规则》、《管理营造业规则》和技术规范《建筑技术规则》。国民政府制定了全国统一的政府建筑管理机构体系，在中央为内政部营建司，在省为建设厅，在市为工务局（未设工务局的为市政府），在县为县政府。

3. 工程建造行业的专业化分工。

工程中专业化分工的演变体现在工程承包方式的演变上。我国工程专业化的发展一方面基于我国古代工程中专业化的萌芽；另一方面是由于西方现代工程专业化分工和承发包模式对我国的影响。工程承包经历"合—分—合"的过程。

（1）在古代，社会分工比较简单，工程建设由业主自营，设计、施工、工程管理是不分的。特别是建筑设计和施工并没有很明确的界限，施工的指挥者和组织者往往也是建筑设计者本人。

14～15世纪营造师首先在西欧出现，作为业主的代理人管理工匠，并负责设计。

15～17世纪，建筑师出现，专门承担设计任务。由此产生了工程建设中的第一次分工——设计和施工的分工。建筑师成为独立的身份在建设工程中承担一个独立的角色，在社会上也作为一个独立的单位，而营造师管理工匠。在我国，到清朝才出现了专业的建筑设计机构——样房，但其设计者仍然身兼施工管理、设计两职。

(2) 在西方，17～18世纪，工程承包企业出现，业主发包，与工程承包商签订承包合同。承包商负责工程施工，建筑师负责规划、设计、施工监督，并负责业主和承包商之间的纠纷调解。

在我国，传统的工匠制度被废除后，近代资本主义的建造经营方式也引入我国。由于建筑规模扩大，工程承包人不仅要有施工机械方面的资金投入，而且要求参与材料等方面的商业经营。一方面需要掌握建造技术，尤其是西方建筑的新技术；另一方面需要具有经营能力和资金。传统的工匠已无法适应社会要求，因而开始转型。不少建筑工匠告别传统的作坊式经营方式，成立营造厂（即工程承包企业），投入到近代建筑市场的竞争——工程招标中去。

1880年，川沙籍泥水匠杨斯盛开设了上海第一家由中国人创立的营造厂——杨瑞泰营造厂。营造厂属私人厂商，早期大多是单包工，后期大多是工料兼包。多由厂主自任经理，下设几名账房、监工，规模大的增设估价员、书记员、翻样师傅等。

营造厂固定人员较少，在中标并与业主签订合同后，再分工种经由大包、中包、层层转包到小包，最后由包工头临时招募工人。

对营造厂的开业有严格的法律程序和担保制度，由工部局进行资质审核，最后向工商管理部门登记注册。营造厂被明确地分为甲、乙、丙、丁四等。与现代企业一样，各级企业有一定量的资本金要求，代表人的资历、学历要求，经营范围和承接工程的规模规定。

1893年建成的由杨斯盛承建的江海关二期大楼，为当时规模最大、式样最新的西式建筑（图5-3）。我国企业家开设的营造厂也逐步形成规模，如顾兰记、江裕记、张裕泰、赵新泰、魏清记、余洪记等等。

(3) 在中国，直到19世纪中期，才有现代意义上的专业建筑师。建筑师事务所专门从事设计和工程监理，与承担施工的营造厂相配合，以满足新式工程的需要。当时设计（建筑师）、业主和施工三者都是独立的。

(4) 因建筑工程的市场化运作，建筑活动涉及技术、管理、经济等问题，而且越来越复杂，我国在19世纪末出现了工程管理（监督）专业化和社会化发展。在工程上的监督人可分为下列三种：

图5-3 中国营造商建造的
上海外滩海关大楼

1) 由业主方聘请、委派，代表业主利益，一般称为"工程顾问"、"顾问工程师"，其主要职能是"负责审核设计和监理工程"。在施工现场还有"工场事务员"，常驻工地，协助设计方与施工方对工程进行技术监督。

2) 设计方委派，代表设计方监督工程施工，保证设计意图圆满实现。一般称为"监工"、"监造"。

3) 施工方——营造厂商委派，多称"看工"或"监工"。相当于现在的工地技术员、工程师，专门负责看施工图纸，交代和监督各分包工头及各工序的作业状况。

(5) 20世纪，工程的承包方式出现多元化发展趋向。

1) 一方面专业化分工更细致，导致设计和施工进一步专业化分工。工程管理又分投资咨询、工程监理、招标代理、造价咨询等。

2) 同时又向综合化方向发展，如工程总承包、项目管理承包等。

4. 工程招标投标的发展。

随着租界的建立，西方建筑技术、专业人员（建筑师、营造厂）的进入，工程招标承包模式也随之引入我国。招标投标是1864年，由西方营造厂在建造法国领事馆时首次引进的，但当时人们还不适应。直到1891年江海关二期工程招标时，竟然"无敢应者"，只有杨斯盛营造厂一家投标。但到了1903年的德华银行、1904年的爱俪园、1906年的德国总会和汇中饭店、1916年的天祥洋行大楼等，都由本地营造厂中标承建。而在20世纪20~30年代上海建成的33幢10层以上建筑的主体结构全部由中国营造商承包建造。

到了20世纪初，工程招标投标程序就已经十分完备。其招标公告、招标文件、合同条款的内容，标前会议、澄清会议、评标方式（商务标和技术标的评审）、合同的签订，投标保证金、履约保证金等与现代工程是一样的，或者相似的。到20世纪30年代建筑工程合同条款就相当完善，与现在的工程承包合同差异很小。

1925年南京中山陵一期工程的招标中，建筑师吕彦直希望由一个资金雄厚，施工经验丰富的营造厂承建，他认为在当时上海的几家大营造厂中只有姚新记营造厂最为理想。原定投标截止时间为12月5日，但直到12月10日还不见姚新记前来投标。因此他一面要求丧事筹备处将招标期限延长4天，一面告知姚新记招标延期，要求姚新记"只要在本月19日上午12：00前把投标书送来即可"。招标结束，共7家营造厂投标，姚新记的报价白银483000两，高居第二位。吕彦直在出席第16次丧事筹委会议时，详细介绍了各营造厂的资本、履历等情况，并提出了自己的看法，筹委会同意了他的意见并决定由他出面与姚新记营造厂厂主姚锡舟协商，说服姚新记降低报价40万两为限。几经协商，最终以443000两的价格承包。

1935年，在国立中央博物院的建设中签订了很多合同，主要合同常常多达几十页，厚厚一本，里面的内容非常详尽和规范。合同条款非常严谨，对工程所用的材料的品牌和商家名称有严格规定，另外对材料的色彩、施工方法与步骤等也都有严格的约定。

5. 通过学习吸收西方近代建筑新技术、新结构、新材料、新设备，缩小了我国建筑业与发达国家的差异。如电梯是1887年在美国首次使用，到1906年上海汇中饭店就已安装使用；1894年巴黎的蒙马特尔教堂首次使用钢筋混凝土框架结构，到1908年，上海德律风公司就用上这一技术。1882年上海电气公司最早使用钢结构，1883年上海自来水厂最早使用水泥，1903年建造的英国上海总会是上海第一幢使用钢筋混凝土的大楼，1923年建成的汇丰银行最早采用冷气设备。

6. 工程融资模式。现在人们认为，在国外工程中PPP（BOT）模式最早是在20世纪70年代土耳其总理提出的。而在100多年前我国台湾巡抚刘铭传建造台湾铁路工程实质上就是采用PPP模式。

在清光绪年间，台湾巡抚刘铭传要建设台湾铁路，给清政府奏折有如下内容：

（1）"基隆至台湾府城拟修车路600余里，所有钢质铁路并火车、客车、货车以及一路桥梁，统归商人承办。议定工本价银一百万两，分七年归还，利息按照周年六厘。每年归还数目，再行定议"。

(2)"台北至台南,沿途所过地方,土沃民富,应用铁路地基,若由商买,民间势必居奇。所有地价,请由官发,其修筑工价,由商自给"。即工程土地采用划拨形式。

(3)"基隆至淡水,猫狸街至大甲,中隔山岭数重,台湾人工过贵,必须由官派勇帮同工作,以期迅速"。即困难的工程由军队施工,这样工期能保证。

(4)"车路所用枕木,为数过多,现在商船订购未到,须请先派官轮代运,免算水脚"。

(5)"车路造成之后,由官督办,由商经理。铁路火车一切用度,皆归商人自行开支。所收脚价,官收九成,偿还铁路本利,商得一成,并于搭客另收票费一成,以作铁路用度。除火车应用收票司事人等由官发给薪水外,其余不能支销公费"。

(6)"铁路经过城池街镇,如需停车之处,由官修造车房。所有站房码头,均由商自行修造"。

(7)"此项铁路现虽商人承办,将来即作官物。所用钢铁条每码须三十六磅。沿途桥梁必须工坚料实,由官派员督同修造"。即工程将来要转让给政府,在建造过程中政府必须严格控制。

(8)"此项铁路计需工本银一百万两,内有钢条、火车、铁桥等项约需银六十余万两。商人或在德厂、或在英商订购,其价亦须分年归还。如奉旨准办,再与该厂议立合同,由官验明盖印以后,由商自行归还,官不过问。如商人另做别项生意,另借洋款,不能以铁路作抵"。即商人只有经营权,没有所有权!

经过刘铭传极力倡议,并提出详细计划鼓吹,终于在光绪十三年(1887年)4月28日,奉准兴建台湾铁路。同年5月20日成立"全台铁路商务总局"。至于筑路经费,原预定由商人集资一百万两,专供建筑铁路及桥梁之用。至于地价、车房及人事开支皆归官方承办。据当时所聘工程师初估,地价、车房、码头及人工四项,即约需银六十余万两。合计共需一百六十余万两。为招募商款,发行了铁路股票,民间响应者甚多。这即是现在人们所说的工程项目资产证券化融资模式。

该工程上马后,虽然持续进行,但困难重重。由于人们缺乏经验,且资金不够;地形复杂,建造费用比初估多出许多;许多商人观望不前,融资困难;而且其推动者刘铭传卸任,最终工程中断。

虽然本工程没有获得成功,但它确实是新的融资方式的一种很好尝试。

7. 在近代中国工程建设历史上,以至于在我国近代社会历史上,詹天佑以及由他负责建造的京张(北京至张家口)铁路具有十分重要的地位。

该工程于1905年9月动工。它是完全由中国自己筹资、勘察、设计、施工建造的第一条铁路,全长200多公里。此路经过高山峻岭,地形和地质条件十分复杂,桥梁和隧道很多,工程十分艰巨。

詹天佑(1861~1919年)勇敢地担当起该工程总工程师的艰巨任务,面对着外国人"修建铁路的中国工程师还没有出生"的轻蔑与嘲笑,发出誓言:"如果我失败了,那不仅仅是我个人的不幸,而会是所有中国工程师、甚至是所有中国人的不幸!为了证明中国人的智慧和志气,我别无选择"。他勉励工程人员为国争光,他跟铁路员工一起,克服资金不足、机器短缺、技术力量薄弱等困难,运用他的聪明才智解决了许多技术难题,特别是八达岭一带山高坡陡,行车危险的难题,创造性地设计出"人"字形轨道,把铁轨铺到八达岭，这项创新既保证了安全行车，又缩短了隧道长度，出色地完成居庸关和八达岭两处艰难的隧道工程。

京张铁路原计划6年建成，在詹天佑和一万多建筑工人的努力下，经过四年的艰苦奋斗，于1909年9月24日，提前两年全线通车。原预算的工款为纹银7291860两，清朝政府实拨7223984两，而实际竣工决算仅为6935086两，较实拨工款节余288898两，较预算节省356774两。每公里造价比当时修筑难度较小的关内外铁路线还低。全部费用只有外国承包商索取价的五分之一，而且工程质量好。

在京张铁路修筑中，詹天佑非常重视工程标准化，主持编制了京张铁路工程标准图，包括京张铁路的桥梁、涵洞、轨道、线路、山洞、机车库、水塔、房屋、客车、车辆限界等，共49项标准，是我国第一套铁路工程标准图。它的制定和实行，加强了京张铁路修筑中的工程管理，保证了工程质量，为修筑其他铁路提供了借鉴资料。

从1888年起，詹天佑先后从事津榆、津卢、锦州、萍醴、新易、潮汕、沪宁、沪嘉、京张、张绥、津浦、洛潼、川汉、粤汉、汉粤川等铁路的修筑，为开创和发展中国铁路事业作出了重要贡献。

1912年，詹天佑发起组织了"中华工程师会"（后改名为中华工程师学会），并被选为会长。他积极主持学会的工作，开展各种学术活动，创办出版《中华工程师学会会报》等刊物。

詹天佑作为我国近代工程师的杰出代表，他的成就体现了中华民族的智慧，他的业绩是我国近代工程界的丰碑，他的精神永远是我国工程界的楷模。

三、现代工程管理

（一）现代工程管理的发展

1. 现代工程管理是在20世纪50年代以后发展起来的。它的起因有如下几个方面：

（1）由于社会生产力的高速发展，大型及特大型工程越来越多，如航天工程、核武器研制工程、导弹研制、大型水利工程、交通工程等。由于工程规模大，技术复杂，参加单位多，又受到时间和资金的严格限制，需要新的管理手段和方法。例如1957年美国北极星导弹计划的实施项目被分解为6万多项工作，有近4000个承包商参加。

现代工程管理理论和方法通常首先是在大型的，特大型的工程建设中研究和应用的。

（2）由于现代科学技术的发展，产生了系统论、控制论、信息论、计算机技术、运筹学、预测技术、决策技术，并日臻完善，给现代工程管理的发展提供了理论和方法基础。

由于工程的普遍性和对社会发展的重要作用，工程管理的研究、教育和应用也越来越受到许多国家的政府、企业界和高等院校的广泛重视，得到了长足的发展，成为近几十年来国内外管理领域中的一大热点。

2. 工程管理在近50年的发展中，大致经历了如下过程：

（1）20世纪50年代，国际上人们将系统方法和网络技术（CPM和PERT网络）应用于工程（主要是美国的军事工程）的工期计划和控制中，取得了很大成功。最重要的是美国1957年的北极星导弹研制和后来的登月计划。这些方法很快就在工程建设中应用。

在我国，学习当时的苏联的工程管理方法，引入施工组织设计与计划。用现在的观点看，那时的施工组织设计与计划包括业主的工程建设实施计划和组织（建设工程施工组织总设计），以及承包商的工程施工计划和组织（如单位工程施工组织设计，分部工程施工组织设计等）。其内容包括工程施工技术方案、组织结构、工期计划和优化、质量保证措施、资源（如劳动力、设备、材料等）计划、后勤保障（现场临时设施、水电管网等）计划、现场平面布置等。这对我国建国后顺利完成国家重点工程建设具有重要作用。

在 20 世纪 50 年代初的大工程，如苏联援建的 156 项工程，以及后来的原子弹和氢弹计划等，工程管理者（总指挥）主要为军人，后逐渐由政府官员、企业经理、技术人员担任。

在对建筑工程劳动过程和效率研究的基础上，我国的工程定额的测定和预算方法也趋于完善。

（2）20 世纪 60 年代，国际上利用计算机进行网络计划的分析计算已经成熟，人们可以用计算机进行工期的计划和控制。并利用计算机进行资源计划和成本预算，在网络计划的基础上实现了用计算机进行工期、资源和成本的综合计划、优化和控制。这不仅扩大了工程管理的研究深度和广度，而且大大提高了工程管理效率。

在 20 世纪 60 年代初，华罗庚教授用最简单易懂的方法将双代号网络计划技术介绍到我国，将它称为"统筹法"。

他以日常最常见的活动安排为例介绍网络计划的应用。如客人来访，有如下活动：

房间整理（需 10min），打水（需 2min），烧水（需 15min），洗茶具（需 3min），泡茶（需 5min），累计 35min。经过统筹安排，用 22 分钟即可，如图 5-4 所示。

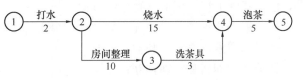

图 5-4 日常活动的统筹安排

统筹法在我国纺织、冶金、制造、建筑工程等领域中推广取得了很好的效果。网络计划技术的引入不仅给我国的工程施工组织设计中的工期计划、资源计划、成本计划和优化增加了新的内涵，提供了现代化的方法和手段，而且在现代工程管理方法的研究和应用方面缩小了我国与国际上的差距。

在我国的一些国防工程中，系统工程的理论和方法的应用提高了国防工程管理水平，保证了我国许多重大国防工程的顺利实施。

（3）20 世纪 70 年代初，国际上人们将信息系统方法引入工程管理中，开始研究工程项目管理信息系统模型。

在整个 20 世纪 70 年代，工程管理的职能在不断扩展，人们对工程管理过程和各种管理职能进行全面的系统地研究，如合同管理、安全管理等。

在工程的质量管理方面提出并普及了全面质量管理（TQM）或全面质量控制（TQC），依据 TQC（TQM）原理建立起来的 PDCA 循环模式是工程质量管理中的一种有效的工作方法。20 世纪 70 年代以来，国际标准化组织（ISO）把全面质量管理理念和 PDCA 循环方法引入 ISO 9000（国际质量管理和质量保证体系系列标准）和 ISO 14000（国际环境管理体系系列标准）中。

（4）到了 20 世纪 70 年代末、80 年代初，微机得到了普及。这使工程管理理论和方法的应用走向了更广阔的领域。由于计算机及软件价格降低，数据获得更加方便，计算时间缩短，调整容易，程序与用户友好等优点，使工程管理工作大为简化、高效率，使寻常的工程承包企业和工程管理公司在中小型工程中都可以使用现代化的工程管理方法和手段，取得了很大的成功，收到了显著的经济和社会效果。

（5）20世纪80年代以来，人们进一步扩大了工程管理的研究领域，如工程全寿命期费用的优化、合同管理、全寿命期管理、集成化管理、风险管理、不同文化的组织行为和沟通的研究和应用。在计算机应用上则加强了决策支持系统、专家系统和互联网技术在工程管理中应用的研究和开发。现代信息技术对工程管理的促进作用是十分巨大的。

（6）在20世纪80年代，我国的工程管理体制进行了改革，在建设工程领域引进工程项目管理相关制度。主要推行：

1) 业主投资责任制。在投资领域推行建设工程投资项目业主全过程责任制，改变了以前建设单位负责工程建设，建成后交付运营单位使用的模式。

2) 监理制度。我国从1988年开始推行建设工程监理制度。

3) 在我国的施工企业中逐渐推行了项目管理（项目法施工）。1995年建设部颁布了《建筑施工企业项目经理资质管理办法》，推行施工项目经理责任制。

4) 推行工程招标投标制度和合同管理制度。

5) 在工程项目中出现许多新的融资方式（如BOT、BT、PPP等）、管理模式（如项目管理、代建制）、新的合同形式、新的组织形式。在这方面的研究和应用取得了许多成果，也是我国工程管理最富特色的方面。

（7）近十几年来，在国际工程中人们提出许多新的理念，包括：

多赢，照顾各方面的利益；

鼓励技术创新和管理创新；

注重工程对社会和历史的责任；

工程的可持续发展等。

另外在工程的全寿命期评价和管理方面，集成化管理方面，工程项目管理的知识体系方面，工程项目管理的标准化方面有许多研究、开发和应用成果。

随着科学技术的发展和社会的进步，对工程的需求也愈来愈多，工程的目标、计划、协调和控制也更加复杂，这将进一步促进工程管理理论和方法的发展。

（二）现代工程管理的特点

1. 工程管理理论、方法和手段的科学化

现代工程管理的发展历史正是现代管理理论、方法、手段和高科技在工程管理中研究和应用的历史。现代工程管理吸收并使用了现代科学技术的最新成果，具体表现在：

（1）现代管理理论的应用。现代工程管理理论是在现代管理理论，特别是系统论、控制论、信息论、组织行为科学等基础上产生和发展起来的，并在现代工程的实践中取得了惊人的成果。它们奠定了现代工程管理理论体系的基石，推动工程管理学科的发展。现代工程管理实质上就是这些理论在工程实施过程和管理过程中的综合运用。在工程管理的各门课程中都体现了这种应用。

（2）现代管理方法的应用，如预测技术、决策技术、数学分析方法、数理统计方法、模糊数学、线性规划、网络技术、图论、排队论等，它们可以用于解决各种复杂的工程管理问题。

（3）现代管理手段的应用，最显著的是计算机和现代信息技术，以及现代图文处理技术、精密仪器、数据采集技术、测量定位技术、多媒体技术和互联网等的使用。这大大提高了工程管理的效率。

(4) 近十几年来，管理领域和制造业中许多新的理论和方法，如创新管理、以人为本、物流管理、学习型组织、变革管理、危机管理、集成化管理、知识管理、虚拟组织、并行工程等在工程管理中应用，大大促进了现代工程管理理论和方法的发展，开辟了工程管理一些新的研究和应用领域。同时工程管理的研究和实践也充实和扩展了现代管理学的理论和方法的应用领域，丰富了管理学的内涵。

工程管理作为管理科学与工程的一个分支，如何应用管理学和其他学科中出现的新的理论、方法和高科技，一直是工程管理领域研究和开发的热点。

2. 工程管理的社会化和专业化

在现代社会中，由于工程的数量越来越多，规模大、技术新颖、参加单位多，社会对工程的要求越来越高，使得工程管理越来越复杂。

按社会分工的要求，现代社会需要专业化的工程管理人员和企业，专门承接工程管理业务，为业主和投资者提供全过程的专业化咨询和管理服务。这样才能有高水平的工程管理。工程管理发展到今天已不仅是一个专业，而且形成许多职业。在我国建设工程领域工程管理有许多执业资格，如建造师、造价工程师、监理工程师等。专业化的工程管理（包括造价咨询、招标代理、工程监理、项目管理等）公司已成为一个新兴产业。这是世界性的潮流。国内外已探索出许多比较成熟的工程管理模式。这样能极大地提高工程的整体效益，达到投资省、进度快、质量好的目标。

随着工程管理专业化和社会化的发展，近十几年来，工程管理的教育也越来越引起人们的重视。在许多工科型高校，甚至一些综合型、财经类高校中，都设有工程管理本科专业，并有工程管理领域的工学硕士、管理学硕士、专业硕士和工程硕士，以及博士教育。

3. 工程管理的标准化和规范化

工程管理是一项技术性非常强的十分复杂的管理工作，要符合社会化大生产的需要，工程管理必须标准化、规范化。这样才能逐渐摆脱经验型的管理状况，才能专业化、社会化，才能提高管理水平和经济效益。

工程管理的标准化和规范化体现在许多方面，如：

规范化的定义和名词解释；

规范化的工程管理工作流程；

统一的工程费用（成本）的划分方法；

统一的工程计量方法和结算方法；

信息系统的标准化，如统一的建设工程项目信息的编码体系，以及信息流程、数据格式、文档系统、信息的表达形式；

工程网络表达形式的标准化，如我国《工程网络计划技术规程》（JGJ/T 121—99）；

标准的合同条件、标准的招投标文件，如我国的《建设工程施工合同（示范文本）》等；

2006年我国颁布了国家标准《建设工程项目管理规范》（GB/T 50326—2006）。

4. 工程管理的国际化

在当今整个世界，国际合作工程越来越多，例如国际工程承包、国际咨询和管理业务、国际投资、国际采购等。另外在工程管理领域的国际交流也越来越多。

工程国际化带来工程管理的困难,这主要体现在不同文化和经济制度背景的人,由于风俗习惯、法律背景、组织行为和工程管理模式等的差异,加剧了工程组织的复杂性和协调的困难程度。这就要求工程管理国际化,即按国际惯例进行管理,要有一套国际通用的管理模式、程序、准则和方法,这样就使得工程中的协调有一个统一的基础。

工程管理国际惯例通常有:

世界银行推行的工业项目可行性研究指南;

世界银行的采购条件;

国际咨询工程师联合会颁布的 FIDIC 合同条件;

国际上处理一些工程问题的惯例和通行的准则;

国际上通用的项目管理知识体系(PMBOK);

国际标准化组织(ISO)颁布的质量管理标准(ISO 9000)

国际标准化组织(ISO)颁布的项目管理质量标准(ISO 10006);

国际标准化组织(ISO)颁布的环境管理标准(ISO 14000)等。

第三节 工程管理的几个主要方面及其工程管理任务

从前面第三章第三节的分析可见,在工程过程中有如下两种性质的工作任务:

(1)为完成工程所必需的专业性工作任务。包括工程设计、建筑施工、安装、设备和材料的供应、技术咨询(鉴定、检测)等工作。这些工作常常由工程的专业系统和工程的寿命期过程决定。这些工作一般由设计人员、专业施工人员、供应商、技术咨询和服务人员等承担,他们构成工程的实施层。

(2)工程管理工作。

在现代工程中,投资者委托业主负责工程的建设管理;而业主委托项目管理(或监理)公司具体管理工程建设。工程的实施单位(设计单位、工程承包单位、供应单位)在不同的阶段承担着不同的工作任务。他们都有自己工程管理的工作任务和职责,也都有自己相应的工程管理组织。所以在同一个工程中投资者、业主、项目管理公司(监理公司)、承包商、设计单位、供应商,甚至分包商都有工程项目经理部。

由于他们各自在工程中的角色不同,"工程管理"的内容、范围和侧重点有一定的区别,所以在一个工程中,"工程管理"是多角度和多层次的。进行工程管理的几个主要方面由图 5-5 所示。

1. 投资者的工程管理

投资者为工程筹措并提供资金,为了实现投资目的,要对投资方向、投资的分配、融资方案、投资计划、工程的规模、产品定位等重大的和宏观的问题进行决策。投资者的目的不仅是完成工程的建设,交付运行,更重要的是通过运营收回投资和获得预期的投资回报。他更注重工程的最终产品或服务的市场前景,并从工程的运营中获得收益,以提高投资效益。

投资者的管理工作主要是在工程前期策划阶段进行工程的投资决策,在工程建设过程中进行投资控制,在运营过程中进行宏观的经营管理。在工程立项后,投资者通常不具体地管理工程,而委托业主或项目管理公司(或代建单位)进行工程管理工作。

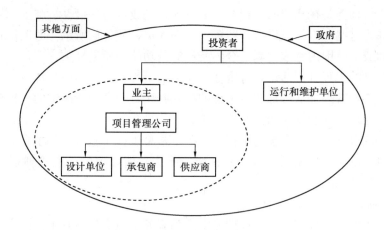

图 5-5　工程管理的几个主要方面

2. 业主的工程管理

工程立项后，投资者通常委托一个工程主持或工程建设的负责单位作为工程的业主承担工程建设过程总体的管理工作，保证工程建设目标的实现。

业主主要在该工程立项后以工程所有者的身份，承担工程项目总体的管理工作。

业主的工程管理深度和范围是由工程的承发包方式和管理模式决定的。在现代工程中，业主常常不承担具体的工程管理任务，不直接管理设计单位、承包商、供应商，而主要承担工程的宏观管理以及与工程有关的外部事务，如：

（1）工程重大的技术和实施方案的选择和批准，如确定生产规模，选择工艺方案。

（2）作总体实施计划，确定工程组织战略，选择工程管理模式和工程承包方式。

（3）选择工程的设计单位、承包商、工程管理单位、供应单位，负责工程招标，并以工程所有者的身份与他们签订合同。

（4）批准工程设计和计划文件，批准承包商的实施方案，以及批准对设计和计划的重大修改。

（5）审定和选择工程所用材料、设备和工艺流程等，提供工程实施的物质条件，负责与环境的协调和必要的官方批准。

（6）各子项目实施次序的决定。

（7）对工程实施进行宏观控制，对实施过程中重大问题进行决策。

（8）按照合同规定对工程实施者支付工程款，组织工程竣工验收，接收已完工程等。

3. 项目管理公司的工程管理

项目管理公司包括监理公司、造价咨询公司、招标代理公司，或项目管理公司、代建制公司等，它们受业主委托，提供工程管理服务，完成包括招标、合同、投资（造价）、质量、安全、环境、进度、信息等方面的管理工作，协调与业主签订合同的各个设计单位、承包商、供应商的关系，并为业主承担工程中的事务性管理工作和决策咨询工作等。它们的主要责任是保护业主利益，保证工程整体目标的实现。

4. 承包商的工程管理

这里的承包商是广义的，包括设计单位、工程承包商、材料和设备的供应商。虽然他们的工程管理会有较大的区别，但他们都在同一个组织层次上进行工程管理。

他们的主要任务是在相应的工程合同范围内，完成规定的设计、施工、供应、竣工和保修任务，并为这些工作提供设备、劳务、管理人员，使他们所承担的工作（或工程）在规定的工期和成本范围内完成，满足合同所规定的功能和质量要求。

他们有自己的工程管理活动，有责任对相关的工程实施活动进行计划、组织、协调和控制。他们的工程管理是从参加相应工程的投标开始直到合同所确定的工程范围完成，竣工交付，工程通过合同所规定的保修期为止。

在工程实施者中，施工承包商承担的任务常常是工程实施过程的主导活动。他的工作和工程的质量、进度、价格对工程的目标影响最大。所以他的工程管理是最具体、最细致，同时又是最复杂的。

5. 运行维护单位的工程管理

运行维护单位对工程的运行，或产品生产和服务承担责任，其工作内容包括，对工程运行的计划、组织、实施、控制等，以保证工程设备或设施安全、健康、稳定、高效率地运行。

它的工程管理从竣工交付开始，直至工程寿命期结束为止，占工程全寿命期的大部分时间。有些工程，运行维护单位会提前介入，在竣工前就和承包商进行交接，有时还会包括工程的试运行。

6. 政府的工程管理

政府的工程管理是指政府的有关部门履行社会管理的职能，依据法律和法规对工程进行行政管理，提供服务和做监督工作。由于工程的影响大，涉及面广，政府必须从行政和法律的角度进行监督，维护社会公共利益，使工程的建设符合法律的要求，符合城市规划的要求，符合国家对工程建设的宏观控制要求。政府的工程管理工作包括：

对工程立项的审查和批准；

对工程建设过程中涉及建设用地许可、规划方案、建筑许可的审查和批准；

对工程涉及环境保护方面的审查和批准；

对工程涉及公共安全、消防、健康方面的审查和批准；

从社会的角度对工程的质量进行监督和检查；

对工程过程中涉及的市场行为（如招标投标）进行监督；

对在建设过程中违反法律和法规的行为处理等。

7. 其他方面的工程管理，例如保险机构的工程管理、行业协会的工程管理等。

复 习 思 考 题

1. 解释工程管理的内涵。
2. 对古典文学有兴趣的同学可以阅读《周礼·考工记》，或《营造法式》，或《工程做法则例》，并向其他同学介绍。
3. 阅读詹天佑事迹，并讨论现代工程人员的历史责任和精神。
4. 简述现代工程管理发展的起因。
5. 结合工程相关者各方面的利益和期望，分析他们的工程管理的工作内容。

第六章 现代工程的实施方式

【本章提要】 本章主要介绍现代工程的资本来源和融资方式，工程建设和运行任务的委托方式（即工程的承发包方式和管理方式）。通过本章的学习，使学生了解现代工程的建设和运行工作是如何实施的。

第一节 概 述

工程的实施过程需要大量的资源投入，如大量的资金、土地、技术、材料、设备和人员的投入，有许多实施工作过程，由许多企业共同参与。如何组织一个工程的建设和运行，选择什么样的实施（建设和运行）方式，就是工程的重大问题。在这个过程中有如下几个问题需要解决（图6-1）：

1. 工程的建设由谁投资？工程的资金从哪些渠道而来，即采用什么样的融资方式？

现代工程有许多种融资方式，这是投资者、政府最为关注的，也是现代工程管理研究的热点问题。

2. 工程的勘察、设计、施工、供应和运行工作是如何委托的？由哪些单位完成？这些单位如何形成一个有序的组织和实施过程，即采用什么样的承发包方式？

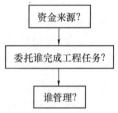

图6-1 工程实施方式问题

工程的承发包方式又是工程的采购方式和工程的市场交易方式。

3. 谁管理工程？工程管理（主要包括建设阶段的管理和运行阶段的管理）工作任务由哪些单位负责，采用什么样的管理方式？

这三方面的问题对工程的实施和运行过程，对工程的组织方式有重大影响。这些是涉及工程运作和组织的根本性质，影响工程全寿命期的重大问题。任何工程都要妥善地解决这些问题。

在工程界，这些问题许多年来一直是研究和应用的热点问题，工程管理领域的创新也主要集中在这些问题上。

在这三个问题中，对一个工程的建设和运行，首要问题是资金来源，它会对工程的承发包方式产生影响，而资金来源和承发包方式又会影响工程的管理方式。

这些又确定了工程的主要参与者，如投资者、设计单位、施工单位、供应单位、咨询和项目管理单位、运行单位等之间的组织关系。

第二节 工程的资本结构

工程资金的需要量与工程的规模（总投资）、实施进度、工程费用的支付方式和工程运行的收益等多方面因素有关。要保证工程实施的顺利进行，必须要有相应的资金来源，必须解决"何时需要投入多少资金，从何处获得资金，工程所需资金采用什么样的来源结构，谁对工程的资金承担责任和享有工程收益的权利"等问题。

一、工程投资属性分类

工程的投资属性主要是由工程建设的资本性质，即投资的来源决定的。工程的资本性质通常有两类，即私有资本和公共资本。工程按照投资属性可以分为如下三类：

1. 私人资本工程。这是由私有资本投资的建设工程，如由私人投资建造的私有房屋，工业工程等。许多外资工程也属于这一类。

2. 公共资本工程。主要是国家投资的公共事业工程和基础设施工程，以及国家垄断领域的工程。它主要是由政府投资建造的，为了社会公共服务的目的。

3. 私人资本和公共资本联合投资工程（如采用 PPP❶ 融资模式）。现在在发达国家许多基础设施工程是采用 PPP 的融资模式建造的。

近几年，国家在进行投资体制的改革，许多领域都向私人资本开放，私人资本的工程范围在扩展，将来会作为社会固定资产投资的主体。私人资本除了积极参与商业房地产的投资开发以外，已经开始进入城市基础设施建设领域。主要是通过联合、联营、集资、入股等方式，也有个别有实力的私人资本进行独资经营，如宁波雅戈尔股份有限公司通过入股投入巨资兴建杭州湾跨海大桥；杭州锦江集团通过联营投资 4.8 亿元建成 6 个热电厂；北京在"十五"期间投资 1800 亿元建设基础设施，其中 900 亿元用于修建地铁、轻轨，政府只投资 20% 左右，其余均需要私人资本的投资。

对一个建设工程，特别是大型的工业工程、基础设施工程，采用什么样的资本结构，以什么样的融资方式取得资金，是现代战略管理和工程管理的重要课题，不仅对建设过程，而且对工程建成后的运行过程都极为重要。

工程的投资结构决定了投资者对工程资产权益的法律拥有形式——工程的法律形式，即工程以及由工程所产生的企业的法律性质；决定了工程项目法人的形式和结构；决定了工程投资者各方面在工程组织中的法律地位；在很大程度上决定了工程的组织形式和工程管理模式；决定了工程建成后的经营管理权力和利益的分配，以及投资者在工程中所承担的债务责任等。

二、工程建设所需要资金的来源

从总体上说，工程建设和运行所需资金有两大类来源：

1. 资本金

资本金是投资者能够用于工程建设的款项，它构成工程的股东（产权）资本，反映了工程的投资（即股本）结构。资本金的来源包括国家拨款、企业自筹（企业现金、资产变现、产权转让、增资扩股等）、在资本市场募集（包括私募和公开募集）和合资。

我国从 1996 年起，对各种经营性国内投资项目实行资本金制度。不同的工程自有资金的比例不同，资本金占总投资比例为：

交通运输、煤炭项目 35%；

钢铁、邮电、化肥项目 25%；

---

❶ PPP（即 Public-Private-Partnership）模式是指政府和私营企业合作，共同投资建设和运行工程。

电力、机电、建材、化工、石油加工、有色金属、轻工、纺织、商贸及其他行业20%；

资本金制度已是我国宏观经济调控的重要手段之一。为了调整整个社会投资走向，抑制某些行业的过快发展，2004年4月国务院规定：钢铁项目资本金比例由25%及以上提高到40%及以上；房地产开发项目由20%提升到35%。

在国际上不同的工程资本金也不一样。如英吉利海峡隧道工程的股本占20%，泰国曼谷高速公路的股本占20%，澳大利亚悉尼港工程的股本占5%。

如何以一定量的较少的自有资金运作（建设和运行）一个大的工程一直是投资领域和工程管理领域的一个重大问题。

2. 负债

即债务资金。投资者一般不会全部都用自有资金进行工程的实施。可以通过借贷或商业票据等方式获得部分资金。负债主要反映了工程融资结构。通常有如下形式：

(1) 贷款。包括国内贷款（包括商业银行贷款、政策性银行贷款和银团贷款）和国外贷款（包括国际金融组织贷款、外国政府贷款和国际商业贷款）。由工程的投资者（所有者）通过工程建成后运行或其他途径还本付息。

(2) 发行债券。包括国内发行债券、国外发行债券和可转换债券。

(3) 预售融资模式。即在工程的建设中，把将来工程的产品或服务预售给用户，以提前获得产品或服务的收益，并将它们用于工程建设。例如在房地产开发项目中，通过预售楼花筹集建设资金。

(4) 资产证券化（ABS）融资模式。它是指以工程所属的资产为基础，以该工程将来运行可能获得的稳定的预期收益为保证，通过在资本市场上发行工程债券募集资金。

(5) 其他形式的资本，如通过对工程的承包商和供应商推迟支付工程款方式占用他们的资金等。在近十几年来，我国许多工程，甚至政府工程都大量拖欠承包商和供应商的工程款，以弥补工程建设资金的不足。

三、工程资本结构的主要模式

1. 独资

如政府独资或私人独资。我国过去几乎所有的大型工程建设，特别是基础设施工程建设都是政府独资。在工业领域许多工厂是由外商独资建设的。

通常企业内的工程项目，如企业更新改造项目、办公楼建设、生产设施的扩建等一般都采用企业独资方式。

2. 合资

即国内或国际两个以上的单位（企业，或其他组织）通过合资合同的形式，共同出资，建设一个工程，按照出资的比例和合资合同的规定，共同经营和管理，双方共担风险和共享收益。该工程可以为非法人形式（如采用合伙方式），也可以专门成立一个独立于出资企业的具有法人地位的新公司来建设和经营该工程。

我国近30年来大量的工业工程都是通过合资的形式建设起来的，例如许多中外合资的工厂。

3. 项目融资

项目融资是一种无追索权或有限追索权的融资或贷款方式。与直接贷款需要还本付息不同，它是以工程建成后的资产和运营收益作为归还投资的依据。所以投资回报直接依赖工程运营收益的高低。

许多大型基础设施工程建设都需要大量的投资，完全由政府独立出资常常很困难。另一方面这些工程只有商业化经营，才能有高效益。而如果由一个企业作为工程投资者承担责任，则风险太大，它的技术力量、财力、经营能力和管理能力有限，采用项目融资是一种很好的模式。在现代工程项目中，项目融资主要应用在资源型工程和基础设施工程，一般包括铁路、公路、港口设施、机场、供水、污水处理、排水设施、通信和能源等工程的建设中。

例如政府要建设一条高速公路，可以让政府所属的一个公司（如城市投资公司）出面发起该项目。他被称为项目发起人，进行工程的前期研究，起草可行性研究报告。通过对外招商，或其他形式吸引投资者。其他投资者，如大型企业集团，或建设集团通过分析可行性研究报告和考察，觉得该工程是有前景的，就可以参与，与项目发起人一起签订合资协议，组建一个项目公司。政府授予该项目公司建设和运营这条公路的特别权利。

项目公司的法律形式为有限责任公司或股份有限公司，在法律上是独立的，与发起人，以及投资者分离。它作为融资主体，直接建设和运营该公路，自主经营、自负盈亏。

参与项目融资的公司通过持股的形式拥有项目公司，通过选举任命董事会成员参与对项目公司的建设和运营管理，并获得项目收益的分配。

对参与者投资的偿还主要依靠工程未来的收益和资产。如果工程运行得很好，则参与者将获得多的收益分配；如果工程运行收益很差，则这些参与者将共同亏损，不能对发起人（政府）进行追索。即工程投资风险由项目参与各方共同承担。

通常在运行一段时期后，公路要完整移交给政府。这样在整个过程中政府没有出钱，或者出很少的钱，但却完成了工程建设，为公众提供产品或服务，最终还得到一个工程。

这就是我们通常所说的 BOT（Build-Operate-Transfer"建造—运营—转让"）融资方式。土耳其的火力发电厂、菲律宾的诺瓦斯塔电厂、中国的深圳沙头角 B 电厂和广西来宾 B 电厂、英法海底隧道、马来西亚的南北大道、泰国曼谷公路和轻轨、澳洲的悉尼隧道和英国的曼彻斯特轻轨等都是通过这种方式建造的。

四、现代工程资本结构多元化趋向

现代工程中，人们越来越倾向于采用合资方式或项目融资方式进行大型工程的实施。它的好处有：

1. 通过合作，多渠道筹集资金，能够进行一家不能独立承担的工程。

2. 通过合资和项目融资，降低和共担投资风险。通常参与工程的投资者越多，工程的抗风险能力就越强。例如，由几个财团共同投资的工程，各财团都不希望工程失败，都会极力支持工程的建设和运营。

3. 资本结构多元化的工程更适宜商业化经营，能够提高工程的运营效益。

4. 合资或项目融资在工程管理上有优势。合资或项目融资形成多元化的工程所有者的状态，不仅能够更科学的对项目进行选择决策，而且在工程经营管理中各方面存在着相互制衡，能够防止腐败行为，能够获得高效益的工程。

现在许多国家的政府注重利用私人或私有企业的资金、人员、设备、技术、管理等优势，从事公共工程的开发、建设和经营。通常采用 PPP 和 PFI（Private Finance Initiative 利用私有资金进行主动开发、建设与运营）模式。政府将公共工程投资的风险转移给能够合理承担风险的私有制企业（或机构），提高公共工程的经济效益，为公众提供更好更优质的服务。私营企业（机构）组建的项目公司在合同特许期限内，进行工程融资、建设、经营和收益。

五、我国一些工程的融资方式和资本结构

目前在我国工程资本结构是多样性的。

1. 北京地铁 4 号线，采用 PPP 模式。2004 年 8 月正式开工建设，是大陆首条以"特许经营模式"运营的轨道交通线路，初步设计概算 153 亿元。按投资建设责任主体，将全部建设内容划分为两部分：

（1）土建工程的投资和建设，投资额约为 107 亿元，约占总投资的 70%，由政府出资的投资公司（公司下属的 4 号线公司）承担。

（2）车辆、信号、自动售检票系统等机电设备的投资和建设，投资额约为 46 亿元，占总投资的 30%，由"港铁-首创联合体"[即香港铁路有限公司（MTR Corporation Ltd.）、北京市基础设施投资有限公司（BIIC）、北京首都创业集团有限公司（BCG）三家特许公司]组建的京港地铁公司承担。

4 号线建成后，京港地铁公司在 30 年的特许经营期内负责地铁 4 号线的运营管理、全部设施的维护和除洞体外的资产更新，以及站内的商业经营，通过地铁票款收入及站内商业经营收入回收投资。

2. 南水北调东线工程。2003 年开工建设，总投资 634 亿，输水主干线长 1156km。工程投资结构为中央和地方政府投资（共占 55%），银行贷款（占 45%）。

3. 西气东输工程。项目第一期投资为 1200 亿元，上游气田开发、主干管道铺设和城市管网总投资超过 3000 亿元。工程在 2000~2001 年内先后动工，于 2007 年全部建成。通过合资建设，比例见表 6-1。合作范围为西气东输上中下游的开发、建设至销售，合营期限为 45 年。

西气东输工程建设资本结构　　　　　　　　表 6-1

序号	合 资 单 位	股权比例	序号	合 资 单 位	股权比例
1	中国石油天然气股份有限公司	50%	4	美国埃克森——美孚公司	15%
2	中国石油化工股份有限公司	5%	5	俄罗斯天然气公司	15%
3	荷兰皇家壳牌公司	15%			

4. 南京长江三桥，在 2002 年建设，总投资 35 亿人民币，采用 BOT 方式，由南京市交通集团（45%）、亿阳集团有限公司（25%）、深圳高速公路股份有限公司（25%）、江苏省南京浦口经济开发总公司（5%）共同成立有限公司融资。

5. 南京过江隧道，2005 年建设，工程总投资 20 亿人民币，采用 BOT 方式，由中铁公司（80%）、市交通集团（10%）、浦口国资公司（10%）共同出资组建南京长江隧道有限公司。

第三节　工程建设任务的委托方式

一、概述

从前面的分析可见，工程建设和运行过程由前期策划、规划、勘察、设计、施工、采购（供应）、运行维护、工程管理等工作组成，这些工作还可以细分到各个专业工程的设计、供应、施工、运行维护和各阶段的工程管理工作，这样可以得到一个工程建设和运行阶段的工作分解结构（图 6-2）。

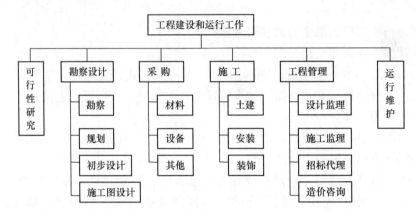

图 6-2 工程建设和运行工作内容

而这些工作都是由具体的组织（单位或人员）完成的。很久以来，投资者和业主都不是自己完成这些工作的，而是通过工程合同将它们委托出去。这是工程建设的专业化分工要求。

如何以及以什么方式将这些工作委托出去？即业主将上述整个工程任务委托给多少个单位做，以及如何划分他们的任务范围？这就是业主的工程发包模式，对承包商来说是工程承包模式。

工程的承发包模式是工程实施的战略问题。它从根本上决定工程任务承担者各方面的责任、权利和工作的划分，对工程的实施过程、工程管理、工程组织产生根本性的影响。

二、工程建设任务的委托方式

在不同的承发包模式中，业主的工程管理的深度不同，工程承包商的工程任务范围和工程管理范围也不同。

1. 分阶段分专业平行委托方式

业主将工程的勘察工作委托给勘察单位；勘察完成后，由业主委托的设计单位进行设计；在设计图纸完成后，业主招标分别委托土建施工承包商、设备安装承包商、装饰承包商进行工程的施工。设备供应，甚至主要材料的供应也由业主负责，由业主的供应商提供主要材料和设备。各承包商分别与业主签订合同，向业主负责。各承包商之间没有合同关系（图 6-3）。

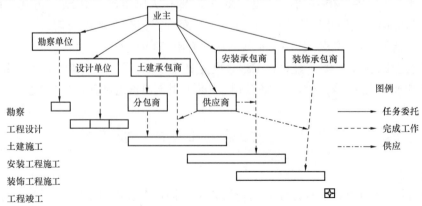

图 6-3 工程平行发包模式实施过程和组织方式

在这种模式的工程中,设计单位管理自己的设计工作,施工承包商管理自己的施工工作。而业主通常委托监理单位或项目管理公司进行整个工程的管理。

这是一种传统的工程承发包模式,使用的历史悠久,符合工程的专业化和社会化分工的要求。在我国的一些工程中,专业化分工很细。如设计还会分多个设计单位,常见的是外国设计事务所承担方案设计任务,我国的设计院做配套设计;土建工程施工还可能分专业(如基础工程施工、土石方工程施工、主体结构工程施工等);安装工程分各种专业工程设施的安装;各种材料和设备的供应商可能分别委托;装饰工程还可以分室内装潢、玻璃幕墙等。

这种模式的优缺点有:

(1) 业主分别和设计单位、多个施工承包商和供应商签订合同,工程责任的落实比较容易,各方面职责明确;设计单位、施工单位和供应商之间存在制衡;业主对设计、施工和供应过程能够进行有效控制。但由于工程实施过程和各方责任的细化,参加者各方互相制衡导致工程效率的降低。

(2) 业主在勘查完成后再进行工程设计;设计完成后再进行施工和供应招标和任务的委托,可以有节奏地进行工程的实施,但通常工期较长。

但这种设计、施工、供应、运行分别由不同单位参加,他们又在不同时期投入,容易造成工程的决策、设计、施工、供应和运行各方面的脱节,工程责任分散,造成工程管理的不连续性,而且缺少一个对工程的整体功能全面负责的承包商。

(3) 业主的项目组织、合同管理、投资控制、进度控制工作繁重,难度较大,导致业主风险很大。如果工程发包分解太细,在工程的责任体系中明显的存在责任"盲区",例如设计拖延或错误,造成施工承包商的返工或拖延,业主必须赔偿承包商的拖延损失,而按照设计合同,设计单位对设计的拖延和错误几乎不承担责任,或承担很小责任。

(4) 难以调动各方面的积极性和创造性,特别是设计单位和工程承包商。他们作为工程的具体实施者,工程的成功依赖于他们的努力和创造性。但设计单位按照工程规模投资取费,施工单位按照工程量计价,他们对工程技术方案优化的积极性都不高,这会损害建筑业科技的进步和生产的集约化。

(5) 工程中关系紧张,合同实施的氛围差,难以达到各方面满意的结果。

(6) 在这种承包模式下,业主分标很细,会造成工程招标次数增多和投标单位增多。从而导致大量的管理工作的浪费和无效投标,造成社会资源的极大浪费。

2. 施工总承包方式

业主在工程的设计完成后,将全部工程施工任务发包给一个施工总承包商,施工总承包商自己完成部分任务(如主体结构施工),可以把部分施工任务再分包出去。在施工过程中,由施工总承包商负责与设计单位和供应单位的协调工作(图6-4)。

施工总承包的特点:

(1) 施工总承包的招标一般在全部工程图纸出齐后进行,则工程报价比较有依据,双方风险较小。

(2) 有利于发挥承包商的技术优势和管理优势。

(3) 施工总承包商可以将整个工程作为一个总体进行计划和控制,有利于科学合理地组织施工,有利于缩短工期,控制进度。

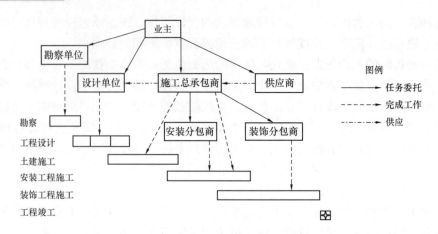

图 6-4　施工总承包模式实施过程

（4）建设单位和一个设计单位，一个施工总承包商直接联系，协调工作比分专业分阶段平行发包方式少得多。

对于大型工程，如果一个施工企业无法完成施工任务，可以由多个建筑施工和安装企业组成施工联营体，共同承担整个施工任务。参与联营体的各个企业按照联营体合同承担各自的工作责任，并承担相应的风险。联营体是一种临时性的组织，工程完成后自动解散。

如果施工总承包单位把施工任务全部发包出去，自己主要从事施工管理，这种模式称为施工总承包管理。

3. 工程总承包方式

工程总承包，是指仅由一个承包商与业主签订工程承包合同，对工程的设计、施工、试运行（竣工验收）等实行全过程或若干阶段的承包。工程总承包最完备的形式是"设计-采购-施工（EPC）"及交钥匙总承包。

工程总承包企业按照合同规定，承担工程的设计、采购、施工、试运行服务等工作，并对承包工程的质量、安全、工期、造价全面负责，最终是向业主提交一个满足使用功能、具备使用条件的工程。

工程总承包模式的合同关系和运作过程大致为（图 6-5）：

工程总承包企业按照合同约定对工程的质量、工期、造价等承担全部责任，他负责整

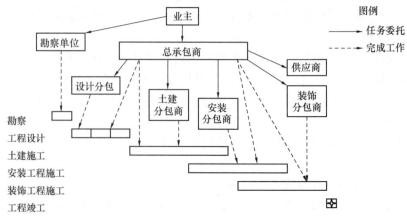

图 6-5　工程总承包模式实施过程

个工程的管理；总承包商可以自己完成或部分完成工程的设计、土建施工、安装工程施工、装饰工程施工和供应；也可以将它们中部分工作发包给具有相应资质的分包商。

这种承包方式能克服上述分阶段分专业平行承包的缺点，它的优缺点主要有：

(1) 业主只和总承包商建立合同关系，极大地减少了业主面对的承包商的数量，减少业主工程管理事务，大量的工程实施和工程管理工作都由总承包商完成。这给业主带来很大的方便。业主的责任和风险较小，主要提出工程的总体要求（如工程的功能要求、设计标准、工程规范的说明），对整个工程作宏观控制，一般不干涉承包商的工程实施和管理工作。

这样就可以保证业主的主要精力集中在对工程产品市场的把握和战略管理工作上。

(2) 对业主来说，有一个对工程整体功能负责的总承包商，工程的责任体系是完备的。各专业工程的设计和施工的界面都由总承包商负责协调管理，无论是设计与施工，与供应之间，还是不同专业之间的互相干扰，都由总承包商负责，保证在工程的各种界面上工作流和信息流的畅通。同时总承包模式的工程建设过程是连续的，减少了责任盲区。因此能保证工程总目标的实现，更容易获得工程的成功。

(3) 总承包模式将设计、施工、供应统一起来，并采用固定总价的合同形式，能够最大限度地发挥承包商在报价、设计、采购和施工中优化的积极性和创造性。总承包商能将整个工程管理形成一个统一的系统，能够有效地进行质量、工期、成本等的综合控制；能够有效地避免因设计、施工、供应等不协调造成工期拖延、成本增加、质量事故、合同纠纷；能够最大限度地协调和控制各专业之间的界面；能够保证施工和运行的各环节合理的交叉搭接，从而使工期（招标投标和建设期）大大缩短。

(4) 能够有效地减少合同纠纷和索赔。

(5) 当然，这种承包模式还存在一些问题。例如总承包一般都采用总价合同，但在招标时业主没有工程图纸和对工程范围和质量的详细说明，承包商报价的依据不足；在工程中双方容易就工程范围和质量标准产生争执；工程由一个总承包商承包，则工程的成功就依赖他的资信、能力和责任心，这对业主来说风险很大。

但从总体上说，工程总承包对业主和承包商都有利，工程整体效益较高。近几十年来在国际工程界受到普遍欢迎。在20世纪80年代，国际工程专家调查许多工程的经验和教训并得出结论：业主要使工程顺利实施，必须减少他所面对的承包商的数量——越少越好。当然，最少是一个，即采用EPC总承包模式。根据美国设计-建造学会（Design Build Institution of America）2000年的报告，设计—施工总承包（D—B）合同比例，已经从1995年的25%上升到30%，预计到2005年将上升到45%——有近一半的工程将采用工程总承包的方式建造。

目前，我国正在大力推行工程总承包，建设部于2003年颁布了"关于培育发展工程总承包和工程项目管理企业的指导意见"，逐步推进我国的工程总承包的发展。

4. 其他形式的承包方式

(1) 设计—施工总承包（D—B），是指工程总承包企业按照合同规定，承担工程项目设计和施工，并对承包工程的质量、安全、工期、造价全面负责。

(2) 设计—采购总承包（E—P）。

(3) 采购—施工总承包（P—C）等。

第四节 工程建设管理和运行管理模式

一、工程的建设管理方式

如前所述,在工程立项后,通常是由业主负责工程建设全过程的管理工作。

(一)业主的工程管理模式

业主通常以如下几类方式实现对整个工程的管理:

1. 业主自己管理工程

在国内早期,政府及其职能部门、学校、工厂等对于工程建设基本都实行"自己建设,自己管理"的模式。业主为了工程的建设,招募工程管理人员,成立一个建设管理单位直接管理设计单位、承包商和供应商。如在20世纪90年代前,我国企业、政府各单位和各部门、学校、工厂、部队等都设有基建处,由基建处负责本单位(或部门)的工程管理工作。工程建设结束后,建设单位通常要承担运行维护管理的任务,有时就解散,或者闲置着。

这是一种小生产式的工程管理方式。采用这种模式,工程管理专业化程度较低,工程管理经验不能积累,工程很难取得成功,而且会导致政企不分、垄断经营、腐败等问题,容易造成管理成本的增加和人、财、物、信息等社会资源的浪费。

与这种模式相似的是在20世纪80年代中期以前我国政府投资的基础设施工程建设都采用工程项目指挥部的形式,由每个工程参加部门(单位)派出代表组成委员会,领导工程的实施,各委员单位负责各自的工程任务,通过定期会议协调整个工程的实施。在我国,许多政府工程,如城市地铁、公路工程、化工工程、核电工程、桥梁工程等,都采用这种形式,常常以副市长、副部长,或副省长等作为总指挥。

在20世纪80年代中期以后,我国实行基本建设投资业主责任制,通常都要成立工程建设总公司作为业主,但直到现在在许多政府工程建设项目中,工程建设总公司和指挥部同时存在,"一套班子,两块牌子"。这是我国大型公共工程建设管理的一种特殊情况。

2. 业主分别委托投资咨询、招标代理、造价咨询、监理公司进行工程管理

(1)在国际上,业主聘请各种咨询公司帮助自己管理工程已经有很长的历史。初始的建设工程管理由设计单位(主要是建筑师)承担。这是由于建筑学在工程中具有独特的地位:

1)在工程中,建筑学是牵头的主导专业,建筑方案具有综合性,是其他专业方案的基础,与其他专业的联系最广泛。建筑学专业在工程建设过程中为业主服务的时间长。

2)建筑学专业具有丰富的内涵,对一个工程,建筑方案具有艺术、文化、历史价值。

3)建筑师注重工程的运行,注重工程与环境的协调,注重工程的历史价值和可持续发展。

这些正是工程和业主最需要的。

直到20世纪80年代,国外(最典型的是美国和德国)的许多建设工程组织结构图中依然是建筑师居于中心位置。许多工程的计划、工程估价、控制,甚至对承包商索赔报告的处理都由建筑师负责。

但建筑师作为建设工程的管理者有他不足的地方:

1）建筑师具有艺术家的气质，常常缺少经济思想和管理思想；
2）他是艺术家，需要创新思维，常常缺少严谨性；
3）他常常有非程序化和非规范化的思维和行为；
4）建筑师在工程中发挥主导作用主要在设计阶段，他常常不能全过程的介入，特别在施工期和运行期，这造成工程管理的不连续性。如果让建筑师全过程介入，则又是对建筑师人才的浪费。

这些会损害工程的目标，不利于工程管理工作。

（2）随着工程管理的专业化，在20世纪初就有独立身份的工程管理人员出现。在国外被称为咨询工程师，在我国被称为监理工程师。20世纪90年代以来，我国在建设工程管理领域实行专业化分工，有监理公司、投资咨询公司、造价咨询公司、招标代理公司为业主提供专业化的工程管理服务，业主可以将一个建设工程管理工作分别委托给设计监理、施工监理、造价咨询和招标代理等单位承担。

由于业主委托许多咨询和管理公司为自己工作，业主还必须进行总体的控制和协调，还必须参与一些工程管理工作。通常业主委派业主代表与他们共同工作。

（3）其他形式

由工程参加者的某牵头专业部门或单位负责工程管理，如：

由设计单位承担工程管理工作，即"设计—管理"承包；

由施工总承包商牵头，即"施工—管理"总承包，在我国的许多工程中采用这种模式；

由供应商牵头，即采用"供应—管理"承包模式。

3. 业主将整个工程的管理工作委托给一个"工程项目管理"单位（公司）。业主与项目管理公司签订合同。项目管理公司按合同约定，代表业主对工程的建设进行全过程或若干阶段的管理服务，为业主编制相关文件，提供招标代理、造价咨询服务，进行设计、采购、施工、试运行的组织和监督。

业主主要负责工程实施的宏观控制和高层决策，一般与设计单位、承包商、供应商不直接接触。

4. 代建制

在我国，代建制是指对政府投资的建设工程，经过规定的程序，由专业性的管理机构或工程项目管理公司对工程建设全过程实行全面的相对集中的专业化管理。工程代建单位是政府委托的工程建设阶段的管理主体。从严格意义上讲，使用代建制方式，投资者（一般为政府或政府部门）不再另外组建建设单位。工程类型可以是盈利性或非盈利性的。

（1）投资单位（通常为政府部门）通过公开招标确定工程的代建单位（建设单位）。工程代建单位通常有两种：

1）组建常设的事业单位性质的建设管理机构（单位），它不以盈利为目的，且具有很强的独立性。

2）选择专业化的社会中介性质的项目管理公司作为代建单位，实现了项目管理专业化。

（2）政府主管部门负责审批项目建议书、可行性研究报告，审查确定设计方案，审批工程预算和工程建设计划等；安排工程年度投资计划并协调财政部门按工程进度拨付建设资金；监管代建单位履行合同；组织工程的竣工验收和移交。

（3）工程使用（运行）单位负责根据本单位的实际需要及发展规划提出工程建议书；在工程方案设计阶段提出工程的具体使用条件、建筑物的功能要求，有关专业、技术对建筑物的具体要求和指标；在建设过程中（包括工程设计、施工、设备材料采购等）提出意见和建议，并监督代建人的行为；参与工程竣工验收，并接收工程，此后承担使用和维护的责任。

（4）采用代建制，使投资者（政府）、建设管理单位（代建单位）与使用单位分离。

（5）代建单位按照工程总投资的一定比例收取工程管理费。

（二）不同工程管理模式的社会化程度和特点

在现代社会中，工程管理越来越趋向社会化。不同的管理模式社会化程度不同，业主自己管理是最低层次的社会化；项目管理承包（或服务）是比监理制更为完备的社会化方式；而代建制是最完备的高层次的社会化工程管理，业主具体的工程管理工作很少介入（图 6-6）。

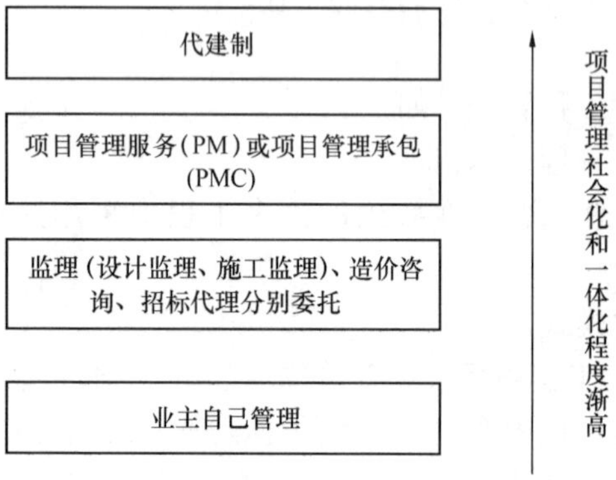

图 6-6　各种管理模式的社会化和一体化程度

工程管理的社会化具有如下好处：

（1）社会化的工程管理者与工程没有利益关系和利益冲突，具有独立性、公正性、专业化、知识密集型的特点，可以独立公正地作出管理决策，保证工程管理的科学性及高效性。

（2）对业主来说，方便、简单、省事。业主只需和项目管理公司（咨询公司，或代建单位）签订管理合同，支付管理费用，在工程中按合同检查、监督工程管理公司的工作。对承包商的工程只需做总体把握，答复请示，做决策，而具体事务性管理工作都由工程管理公司承担。

（3）促进工程管理的专业化，工程管理经验容易积累，管理水平易于提高。项目经理熟悉工程的实施过程，熟悉工程技术，精通工程管理，有丰富的工程管理经验和经历，能将工程的设计、计划做得十分周密和完美，能够对工程的实施进行最有力的控制，更能够保证工程的成功。

（4）社会化的工程管理者在工程中起协调、平衡作用。他能站在公正的立场上，公正地、公平合理地处理和解决问题，调解争执，协调各方面的关系，使工程中各方面利益得到保护和平衡，使承包商和供应商互相信赖，保证工程有一个良好的合作氛围。

（5）工程管理的社会化也存在许多基本矛盾和问题，主要是工程管理者在建设工程中责权利不平衡。例如，工程管理者的工作很难用数量来定义，他的工作质量很难评价和衡量；工程的成功依赖他的努力，但他的收益与工程的最终效益无关；在工程中他有很大的权力，但却不承担或承担很少的工程经济责任等。

社会化的工程管理需要业主充分授权，需要业主对工程管理者完全信任，更需要工程管理者很高的管理水平和职业道德。

二、现代工程的运行管理方式

工程交付运行后,其运行阶段的管理(如维护管理、资产管理、更新改造管理等)方式也是丰富多彩的。

1. 由使用单位或业主自行管理。一般工业厂房、企业的办公楼、学校校区等都是业主或使用单位自行负责日常的维护和常规维修。所以在我国许多单位都有维修管理处。

2. 由物业管理公司管理。现在我国大量新开发的房地产小区、综合性办公楼等都采用物业管理公司管理的模式。这也是工程运行管理社会化的表现。

在国际上一些大的港口、公路,甚至机场,通过招标招聘运营管理公司。

3. 由工程承包商继续承担工程的运行维护和管理工作。对许多专业化较强的工程,工程承包商进行运行管理是最好的和高效率的。因为工程是承包商建造的,他最熟悉工程系统(如工程地质条件、各种隐蔽工程、管道的走向、设备性能、工程布局等),在工程出现问题后能很快找到原因,提出解决办法,所以由他负责维修和更新改造也是最节约和高效的。

这在国际工程中已经是一种比较常见的方式。

复 习 思 考 题

1. 现代工程建设所需资金的来源有哪些?了解一个典型工程的资本结构。
2. 工程实施的委托方式有哪些?这些方式分别有哪些特点?了解一个典型工程所采用的承发包方式。
3. 业主的工程管理模式有哪些?了解一个典型工程的业主管理方式。
4. 实践活动:参观正在建设的工程,了解该工程的资金来源及其资本结构模式、实施委托方式、工程管理模式。

第七章　现代工程需要解决的主要问题

【本章提要】　为了取得一个成功的工程，在工程的寿命期中，人们需要解决许多问题，包括技术问题、经济问题、组织和信息问题、管理问题、法律和合同问题等。这些问题是由现代工程系统的复杂性以及实施过程的复杂性带来的。它们产生了对工程技术知识体系及工程管理理论和方法的需求，进而影响着工程管理专业的教学和培养体系。

第一节　工程建设的技术问题

什么是技术？目前看法还不完全一致，科学家、哲学家、技术专家以及经济学家，都从不同的角度给技术以不同的解释。

"技术"一词来自希腊文（techne），原意为"技巧"、"本领"、"艺术"，含有"能力"、"知识"、"成果"等意思。在20世纪初，人们认为，技术除了指工具和机器外，还包括方法、工艺流程和技术思想等。

随着社会生产的发展和现代科学技术的进步，人们对技术的理解也有很大的变化，已从过去局限在狭隘的生产领域，延伸到非生产领域乃至整个社会。

技术就是人类为了生存和发展，在社会生产和非生产活动中，运用自然规律创造的物质手段和相应的知识综合体。广义地讲，技术是生产过程中的技术设备、工艺过程、生产手段的综合，也包括非生产活动中的技巧和手法等。

工程和技术是密不可分的。技术是工程的根本，也是工程管理的依托。要取得一个工程的成功必须选择科学的技术方案，并保证准确实施这些方案。在前文所述成功的工程要求中，大多数因素是由工程的技术方案决定的。

工程管理者要对技术方案的可行性、经济性进行评价和决策，并实施监督。他会遇到大量的技术问题，所以需要掌握工程技术知识。

一、工程总方案选择和选址

1. 工程总体方案的选择。在工程的刚开始人们就要做出一个决定：选择什么样的工程去实现工程目的，提供所需要的产品或服务。

例如我们要解决长江两岸的交通问题，这是我们的目的。工程总体方案可能有扩建旧桥，建新桥，建江底隧道，或建轮渡码头（图7-1）。

又如要解决一个城市的交通问题，可以选择建地铁，还可以选择建轻轨，或者新建道路，或拓宽道路。

2. 工程选址。即工程放在何处。这是工程的一个重大战略问题，它会影响工程的全寿命期各个方面，如产品的建造成本、运行环境和运行成本、产品的价格，甚至影响整个工程的价值。

方案1 扩建旧大桥　　　　　　方案2 建设新大桥　　　　　　方案3 建设过江隧道

图 7-1　解决过江的三个方案

工程选址要符合城市总体规划的要求，符合城市的经济和社会发展、土地利用、空间布局以及各项建设的综合部署的要求。

如 1994 年建成的沈阳夏宫总体建筑面积约为 23800m²，建设投资近两千多万美元，其建筑顶部由两个直径为 90m 和 75m 的巨型球曲拱壳相对接而成，构思独特，气度非凡，是当时亚洲最大跨度拱体建筑，也是当时亚洲最大的全封闭室内空调嬉水乐园，集娱乐、嬉水、餐饮为一体的大型现代化室内娱乐场所，建成后为沈阳十大景观之一。但沈阳夏宫却由于其位置不适合其发展而造成经营亏损，于 2009 年爆破拆除 [图 3-1 (a)]，夏宫自破土建设到拆除历时仅 15 年。

通常工程选址应结合地区长期规划，有如下一些考虑：

对要大量消耗原材料的工程，最好靠近原材料出产地；

对产品出厂后要尽快销售到用户手中的工程，最好靠近产品市场销售地；

工程所在地应具有很方便的交通（水路、公路、铁路或航空）条件；

对运行中用水量很大的工程，应靠近充足的水源地；

工程应选择在具有稳定的地质条件的地方，这样工程的地质处理费用少，地质灾害少，工程的使用寿命长；

工程应少占用农田、森林；

有水、大气或噪声污染的工程，应尽量安排离开城市，同时注意布置在城市的下游，或下风处，防止对城市水源和大气产生污染。

由于房地产的价值（价格）主要由它的位置决定，相同结构的房屋，在市中心与在郊区价格能相差几倍。所以位置选择是房地产投资开发要考虑的最重要的因素。

对于地铁工程，则要确定地铁的线路长度、走向、站点和车辆基地设置等。

二、专业工程的技术方案

工程技术方案是对工程技术系统的规定，通常由设计人员通过提出技术方案，或者绘制图纸和编制规范，做出选择，通过设计文件进行描述。工程技术方案不仅会影响工程的进度、工程造价和工程质量，还会影响工程运行费用，工程产品的产量和质量，工程建设和运行的安全性，产品的市场销售，设备更新改造的周期等一系列问题，会影响整个工程的成败。

（一）主要的工程技术方案

1. 工程所采用的工艺流程和设备的方案；
2. 工程建筑设计方案。建筑设计任务包括：

(1) 按照各种建筑(如住宅、学校、医院、剧场等)的内容、特性、使用功能等,解决它们的平面布局、空间组合、交通安排以及艺术造型等问题,通过建筑图、模型等描述设计方案。

(2) 需要解决建筑物室内的艺术处理、空间利用和装修技术等问题。

(3) 根据建筑物的使用功能、技术经济和艺术造型要求,解决建筑物的构成,各组成部分的构造方法,各细部做法。

(4) 建筑设计还需要解决建筑物的节能、声学、光学、热工学等的环境问题。

3. 工程结构设计方案

结构设计是要解决工程结构的安全性、适用性、合理性与经济性问题,解决工程结构所承受的各种作用效应与结构材料抗力之间的关系,涉及结构上的作用力、结构抗力、结构可靠度、结构设计方法及优化设计等问题。

工程结构的设计要考虑结构功能、抗震要求、结构的荷载(如永久荷载、可变荷载和偶然荷载、固定荷载、可变荷载静态荷载、动态荷载等)、极限状态、可靠度,根据设计规范确定应力和变形,利用钢结构、混凝土结构、砌体结构以及组合结构的基本原理将结构件有机结合起来,形成对工程结构的详细而全面的描述。

结构设计的基本工作包括:

(1) 结构方案设计。包括结构选型、结构布置、结构构件截面尺寸估算(图7-2)。

例如,对基础的选型要根据实际需要,充分地考虑工程的建筑场地和地基岩土条件,结合施工条件以及工期、造价等各方面的要求,深入研究地质环境,合理选择地基基础方案。通常可以选择的基础类型包括:浅基础(如柱下条形基础、柱下交叉基础、筏形基础、箱形基础、壳体基础等)、深基础(桩基础、地下连续墙、墩基、沉井等)。

(2) 结构分析。通过计算简图、计算理论、结构分析理论分析计算结构的受力状态,如某框架的受力图见图7-3。

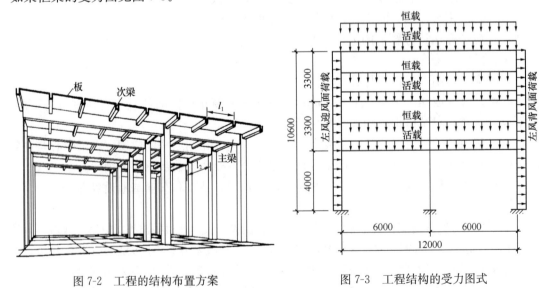

图7-2 工程的结构布置方案　　图7-3 工程结构的受力图式

(3) 构件设计。按照力学分析和建筑构造的要求对工程的基本构件(如梁、柱、墙体、板等)的尺寸、材料等做出规定性说明。

(4) 绘制施工图。按照结构件设计的要求绘制工程施工图,如某工程框架结构图见图7-4。

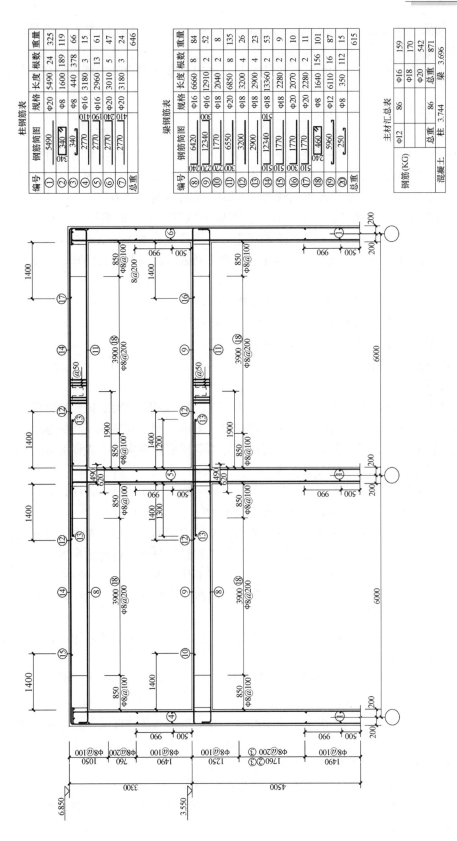

图 7-4 框架结构图

4. 其他相关专业工程方案，如电力系统设计方案、给水排水设计方案、通风设备方案、智能化系统方案、综合布线方案等。

每个专业工程系统有自己的设计理论和方法，通过专业工程设计图纸表示具体的技术要求。

（二）工程技术方案选择的要求。

工程技术方案要满足成功的工程的要求，基本要求有如下几个方面：

1. 满足功能的要求，且有一定的先进性。这是评定技术方案最基本的标准。满足功能的要求就是工程要有适用性，就是要使工程产品和服务符合预定的要求。先进的技术方案能够带来工程产品质量、生产成本的优势，保证产品的市场竞争力。

2. 经济合理。经济合理是指所用的技术方案应能以尽可能小的消耗获得最大的经济效益，要求综合考虑所用的技术方案、所能产生的经济效益和本工程的经济承受能力。在可行性研究和设计过程中，应该尽可能地提出多种不同的方案进行反复的比较，从中挑选最经济合理的方案。

3. 工程的耐久性、运行的安全性和可维护性等。

4. 工程产品和服务的人性化要求、工程造型的美观要求等。

5. 符合工程的节能、低碳和可持续发展的要求等。

三、工程施工技术的选择

1. 工程施工的内涵

施工是将设计文件付诸实施，建造工程实体的过程，是以科学的施工组织设计为先导，以先进、可靠的施工技术为后盾，保证高质量、安全、经济地完成工程的建造。工程施工包括施工技术和施工组织两大部分，要使美好的蓝图变成现实，必须研究施工过程的规律、方法，掌握施工技术，精心组织施工。

（1）施工技术以各种工种工程施工的技术为对象，施工方案为核心，结合具体工程的特点，选择最合理的施工方案和最有效的施工技术措施。

由于工程建设的投资主要在施工阶段花费的，施工方案的经济性对整个工程的经济性有非常大的影响，对任何工程的施工方案都要进行工程经济分析，进行方案的优化。

（2）施工组织是以工程的施工过程为对象，合理地使用人力、物力、空间和时间，通过科学地安排各种工程施工关键工序，使之形成有组织、有秩序的施工过程，主要属于工程施工项目管理方面的问题。

施工必须严格按照国家颁布的施工规范进行，加强对工程施工的技术管理，提高施工水平，保证工程质量和安全，降低工程成本。

2. 施工技术和方法，即将工程系统建造起来的技术、设备、方式和方法（工艺和工法）。例如：

混凝土供应和施工方案：如拟采用商品混凝土或采用现场搅拌混凝土，以及大体积混凝土的施工措施；

基础工程（如土石方工程和深基础工程）施工方案。

模板方案：如梁板柱模板及支撑体系、墙模板体系等（图7-5）；

脚手架方案：如液压爬架方案、单立杆双排钢管脚手架、移动式脚手架、扣件式钢管脚手架、门式脚手架等；

工程的吊装方案，特别是对重大的结构件和设备的吊装（图 7-6）；

图 7-5 模板工程支撑方案

图 7-6 某桥梁箱梁吊装

施工设备的选择；

主体结构工程（如砌筑工程、钢筋工程、混凝土工程、模板工程、预应力工程、结构安装工程）的施工方案；

施工现场布置和施工顺序安排；

冬、雨期施工措施；

工程成品保护措施；

其他各个专业工程的施工方案。

3. 选择施工方法时，首先应重点解决对整个工程施工有重大影响的专业工程和工程分部（分项）的施工方法。如：

基础工程的施工；

主体结构的施工；

大体积混凝土的施工；

重大设备吊装；

采用新结构、新技术、新工艺的分部（分项）工程；

特种结构工程施工，或特殊专业工程施工等。

由于建筑产品的多样性、地域性，工程的施工环境条件不同，在施工方法的选择上也是多种多样的。如对基础施工方案的选择，必须综合考虑施工现场的客观条件（如现场的水文地质资料、气象资料、地形和交通情况等）和工程本身的结构特点做出选择。

4. 施工过程中的技术问题。在施工过程中，有许多技术问题需要处理。包括：

（1）模板的平整、强度、支撑的强度、稳定性等。

（2）各种技术检查和监督、技术鉴定，对材料、设备、工艺的合格性检查和评判。

（3）工程出现质量问题的处理。在工程中遇到技术问题和质量问题需要即时处理。如：

施工准备阶段：对地下电缆、地下水管、地下防空洞、高压架空输电线路、周围居民住宅区、周围交通街道等问题的处理；

基础施工阶段：遇到特殊地质条件的处理，土方坍塌、深坑井内事故、打桩事故、雨期施工、高地下水位施工、四周建筑物影响、深基坑高空坠落物、深基坑有毒气体等的处理；

构件或设备安装作业：对定位不准确、误操作、未按规定绑扎或绑扎不牢等问题的处理；

施工中经常会出现原定的施工方案与实际脱节，需要做出及时处理等。

（4）工程施工中的安全、健康和环境保护技术措施和方法。施工的安全性是目前我国工程界的一个大问题，尚有许多工程施工安全的技术和管理方面的问题有待解决。

（5）工程设计文件出现错误或技术变更，需要及时处理等。

四、工程技术系统整合和界面管理

从前面第二章第二节分析可见，工程是由许多功能面（单体工程）和专业工程系统组成的综合体。工程中的每一部分或每个专业工程系统都不能单独存在，并单独发挥作用，它们只有在工程系统中才能发挥作用。它们之间通过系统整合，成为一个有机的能安全、稳定、高效率运行的整体。

由于各个专业工程系统是分别设计、施工和供应的，需要把它们整合为一个完整的工程系统。在工程的设计和施工过程中需要许多协调整合工作。工程技术系统整合是技术性很强的工作，主要解决工程功能面和各专业工程系统在设计、施工和运行过程中的界面问题。

界面是工程系统各组成部分之间的联系，通常位于功能面和各专业工程的接口处或者工程寿命期的阶段连接处，大量的技术和管理工作都集中在界面上。

在现代工程中，由于专业工程系统越来越多，使得工程界面处理和系统整合越来越复杂。例如在地铁工程、核电工程、飞机制造、航天工程中，控制系统、信号系统，以及机电设备系统的整合工作十分复杂，又非常重要，是关系到整个工程系统能否安全、稳定、高效率运行的大事。而且系统整合的专业性很强，通常作为一项专门的技术工作，由专门的人员（单位）负责。

第二节　工程建设的经济问题

人们建设一个工程不仅追求工程顺利建成和运行，实现使用功能，而且还要取得高的经济效益。从工程的构思开始，经过工程建成投入运行，直到工程结束，人们面临许多经济问题。工程的技术问题（工程总体方案、工艺方案、结构形式、施工方案）、工程的融资方案、工期安排都会对工程的建造成本（造价、费用）、工程产品的价格、收益、利润、投资回报产生影响。这些都会影响工程的经济效益。工程过程中有许多技术、管理和经济变量交织在一起。现代工程对经济性的要求越来越高，资金限制也越来越严格。经济性和资金问题已经成为现代工程能否立项，能否取得成功的关键。

1. 工程建设成本（或费用、投资）的预先确定问题。

(1) 工程在建设过程中的委托设计、施工，采购材料和设备，聘请管理公司等都需要支付费用。则在工程决策阶段就要确定花多少钱才能够完成工程的建设，达到目标，即要完成工程的建设，必须付出多大代价。这构成工程的费用（投资或成本）目标。

(2) 工程的费用与工程的功能、规模、技术方案、实施方案有关。在工程的建设过程中，我们所做的每一个决策都可能涉及费用问题，都会对以后的工程运行和维修造成极大的影响。所以人们不仅要从技术上分析每一个方案的可行性，还必须分析经济上的合理性。

由于不同的工程方案有不同的费用，则存在工程技术经济优化问题。即如何以最少的费用建成符合要求的工程，达到预定的目标，实现工程的价值，提高工程的整体经济效益。

(3) 在工程中，有时工程建设投资总额在初期就由组织的高层决定了，作为一个重要的目标。则就有"如何在总投资限定情况下完成工程？如何按照总投资限额进行工程的规划、设计、施工和采购？"等问题。

2. 工程建成后的运行和维护费用，或者工程产品的生产成本的确定。

在分析工程产品的市场状况和运营期利润时，人们必须考虑产品的生产成本（费用）。工程产品的生产成本不仅与工程产品的生产方案、生产工艺、生产管理组织、原材料采购、工程的生产效率、工程设施的维护状况和费用等相关，而且与工程的建设过程和总投资相关，与工程设备的选型相关。

3. 在工程建设和运行过程中，何时需要多少资金投入才能够建成工程，并使工程正常运行？这是工程的财务问题。工程寿命期过程的资金投入主要有两大部分：

(1) 工程建设资金。要保证工程建设顺利完成，必须按工程实施计划安排资金计划，并保障资金供应，否则工程建设就会中断。工程建设资金需要量是与工程的总投资（工程规模）、建设进度、融资方式等因素相关的。例如一个工程总投资 10 亿元人民币，这代表工程的总体规模。但建设该工程需要投入的资金是在建设期中变化的，而且总额也不一定就是 10 亿元人民币。这与工程所采用的投融资模式相关，投资者必须合理安排资金取得的时间和数量。

(2) 在工程投入运行前必须准备一定量的周转资金，以购买运行所需要的原材料、燃料、发放工资、支付运行管理费用等。

有时必须按投资者（企业、国家、地方等）所具有的或能够提供的资金策划相应范围和规模的工程，安排工程的实施计划。

4. 从何处获得这些资金？工程采用什么样的资本结构和融资模式？

现代工程获得资金有多种渠道和方式，工程投资已呈多元化趋向。项目融资是现代战略管理和项目管理的重要课题。从前面第六章第二节可见，现代工程获得资金的渠道很多。但每一个渠道有它的特殊性，有不同的借贷条件和使用条件，不同的资金成本，投资者（借贷者）有不同的权力和利益，有不同的宽限期，最终有不同的风险。

通常要综合考虑风险、资金成本、收益等各种因素，确定本工程的资金来源、结构、币制、筹集时间，以及还款的计划安排等，确定符合技术、经济和法律要求的融资计划或投资计划。

5. 工程的投资收益问题。投资收益主要是依靠工程的运行带来的，通过工程产品或服务在市场上的销售获得回报。工程要取得良好的经济效益，不仅需要降低建设和运行投入的费用，而且需要争取更大的产出效益。工程的产出效益分两方面：

（1）本工程的直接收益。这是投资者的总体要求和目的，他们希望通过工程的运行取得预定的投资回报，达到预定的投资回报率。

工程的投资收益是由工程产品或服务的市场和生产状况决定的，包括销售量、销售价格、产品的生产成本和销售成本等因素。

（2）工程对社会、对国家的贡献，对国民经济的影响。

不管要建设的工程规模有多大，它都处在国家的大环境中，是国民经济的一部分。每个工程的建设和运行都会对国民经济发展有贡献，都要服从于国家和社会发展的需要。所以要从国家和国民经济整体的角度分析和考察工程效益和影响。

例如，一条高速公路的建设对当地国民经济和社会的发展有如下影响：

1）提高各行各业的经济运行效率，加快沿线地区经济的发展，特别是促进沿线乡镇经济更快发展。

2）改善交通环境，提高交通效率，减少事故发生率等。

3）创造良好的投资环境，改善地区投资形象。

4）促进劳动就业。

5）带动沿线旅游业、餐饮业的发展等。

第三节 工程建设组织和信息问题

一、工程建设组织问题

1. 工程的任务是由具体的单位和人员承担的。现代工程规模庞大，涉及的专业众多，不是一个单位能够完成的。即使是采用总承包形式，也需要许多分包商和供应商共同工作。所以任何工程都有一个非常复杂的组织系统。

从前面的分析可见，一个工程建设过程是由业主、工程项目管理单位、设计单位、工程（土建、安装、装饰等工程）承包商、工程分包、供应商等共同工作的。它们从各个单位来，进入工程，必须采用有效的管理方法，使他们成为一个有序的组织体系（图7-7）。

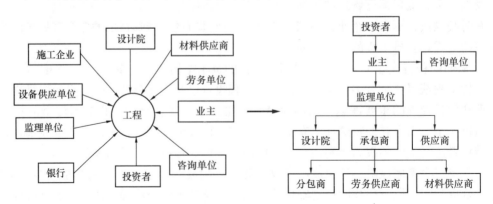

图7-7 工程参加者进入工程—构建项目组织

工程组织是由负责完成工程建设和运行工作任务的人、单位、部门组合起来的群体，通常包括业主、工程管理单位（咨询公司、招标代理单位、监理单位）、设计单位、工程承包单位（包括分包单位）和供应单位等。

例如：三峡工程，在工程建设期有几万人在现场工作；南京地铁一号线建设项目，直接与业主签约的规划、勘测、设计、监理单位有22个，土建施工单位61个，工程材料供货单位26个，系统设备供货及安装单位63个，而分包单位则更多。

他们共同为工程建设工作，如果没有一个严密而有效的组织，则会导致混乱。

2. 工程组织的特点

工程组织是非常特殊的组织，特别容易产生混乱、失控、争执和冲突。

（1）现代工程组织成员多，组织结构特别复杂。他们来自不同的企业（甚至不同的国家与地区）。可以说，工程建设过程是许多企业的合作过程，是一个超企业行为。如何才能将过去互不相干的个人、单位组织起来，形成一个有序的工程实施团队，大家一起为工程总目标努力工作，而不产生混乱？对他们进行统一的组织、计划和控制是非常重要的。

（2）工程组织的存在是为了完成工程总目标，获得成功的工程，其本身具有强烈的目的性。所以，工程组织设置应能完成工程范围内的所有工作任务，使所有工作任务都无一遗漏地落实到具体的组织成员上。同时，工程组织还应追求结构简单化，不增加不必要的机构。

但不同的工程参与者有不同的利益和目标，各方个体目标是由在上述第四章第四节中所描述的工程相关者期望产生的。这种利益和目标对工程组织成员而言，都是切身相关的。工程总目标的实现不仅要求工程参加者完成自己的任务，还需要他们通力合作。所以在工程中不仅要强调工程总目标，还要照顾各方利益，使各方面满意，追求工程总目标与工程相关者利益之间的平衡。

（3）在工程立项前，所有单位在本工程问题上都是没有关系的。立项后，工程组织成员之间以合同作为纽带成立组织，并以合同作为行为准则。但是一份合同仅仅能约束签约双方的行为，对合同外的其他工程组织成员没有约束力。所以，工程组织缺乏一个统一的、有约束力的行为准则，是比较松散的。

（4）每一个具体的工程都是一次性的，这个特点决定了工程组织也是一次性的。也就是说，工程建成后建设工程组织就解散了。这是工程组织区别于企业组织最大的特点。工程组织的运行、参加者的组织行为、团队建设和沟通管理都受到这一特点的影响。

1）由于工程组织是一次性和临时性的，人们的组织归属感和安全感不强，这很容易导致人们的短期行为，也造成了工程组织的凝聚力不强，组织成员之间不熟悉，组织文化很难建立。人们首先考虑的是自身局部的短期的利益，而不是整个工程全局的长远的利益。在这种情况下，所有的工程参加者是很难形成统一的认识和行为的。

2）每一个组织都是工程实施过程中的一个环节，缺一不可。要取得工程的成功，要求所有参加者在工程全过程中保持工作的协调，时间上的一致性和责任上的连续性。但是，不同的组织有不同的利益，有不同的组织行为和文化。这很容易出现协作和沟通的困难，还会出现争执。

3）工程组织是高度动态的组织，不同的单位在工程中只会在一定的时间内承担相应的责任。他们会随着工程合同的签订而进入工程组织，也会随着合同任务的完成退出工程组织。

（5）由于工程的特殊性，矛盾在工程系统中出现的频率很高，协调就成为工程管理的一项重要的工作，是工程成功的保证。

（6）工程组织形式是多样性的、复杂的，不同的融资模式、承发包模式和管理模式，就会有不同的工程组织形式。

3. 工程过程中的主要组织问题

要保证工程组织高效率有秩序的运作，必须解决如下问题：

（1）如何委托和分配工程任务？如何有利且有效地进行工程发包，签订工程合同？采用什么样的工程管理模式？如何成立工程项目经理部？

（2）如何设置工作（专业性工作和管理工作）流程？

（3）如何建立统一的工程组织运行规则？

（4）如何使整个工程组织形成一个高效率的团队？

（5）如何对工程组织和工程管理组织（如项目经理部）进行绩效考核？

二、工程中的信息问题

现代社会是信息社会，人们生活在信息的海洋中。信息是工程所需的资源之一。

1. 由于工程规模大、周期长和特别复杂，在工程和工程管理过程中，需要同时又会产生大量的信息。工程通过信息运作，如发出指令，发出招标文件；通过信息协调工程组织成员。同时信息又是决策、计划和控制的依据；如目标设置、工程的市场定位、工程报价、作实施计划都需要大量的信息。

工程竣工后，其有效的工程信息汗牛充栋，如图纸、合同、各种审批文件、各种工程报告、报表、变更文件、用工单、用料单、会议纪要、通知等。另外还有大量的无效信息，如未中标的投标书、推销各种产品的广告等。据统计，信息处理在工程管理专业人员和工程师的工作中占有十分重要的地位，他们工作时间的 $10\%\sim30\%$ 是用在寻找合适的信息上。

2. 工程组织的运作效率依赖信息的沟通。

现代工程管理的研究表明，大量的组织障碍是信息问题造成的。工程中的许多问题，如成本的增加、工期的延误、争执问题都与工程组织中的沟通问题有关。据统计，工程中 $10\%\sim33\%$ 的成本增加都与信息沟通问题有关。而在大中型工程中，信息沟通问题导致的工程变更和错误约占工程总成本的 $3\%\sim5\%$。因此，如何有效提高信息沟通的效率、改进信息沟通的质量、降低信息沟通的成本，成为工程管理的一个突出问题。

3. 由于如下原因导致在工程中信息沟通十分困难：

工程过程的阶段性，而且不同阶段由不同人员负责，导致在阶段过渡过程中信息缺失；

工程各参加者利益和目标不同，心理状态不同，会导致信息孤岛现象和信息不对称；

工程各部门专业不同，使用不同的专业术语，导致不能有效沟通；

现代大型工程都是由不同国家的人参加的，不同国家的人员的沟通存在语言障碍。

4. 要取得一个成功的工程，必须解决：

（1）如何有效获取信息，大家共享信息，解决信息不对称问题。

(2) 使信息有效传递,形成工程参加者共同工作的信息平台。

(3) 在工程组织中如何建立良好的信息沟通渠道,使大家都明确目标,更好地彼此了解,共同为取得成功的工程而努力。

第四节 工程建设中的管理问题

一、工程建设管理中的基本问题

通常,在工程的全寿命期中,工程建设阶段的管理和运行阶段的管理是完全不同的。工程在投入运行后通常是作为一个企业,或者交付给一个企业运营,属于企业管理(如BOT公司的管理)的内容。而工程建设阶段的管理就是人们常说的工程项目管理。工程技术和工程管理专业的学生毕业后主要在这个阶段工作。

由于如下原因,使得工程建设过程中的管理十分重要,同时又十分困难:

1. 工程有明确的目标,目标是整个工程的灵魂。工程的目标从总体上说,就是为了取得一个成功的工程。所以工程的目标就是成功的工程要求的具体化,而成功的工程的标准,即工程的目标是十分复杂的,包括前面第四章第四节中描述的工程的功能(质量)、时间、费用(经济性)要求、社会各方面的要求、环境要求和历史(可持续发展)要求。所以工程建设是多目标系统。

一个工程要能都满足这些要求是困难的,甚至是不可能的,因为这些要求本身就是互相矛盾的,互相制约的。

要实现工程目标,必须进行严格的目标分析和优化,必须采用目标管理方法,对工程的建设过程进行全面的计划和控制。

2. 工程从构思开始,直到建设完成,有许多工程专业活动和管理活动。工程建设是由几百、几千、甚至几万个工程专业活动和管理活动构成的过程。

这些活动有各式各样的性质,如有工程的总体方案规划,有现场的混凝土浇捣;有智能化系统设计,也有基础土方挖掘;有大吨位的设备吊装,也有现场人员的安全和健康防护等。要取得一个成功的工程,必须按照工程的目标,将各个活动通过计划安排,导演成一个有序、高效、协调的过程,不能出现混乱。

3. 工程在实施过程中受到外界环境的影响大。

工程建设过程的时间一般都比较长,在此过程中外界环境是多变的。环境变化导致工程过程中有大量的不确定性,甚至会导致工程的失败。社会的政治环境、经济环境(汇率变动、价格调整等)、法律环境、自然环境的变化都会对工程的建设过程带来影响。

如由于工程建设大量都是露天作业,受到自然环境的影响很大。每一次发生异常的自然现象(如暴雨、台风、地震等),都会造成工程的停工、毁坏或者失败。

又如国家每一次宏观调控、价格调整,都会使一些工程的投资受到影响,甚至许多工程无法继续进行。

又如地质条件的变化会导致原来的基础方案必须修改,导致工程施工过程中的事故等。

4. 工程建设过程是一个技术、物质、组织、行为、管理系统的综合体。工程建设需要土地、材料、设备、资金、信息、技术等,则需要许多专业型的职能管理工作。

二、工程建设过程中各阶段管理工作需求

在工程建设过程中需要大量的管理工作。这些管理工作与前文所述的技术工作、经济工作、组织和信息工作紧密交织在一起，形成一个综合性的工程管理过程。

(一) 工程前期的决策咨询工作

在工程的前期策划阶段，由于工程尚未立项，所以没有工程的专业性实施工作，主要体现为投资者或上层组织对工程的构思、目标设计、可行性研究和评价与决策。在这个阶段，需要如下工程管理工作：

工程构思和机会的研究；

对已有的问题、工程条件与资源进行调查研究和收集数据；

工程目标系统的建立、分析和优化；

提出实施目标的设想、总体实施方案的建议，提出工程建设建议书；

进行可行性研究，并提出研究报告；

工程场地选择及土地价值评价；

工程建设和运行的风险分析；

工程总进度与财务安排的计划；

对工程进行技术评价、经济效益评价、环境评价、社会效益评价等。

(二) 在设计和计划阶段工程管理的工作

1. 编制工程实施规划。要取得一个成功的工程，必须编制系统、周密、切实可行的工程实施计划。包括：

工程目标的进一步研究和分析；

工程范围的划定，对工程项目进行系统结构分解；

对工程的环境进行进一步调查和分析；

协助制定工程总体的实施方案和策略；

制定工程各种职能型计划，如工程实施程序安排、工期计划、成本（投资）预算、质量计划、资源计划、采购计划、工程组织计划、资金计划、风险应对计划等。

2. 对规划设计的管理。包括：

提出规划设计要求、确定工程质量标准和编制设计招标文件；

对规划设计工作的管理，包括设计工作进度、质量、成本等控制和协调；

设计文件的审查和批准工作等。

3. 工程的招标投标管理工作。包括：

进行合同策划，进行工程分标，选择合同类型；

起草招标文件和合同文件；

进行资格预审；

招标中的各种事务性工作，如组织标前会议，下达各种通知、说明；

组织开标、评标、作评标报告；

召开澄清会议；

选择承包商，并签订合同；

分析合同风险并制定应对风险的策略，安排各种工程保险和担保等。

4. 工程实施前的准备工作。牵头进行施工准备，包括现场准备、技术准备、资源准

备等，与各方面进行协调，签发开工令。

（三）工程施工过程的全面控制

工程施工控制的总任务是保证按预定的计划进行工程施工，保证工程预定目标的圆满实现。在现代工程中，施工过程作为工程的一个独特的阶段，对工程的成败具有举足轻重的作用。工程施工阶段是工程管理工作最为活跃的阶段。控制的主要方面有：

1. 工程施工条件的提供和保证。
2. 编制或审查工程施工组织设计和计划。
3. 工程实施控制：

监督、跟踪、诊断项目实施过程；

协调设计单位、施工承包商、供应商的工作；

具体进行工程的范围管理、进度控制、成本（投资）控制、质量控制、风险控制、材料和设备管理、现场和环境管理、安全生产与文明施工管理、信息管理等工作，保证施工有秩序高效率地进行。

4. 工程竣工的各项工作，包括：

（1）编制工程的竣工计划；

（2）工程的竣工决算；

（3）组织工程的验收与交接，费用结算，资料的交接；

（4）工程的运行准备；

（5）项目后评价，总结工程建设的经验教训和存在的问题；按照业主的委托对工程运行情况、投资回收等进行跟踪。

（6）协助工程审计；

（7）对工程的保修与回访工作的管理。

第五节　工程的法律和合同问题

一、工程法律问题

1. 现代社会是法制社会。工程建设和运行投资额巨大，持续时间长，十分复杂，会影响或涉及许多方面的利益，承担很大的社会责任和历史责任。为了保证工程的顺利进行，保护工程相关者各方的利益，国家为工程建设和运行颁布了各式各样的法律法规。例如，合同法、环境保护法、税法、招标投标法、建筑法、保险法、文物保护法等。由于工程的复杂性和特殊性，使得适用于工程建设和运行相关的法律法规数量非常多，是其他领域不可比拟的。工程在其全寿命期内都有可能碰到各种各样的法律问题。

2. 工程参加者、管理者的所有行为必须符合法律的规定，不能与法律规定相冲突，否则就会承担相应的法律后果。

工程中出现的各种法律问题，其后果通常都是严重的。如：

工程规划不符合法律规定的程序和要求，必须修改，甚至要拆除；

工程设计不符合城市规划的要求；

工程建设程序不符合法律的规定；

工程招标不符合招标投标法的规定，导致招标无效；

工程施工违反环境保护法，受到周边居民投诉，被罚款；

工程质量不符合国家强制性标准要求，必须返工等。

有些工程法律问题在我国甚至已经成为严重社会的问题，例如工程的拆迁补偿问题，拖欠农民工工资问题等。

3. 目前我国工程界违反法律的问题非常严重。这是我国工程界混乱的原因之一。

工程相关的法律问题和因此造成的后果已经引起了社会极大的关注。作为工程建设者一定要知法、懂法，既要保证自己不违法，也要保护自己不被他人侵权。

二、工程合同问题

1. 工程合同的重要作用

（1）合同作为工程组织的纽带，将工程所涉及的规划、各专业设计、施工、材料和设备供应联系起来，形成工程的分工协作关系，协调并统一工程各参加者的行为。

（2）业主通过合同运作工程项目，将工程的实施和管理活动委托出去，并实施对工程过程的控制。所以工程实施和运行过程又是许多合同的签订和执行过程。

（3）合同作为调节工程参加者各方经济责权利关系的手段，工程参加者各方的工作目标、责任、权利、相关利益（如工程价格和支付）都由与之相关的合同规定。合同又是工程过程中参加者各方的行为准则和各种活动的依据。一旦发生了争执，合同又是解决争执的依据。

2. 工程合同的复杂性

（1）工程合同种类很多。一个工程涉及融资（或合资、贷款）合同、各种工程承包合同、勘察设计合同、各种供应合同，以及各种分包合同等。一个工程相关联的合同有几十份、几百份，甚至几千份，它们构成一个复杂的工程合同体系。上海地铁1号线业主签订了3000多份合同，南京地铁1号线业主签订了300多份合同。

（2）合同签订和实施过程复杂。由于工程建设是一个渐进的过程，持续时间长，这使得相关的合同，特别是工程承包合同寿命期长。它不仅包括施工期，而且包括招标投标和合同谈判以及工程保修期，所以一般至少2年，长的可达5年或更长的时间。

由于工程合同在工程实施前签订，在签订时不可能将工程实施中的所有情况都考虑到，实际情况又是千变万化的，所以合同中，以及合同之间经常会存在错误、矛盾和漏洞。

（3）工程合同是最复杂的合同类型，它由许多条款、文本、图纸、规范等构成。现代工程合同文本又是极为复杂、繁琐、准确、严密和精细的，常常一个术语的不同解释能关系到一个重大索赔的解决结果。

（4）工程合同内容涉及工程相关法律、工程技术（如技术标准、规范）、工程价格（合同价格）、工期（合同工期）、管理程序（如质量管理、造价管理、工期管理等）、工程参加者责权利关系等各方面，具有高度的综合性。

（5）与其他领域的合同不同，工程实施对社会和历史的影响大，政府和社会各方面对工程合同的签订和实施过程予以特别的关注，有更为细致和严密的法律规定。

3. 工程中需解决的合同问题

在工程中为了有效地利用合同实现工程目标，保证工程的成功，需要严格的合同管理，需要解决如下问题：

如何对工程进行科学的合同策划，构造工程的合同体系；

如何签订有利的公平的合同；

如何圆满的执行合同，保证工程的顺利实施；

如何通过合同保护自己的利益，防止自己和对方的违约行为等。

复 习 思 考 题

1. 现代工程建设中需要解决哪些技术问题？这些技术问题与成功的工程有什么关系？
2. 现代工程建设中需要处理哪些经济问题？这些经济问题与成功的工程有什么关系？
3. 现代工程建设中有哪些组织问题？
4. 在工程建设过程的各个阶段应完成哪些工程管理工作？这些问题的解决对工程的成功产生什么影响？
5. 工程建设中有哪些法律问题与合同问题？
6. 实践活动：参观正在进行的工程项目，了解该工程在建设中有哪些技术问题、经济问题、管理问题和组织问题等需要解决。

第八章 现代工程管理理论和方法

【本章提要】 本章主要介绍现代工程管理的理论和方法体系。包括：

1. 现代工程管理理论和方法的基础，包括系统工程理论和方法、控制理论和方法、信息管理理论、方法与技术、组织理论和方法、最优化理论和方法。

2. 工程管理的重要专业理论和方法，包括工程项目管理、工程估价、工程经济学、工程建设法律法规、工程合同管理等。它们形成工程管理的重要课程体系。

3. 计算机技术和现代信息技术在工程管理中的应用。它们提供现代工程管理的手段和工具。

现代工程管理理论和方法是为了解决工程和工程管理的问题，以取得成功的工程，所以它的目标应该与成功的工程的指标相一致。它在很大程度上决定了工程管理专业的教学体系。

第一节 工程管理理论和方法的基础

一、系统工程理论和方法

1. "系统"的定义

系统一词在古希腊就已使用。它来自拉丁语 syatema，由词头"共同"和词尾"位于"结合而成，表示共同组成的群或是集合的概念。它是工程界应用最广的基本概念。许多专家学者企图用最简单的语言对它下定义。

《一般系统论》的创始人贝塔朗菲认为："系统可以定义为相互关联的元素的集合。"

钱学森等学者对系统的定义是："系统是由相互作用和相互依赖的若干组成部分结合而成的、具有特定功能的有机整体"。

对于这些定义，尽管表述不同，但是都共同地指出了系统的三个基本特征：

（1）系统是由元素所组成的；

（2）元素间相互影响、相互作用、相互依赖；

（3）由元素及元素间关系构成的整体具有特定的功能。

系统是要素的组合，但这种组合不是简单叠加和堆积，而是按照一定的方式或规则进行的，其目的是更大程度地提高整体功能，适应环境的要求，以更加有效地实现系统的总目标。

依据上述定义可以看出，系统是一个涉及面广、内涵丰富的概念，它几乎无所不在。我们就处在由各种系统所构成的客观世界，如国民经济系统、城市系统、环境系统、企业系统、教育系统等。

任何工程都是一个系统，它又是由各种子系统（系统）构成的。实质上前面我们已经在许多地方用过"系统"一词。工程可以从许多角度进行系统描述，例如：

从技术的角度，整个工程、工程的某个功能面、每个专业工程都是系统。对工程技术系统而言，一个工程有主体结构系统、给水系统、强电系统、通信系统、景观系统、智能化系统等。

从参加者的角度，有投资者、业主、工程管理公司、承包商、设计单位、供应单位等组成的工程组织系统；

从工程的全寿命期角度，包括前期策划、设计和计划、施工、运行等工程的过程系统；

从工程管理的角度，包括各个职能子系统，如计划管理子系统、合同管理子系统、质量管理子系统、成本管理子系统、进度管理子系统、资源管理子系统等。

工程的各个系统要素紧密配合、互相联系、互相影响，共同构成一个工程系统整体。

2. 系统工程方法概述

系统工程是以有人参与的复杂大系统为研究对象，按照一定的目的对系统进行分析与管理，以期达到总体效果最优的理论与方法。

1975年美国科学技术辞典对系统工程解释为："系统工程是研究复杂系统设计的科学，该系统由许多密切联系的元素所组成。设计该复杂系统时，应有明确的预定功能及目标，并协调各元素之间及元素和总体之间的有机联系，以使系统能从总体上达到最优目标。在设计系统时，要同时考虑到参与系统活动的人的因素及其作用"。

1978年钱学森对系统工程的定义是："系统工程是组织管理系统的规划、研究、设计、制造、试验和使用的科学方法，是一种对所有系统都具有普遍意义的方法"。

3. 系统工程方法在工程管理中的应用

系统工程方法是处理工程问题的最有效的方法。它贯穿于工程相关的各专业的理论和方法中。

（1）任何工程的参加者，包括工程管理者和工程技术人员首先必须确立基本的系统工程观念。在解决各种工程问题时，人们都采用系统工程方法，从"总体"上去考察、分析与研究问题，解决问题，作全面的整体的计划和安排，减少系统失误。在采取措施，做出决策和计划并付诸实施时都要考虑各方面的联系和影响。

例如在工程中要修改某一部分建筑方案，必须考虑该方案的修改对相邻部分建筑和整个建筑方案的影响，还要考虑对工程结构方案的影响，考虑对其他专业工程（如给水排水管道、装饰工程、综合布线等）的影响，考虑对工程价格的影响，对工程实施计划的修改（如采购计划）等。

（2）追求工程的整体最优化，强调系统目标的一致性，强调工程的总目标和总效果，而不是局部优化。这个整体常常不仅仅指整个工程建设过程，而且指工程的全寿命期，甚至还包括对工程的整个上层系统（如国家、地区、企业）的影响。

（3）在工程管理的各门专业课程中都体现了系统工程方法的应用。例如工程项目结构分解方法（WBS）、工程界面管理方法、工程成本（费用）结构分解（CBS）、工程合同结构分解（CBS）、工程计划系统、工程管理信息系统、工程实施控制系统等。

（4）工程管理的集成化

现代工程规模大、范围广、投资大；有新知识新工艺的要求，技术复杂、新颖；由成百上千个单位共同协作；由许多功能面和专业工程子系统构成；由成千上万个在时间和空间上相互影响、互相制约的活动构成；受多目标限制，如资金限制、时间限制、资源限制、环境限制等，是复杂的大系统。只有通过集成化的管理方法才能取得成功。

工程集成化管理是将工程全寿命期、全部管理职能、工程组织各方、所有专业工程子系统和功能区（单体建筑）纳入一个统一的管理系统中，以保证管理的连续性和一致性。它的关键问题是工程全寿命期的目标系统设计、统一的责任体系，保持组织责任的连续性和一致性。在工程管理中，我们可以在以下方面进行集成化管理：

将工程的整个寿命期，从工程构思到工程拆除的各个阶段综合起来，形成工程全寿命期一体化的管理过程；

把工程的目标、各专业子系统、资源、信息、活动及组织整合起来，使之形成一个协调运行的综合体；

将工程管理的各个职能，如成本管理、进度管理、质量管理、合同管理、信息管理、资源管理、组织管理等综合起来，形成一个有机的工程管理系统；

业主、承包商、设计单位、工程管理公司、供应商和运行维护单位等各方面管理系统的集成化和一体化。

集成化的工程管理要求进行工程全寿命期的目标管理，综合的计划，综合的控制，良好的界面管理，良好的组织协调和信息沟通渠道。

工程管理集成化也使工程管理学科的各门课程之间互相渗透，其界限在逐渐淡化。

工程管理的集成化是目前工程管理领域研究和应用的热点之一。

二、控制理论和方法

"控制"一词，英文为 Control，本意为掌舵手，后转化用于管理系统，管理人，管理国家等的艺术。控制理论和方法在许多学科领域，特别在工程技术和工程管理领域中得到了广泛的应用，发挥了重要作用。

直观地说，所谓控制是指施控主体（如工程管理者）对受控客体（即被控对象，如工程、工程组织和工程实施过程）的一种能动作用，这种作用能够使受控客体根据预定目标运动，并最终达到这一目标。控制的目的就是保证预定目标的实现。

工程中的控制是综合性控制过程：

1. 多目标控制

工程中的控制范围非常广泛，对工程成功的各个影响因素都必须进行控制，如工程范围控制、质量控制、时间控制、成本（投资）控制、合同控制、风险控制、环境控制、安全控制等。

2. 综合采用事前控制、事中控制和事后控制方法

（1）事前控制就是在工程活动之前采取控制措施，如详细调查并分析研究外部环境条件，以确定影响目标实现和计划实施的各种有利和不利因素，并将这些因素考虑到计划和各个管理职能之中。当根据已掌握的可靠信息预测出工程实施将要偏离预定的目标时，就采取纠正措施，以便使工程的建设和运行不发生偏离。

事前控制也叫前馈控制。在工程中编制切实可行的计划，对参加者进行资格预审，签订有利、公平和完备的合同，建立完备的工程管理程序等都是前馈控制。

（2）事中控制是指在工程实施过程中确保工程依照既定方案（或计划）进行。它通过

对工程的具体实施活动的跟踪,防止问题的出现。

如在工程施工过程中进行旁站监理,现场检查,防止偷工减料,就是事中控制。

(3) 事后控制是指根据当期工程实施结果与预定目标(或计划)的分析比较,提出控制措施,在下一轮生产活动中进行控制的方式。它是利用实际实施状况的信息反馈对工程过程进行控制,控制的重点是今后的生产活动。其控制思想是总结过去的经验与教训,把今后的事情做得更好。

它是一种反馈控制,在工程中有着广泛的应用,例如对现场已完工程进行检查,对现场混凝土的试块进行检验以判定工程施工质量,在月底对工程的成本报表进行分析等。

3. 采用主动控制和被动控制相结合的方法

(1) 主动控制

1) 主动控制就是预先分析目标偏离的可能性,并拟定和采取各项预防性措施,以保证计划目标得以实现。主动控制是对未来的控制,它可以尽可能的改变偏差已经成为事实的被动局面,从而减少损失,使控制更有效。

2) 从组织的角度上,要求工作完成人发挥自己的主观能动性,自律,自己做好工作,进行自我控制。例如在工程施工质量管理中,首先要求施工人员自我控制,质量自检。

(2) 被动控制

1) 它是从工程活动的完成情况分析中发现偏差,对偏差采取措施及时纠正的控制方式。其过程包括:

对计划的实施进行跟踪,收集实施情况的信息;

对工程信息进行加工、整理,再传递给控制部门;

控制部门从中发现问题,找出偏差,寻求并确定解决问题和纠正偏差的方案;

实施这些纠偏方案,使得工程实施一旦出现偏离目标的情况就能得到纠正。

2) 通过工程参加者之间的制衡,通过他人的监督检查,进行控制。

(3) 主动控制和被动控制的关系

对工程管理人员而言,主动控制与被动控制都是实现工程目标所必须采用的控制方式。有效的控制系统是将主动控制与被动控制紧密地结合起来,尽可能加大主动控制过程,同时进行定期、连续的被动控制。只有这样,才能取得工程的成功。

4. 采用循环过程的闭合回路控制方法——PDCA 循环法

工程控制是一个循环往复,持续改进的过程。美国管理专家戴明首先提出来的 PDCA 循环管理法,就是体现这种管理理念。

图 8-1 PDCA 循环的四个阶段

PDCA 是英文 Plan(计划)、Do(执行)、Check(检查)、Action(总结处理)四个词的第一个字母的缩写。它的基本原理,就是做任何一项工作,或者任何一个管理过程,一般都要经历四个阶段(图 8-1)。

首先有个设想,根据设想提出一个计划;

然后按照计划规定去执行;

在执行中以及执行后要检查执行情况和结果;

总结经验和教训,寻找工作过程中的缺陷,并提出改进措施,最后通过新的工作循环,一步一步地提高水平,把工作越做越好。这是做好一切工作的一般规律。

PDCA 循环法有以下几方面特点：

(1) 每一个循环系统过程包括"计划——执行——检查——总结"四个阶段，它靠工程管理组织系统推动，周而复始地运动，中途不得中断。一次循环解决不了的问题，必须转入下一轮循环解决。这样才能保证工程管理工作的系统性、全面性和完整性。

(2) 一个工程本身是一个 PDCA 大循环系统；内部的各阶段，或组织的各部门，甚至某一个职能管理工作都可以看作一个中循环系统；基层小组，或个人，或一项工程活动都可以看作一个小循环系统。这样，大循环套中循环，中循环套小循环，环环扣紧；小循环保中循环进而保大循环，推动大循环。把整个工程管理工作有机地联系起来，相互紧密配合，协调地共同发展（图 8-2）。

(3) PDCA 循环是螺旋式上升和发展的。每循环一次，都要有所前进和提高，不能停留在原有水平上。通过每一次总结，都要巩固成绩，克服缺点；通过每一次循环，都要有所创新，从而保证工程管理持续改进，管理水平不断地得到提高（图 8-3）。

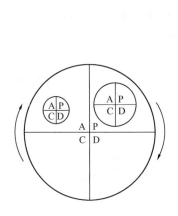
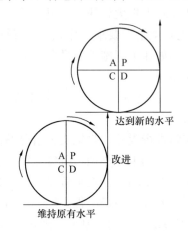

图 8-2　PDCA 循环过程嵌套　　图 8-3　PDCA 循环过程的持续改进

三、信息管理理论、方法与技术

1. 信息管理概述

工程的信息化水平的高低是衡量工程相关产业现代化程度的标志。工程的决策、设计和计划、施工及运行管理方式随着信息技术的发展而发生了重大的变化，很多传统的方式已被信息技术所代替。通过信息管理可以有效地整合信息资源，充分利用现代信息技术，促进信息的共享和有效的信息沟通，从而实现优化资源配置、提高工程管理效率、规避工程风险，保证工程的成功。具体地说，通过信息管理可以：

使上层决策者能及时准确的获得决策所需的信息，能够有效、快速地决策；

实现工程组织成员之间信息资源的共享，消除信息孤岛现象，防止信息的堵塞，达到高度协调一致；

有效地控制和指挥工程的实施；

让外界和上层组织了解工程实施状况，更有效地获得各方面对工程实施的支持。

2. 工程信息管理的任务

工程信息管理就是对工程的信息进行收集、整理、储存、传递与应用的总称。工程管

理者承担着工程信息管理的任务,具体包括如下主要内容:

(1) 按照工程实施过程、工程组织、工程管理工作过程建立工程管理信息系统,在工程实施中保证这个系统正常运行,并保证信息的传递和流通渠道的畅通。

(2) 组织工程基本情况的信息,并系统化,对各种工程报告及各种资料作出规定,例如报告和各种资料的格式、内容、数据结构要求。

(3) 通过各种信息渠道收集信息,如现场记录、调查询问、观察、试验等,并作各种信息处理工作。

高科技为现代工程的信息收集提供了许多新的方法和手段,如现场录像、互联网系统、各种专业性的数据采集系统技术、全球定位系统(GPS)和地理信息系统(GIS)等。

(4) 文档管理工作。通过文档系统,有条理地储存和提供信息。

3. 信息管理作为工程管理的一项职能,通常在工程组织中要设置信息管理人员。现在在一些大型工程和企业中都设有信息中心。但信息管理又是一项十分普遍的、基本的工程管理工作,是每一个参与工程的组织单位或人员的一项基本工作责任,即他们都要担负收集、处理提供和传递信息的任务。

四、组织理论和方法

"组织"一词,其含义比较宽泛,人们通常所用的"组织"一词一般有两个意义:

(1) "组织工作",表示对一个过程的组织,对行为的策划、安排、协调、控制和检查,如组织一次会议,组织一次活动,对一个工程施工过程的组织;

(2) 结构性组织,是人们(单位、部门)为某种目的,按照某些规则形成的职务结构或职位结构,如工程项目组织、企业组织等。

在此基础上,组织理论包括两个相互联系的研究方面:

(1) 组织结构。组织结构侧重于组织的静态研究,以建立精干、合理、高效的组织结构为目的。

(2) 组织行为。组织行为侧重于组织的动态研究,以建立良好的人际关系,保证组织有效的沟通和高效运行为目的。

工程组织理论是将现代组织理论与工程的特殊性相结合而产生的工程管理理论,是工程管理最富特色的地方。

(一) 工程组织结构设计

为了实现工程目标,使人们在工程中高效率地工作,必须设计工程组织结构,并对工程组织的运作进行有效的管理。

1. 工程组织结构指工程组织内部分工协作的基本形式或框架。它反映了:

(1) 工程各参加者(单位、个人和部门等)的一系列的正式的任务安排,即工程实施和管理工作在各个部门与组织成员之间的分配。

(2) 工程中正式的指令和报告关系,即谁向谁负责,权力的分配、决策责任、权力分层的数量(管理层次)以及管理人员的控制范围(管理幅度)等。

(3) 工程组织的内部协调机制。工程组织为了保证跨部门合作,设计一套有效解决信息传输和组织协调的体系。

2. 工程组织形式通常有独立的工程项目组织、职能型组织、矩阵型组织等。在现代高科技工程中还有网络式组织和虚拟组织等形式。

工程组织形式的选择与工程的资本结构、工程承发包方式、工程管理模式、工程的规模、复杂程度、同时管理工程的数量、工程目标的重要性等因素有关。

3. 工程组织结构由管理层次、管理跨度、管理部门和管理职责四个因素组成。这些因素相互联系、相互制约。在进行工程组织结构设计时，应考虑这些因素之间的平衡与衔接。

(1) 管理层次。管理层次是指从组织的最高管理者到最底层操作者的等级层次的数量。合理的层次结构是形成合理的权力结构的基础，也是合理分工的重要方面。

管理层次多，信息传递就慢，而且会失真，决策效率也很慢。同时所需要的管理人员和设施数量就越多，协调的难度就越大，管理费用越高。

通常工程越大，工程参加单位越多，工程分包越细，工程组织的层次就越多。

(2) 管理跨度。管理跨度是指一个上级管理者直接管理下属的数量。跨度大，管理人员的接触关系增多，处理人与人之间关系的数量随之增大，他所承担的工作量也增多。

对一个具体的工程，管理跨度与管理层次相互联系、相互制约，二者成反比例关系，即管理跨度越大，则管理层次越少；反之，管理跨度越小，则管理层次越多。

工程组织管理跨度与管理者所处的层次、被管理者素质、工作性质、管理者的意识、组织群体的凝聚力、工程的信息化程度等因素相关。

在现代大型工程，以及大的工程企业中，由于同时管理的工程范围很大，或数量很多，所以大多数采用少层次，大跨度的组织形式。

(3) 管理部门。管理部门是指组织中主管人员为完成规定的任务有权管辖的一个特定的领域，在工程建设阶段主要指项目经理部。划分管理部门一方面是工程管理专业化要求；另一方面是为了确定组织中各项任务的分配与责任的归属，以求分工合理、职责分明，从而有效地达到组织的目标。通常在一个工程项目经理部中要设立计划、财务、技术、材料、机械设备、合同、质量、安全、综合事务等管理部门。

(4) 管理职责。职责是指某项职位应该完成的任务及其责任。职责的确定应目标明确，有利于提高效率，而且应便于考核。同时应授予与职责相应的权力和利益，以保证和激励管理部门完成其职责。

工程组织中通常采用责任矩阵，工作说明表等分配管理职责。

4. 工程组织结构设计的原则

(1) 目的性原则

虽然工程是分阶段实施的，工程组织成员隶属于不同的单位（企业），具有不同的利益，因此会有不同的目标，但他们都应遵循"一切为了确保工程的成功"这一根本目的。

(2) 责权利平衡的原则

在工程组织设置和运行过程中，例如在确定工程投资者、业主、工程管理公司、承包商，以及其他相关者之间关系，在确定工程项目经理部部门之间关系，确定项目经理部与企业关系，以及在起草合同、制订计划、制定组织规则时，都应符合责权利平衡的原则。

(3) 适用性和灵活性原则

工程组织结构是灵活的、多样的，没有普遍适用的工程组织形式，应按照工程规模、范围、工程组织的大小、环境条件及工程的实施战略选择。即使一个企业内部，不同的工程有不同的组织形式；甚至一个工程在不同阶段就可以采用不同的组织形式，有不同的授权。

(4) 组织制衡原则

由于工程和工程组织的特殊性要求组织设置和运作中必须有严密的制衡措施，它包括：任何权力须有相应的责任和制约；设置责任制衡和工作过程制衡体系；加强过程的监督；保持组织界面的清晰等。

(5) 合理授权和分权的原则

工程组织设置必须形成合理的组织职权结构和职权关系。

1) 在工程组织中，投资者对业主，业主对项目管理公司，承包企业对施工项目经理部是授权管理。授权过程应包括确定预期的成果、委派任务，授予实现这些任务所需的职权，使下属有足够的权力完成这些任务。

2) 企业内部与工程项目经理部之间是分权管理。合理的分权既可以保证指挥的统一，又可以保证各方面有相应的权力来完成自己的职责，能发挥各方面的主动性和创造性。

(二) 工程组织行为

由于工程的特殊性，使得人们在工程组织中的行为是很特殊的：

(1) 由于工程是一次性的、常新的，在工程组织中特别容易产生短期行为，工程的组织摩擦大，人们的归属感和组织安全感不强，组织凝聚力较弱，组织成员之间沟通存在障碍。

(2) 工程任务是由许多企业共同承担的，业主、承包商、供应商、项目管理公司都属于不同的企业，他们在工程组织中承担不同的角色，有不同的目标、组织文化，由此导致不同的组织行为。

(3) 工程的组织形式影响组织行为。人们在独立式组织中的行为与在矩阵式组织中的行为是不同的。

(4) 由于工程必须得到高层的支持，工程上层组织的组织模式、管理机制、上层领导者的管理风格等，会影响工程的组织行为。

(5) 合同形式影响工程的组织行为。特别对于承包商，他对工程控制的积极性受他与业主签订的合同形式的影响。

(三) 工程组织协调

协调就是联结、联合及调和所有的活动和力量。协调的目的是要处理好工程内外的大量复杂关系，调动协作各方的积极性，使之协同一致、齐心协力，从而提高工程组织的运作效率，保证工程目标的实现。

工程组织协调是实现工程目标必不可少的方法和手段。在工程的实施过程中，组织协调的主要内容有：

1. 工程组织与外部环境协调。包括：

与政府管理部门的协调，如与规划、城建、市政、消防、人防、环保、城管等部门的协调；

与资源供应部门方面的协调，如与供水、供电、供热、电信、通信、运输和排水等方面的协调；

与工程生产要素（如土地、材料、设备、劳动力和资金等）供应各单位的协调；

与工程社区环境方面的协调等。

2. 工程参与单位之间的协调

主要有业主、监理单位、设计单位、施工单位、供货单位等之间的协调。

3. 工程项目经理部内部的协调

指一个工程项目经理部内部各部门、各层次之间及个人之间的协调。

五、最优化理论和方法

1. 最优化理论的概念

最优化理论即运筹学，广泛应用于工业、农业、交通运输、商业、国防、建筑、通信、政府机关等各个部门、各个领域。它主要解决最优生产计划、最优分配、最佳设计、最优决策、最佳管理等最优化问题。掌握优化思想和方法并善于对遇到的问题进行优化处理，是工程管理专业必须具备的基本素质。

"运筹"在中文意义上即运算筹划、以策略取胜的意思。运筹学是在第二次世界大战中，盟军科学家研究如何有效地使防空作战系统运行，合理配置雷达站，使整个空军作战系统协调配合来有效地防御德军飞机入侵中发展起来的。二战以后，运筹学在社会经济领域迅速发展，在工程中应用也取得了许多成果。

运筹学是用数学方法研究经济、社会和国防等部门，以及工程在内外环境的约束条件下合理调配人力、物力、财力等资源，使系统有效运行的科学技术。它可以用来预测系统发展趋势、制订行动规划或优选可行方案。

2. 最优化理论的主要内容

最优化理论研究的内容十分广泛，主要分支有：线性规划、非线性规划、整数规划、几何规划、大型规划、动态规划、图论、网络理论、博弈论、决策论、排队论、存储论、搜索论等。

3. 运筹学在工程管理中的应用主要体现在以下几方面：

（1）施工计划。如施工作业的计划、日程表的编排、合理下料、配料问题、物料管理等。

（2）库存管理。包括多种物资库存量的管理，库存方式、库存量优化等。

（3）运输问题。如确定最小成本的运输线路、物资的调拨、运输工具的调度及建厂地址的选择等。

（4）人事管理。如对人员的需求和使用的预测，确定人员编制、人员合理分配，建立人才评价体系等。

（5）财务和会计。如应用于经济预测、贷款和成本分析、定价、现金管理等方面。

（6）其他。如设备维修、更新改造、项目选择、评价，工程优化设计与管理等。

第二节 工程管理重要的专业理论和方法

一、工程项目管理

工程项目管理是工程管理理论和方法体系的核心内容。它是针对工程建设过程的管理。主要工作可以分为许多管理职能。在工程项目经理部中一般都是按照管理职能落实部门责任。通常工程项目管理职能有：

1. 工程的范围管理。包括按照目标对工程范围的策划、计划和控制。
2. 综合管理，包括综合的计划、控制和工程变更管理等。
3. 成本（投资）管理。这方面包括如下具体的管理活动：

(1) 成本（投资）的预测和计划，包括工程投资的估算、概算和预算。

(2) 工程估价，对工程编制标底和报价，以及在工程施工中对工程变更进行估价。

(3) 工程项目的支付计划、收款计划、资金计划和融资计划。

(4) 成本（投资）控制，包括对已完工程进行量方，指令各种形式的工程变更，处理费用索赔，审查、批准进度付款，审查监督成本支出，作成本跟踪和诊断。

(5) 工程款结算和审核。准备竣工结算以及最终结算，提出结算报告。

4. 工期管理。这方面工作是在工程量计算、实施方案选择、施工准备等工作基础上进行的，包括如下具体的管理活动：

(1) 工期计划，包括确定工程活动的持续时间、安排活动之间的逻辑关系；按照总工期目标安排各工程活动的工期。

(2) 资源供应计划。按照工期计划编制资源供应进度计划。

(3) 进度控制。包括审核承包商的实施方案和进度计划；监督项目参加者各方按计划开始和完成工作；要求承包商修改进度计划，指令暂停工程，或指令加速；处理工期索赔要求。

5. 质量、安全、环境和健康等的管理。包括：

审核承包商的质量保证体系和安全保证体系；

对材料采购、实施方案、设备进行事前认定和进场检查、验收；

现场管理、安全管理和环境管理等；

技术管理；

对工程施工过程进行质量监督、中间检查，对已完工程进行验收；

对不符合要求的工程、材料、工艺的处置；

组织整个工程竣工验收，安装调试和移交；

为工程运行作各种准备，如使用手册、维修手册、人员培训、运行物质准备等；

6. 组织和信息管理。这方面包括如下具体管理活动：

(1) 建立工程组织机构和安排人事，选择项目管理班子，培训项目管理职能人员，促进团队精神文明建设；

(2) 制定项目管理工作流程，落实各方面责权利关系，制定项目管理工作规则；

(3) 领导项目经理部工作，积极解决出现的各种问题和争执；处理内部与外部关系，沟通、协调项目参加者各方；

(4) 信息管理，包括：

建立管理信息系统，确定组织成员（部门）之间信息的形式、信息流；

收集工程过程中的各种信息，并予以保存；

起草各种文件，向承包商发布图纸、指令；

向业主、企业和其他相关各方提交各种报告。

(5) 组织协调

协调各参加者的利益和责任，调解争执；

向企业领导和企业职能部门经理汇报项目状况；

举行协调会议等。

7．采购和合同管理。这方面有如下具体管理活动：

（1）采购计划制定和采购工作的安排；

（2）招标投标管理，包括合同策划、招标准备工作、起草招标文件、作合同审查；

（3）合同实施控制，包括解释合同，确保项目人员了解合同，遵守合同；监督合同实施；对来往信件进行合同审查；审查承包商的分包合同，批准分包单位等；

（4）合同变更管理；

（5）索赔管理，解决合同争执等。

8．风险管理。它包括风险识别、风险分析、风险应对计划和控制等。

9．其他，如工程过程中的各种事务性管理工作等。

二、工程估价

1．工程估价的作用是确定工程建设所需要的费用（投资、成本），为工程的经济评价、决策、目标设定、计划和招标（签订合同）、投资控制、工程结算、决算等工作服务的。

2．工程估价的基础。工程估价是在如下条件的基础上对工程费用的估计：

（1）工程的目标，包括工程的规模、功能目标、工期目标、环境目标等；

（2）工程设计图纸、工程技术标准和质量要求；

（3）工程环境因素，特别是市场物价、劳动力价格、工程地质条件等；

（4）工程的进度、技术和设备方案、采购方案的安排；

（5）对工程实施活动的分析和安排，劳动力消耗、设备消耗、材料消耗和其他费用消耗的确定。

3．工程不同阶段的估价。在工程建设的各阶段，需要分别合理确定工程的投资估算、设计概算、施工图预算、承包合同价、结算价、竣工决算（图8-4）。

（1）一般在项目建议书阶段，要编制初步投资估算，作为投资机会筛选的依据；

（2）在可行性研究阶段，要对工程的总投资做出估算，作为项目决策的依据；

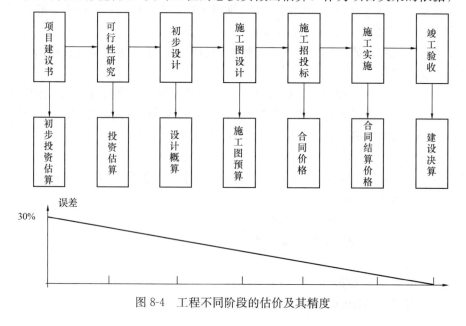

图8-4 工程不同阶段的估价及其精度

(3) 在初步设计阶段，要编制工程设计概算，作为控制拟建工程造价的最高限额；

(4) 在施工图设计阶段，要编制施工图预算，作为确定承包商的依据；

(5) 在工程施工阶段，要按照双方签订的合同，合理确定结算价；

(6) 在竣工验收阶段，要全面汇集建设过程中实际花费的全部费用，编制竣工决算，反映建设工程的实际造价。

在工程的不同阶段，估计出工程建设所需要的费用数额有不同的精度。工程建设总成本在这个过程中不断发展和具体化，经历了不断修正的过程。但是，不管事先人们的设计和计划做得多么的详细，想要一开始就拿出精度为100%的工程估价是不可能的。因为所有的计划都是基于假设制定的，在未来的时间里随时都可能发生变化。

由于对信息的掌握程度不同，各阶段工程估价的精度也不同（图8-4）。如可行性研究阶段，其精度可能是±20%，初步设计阶段是±15%，施工图设计阶段是±5%～±10%。只有在工程竣工后，经过竣工结算后，才能够得到准确的工程全部建造费用。

4. 工程估价方法

(1) 在工程的不同阶段，工程估价采用不同的方法。在投资决策阶段主要采用类比法（生产能力指数法、比例估算法）；在初步设计阶段，主要采用概算指标法或概算定额法编制设计概算；在施工图预算阶段，主要参照造价主管部门颁布的预算定额编制施工图预算。

(2) 国家规定，工程预算造价由直接费、间接费、利润和税金组成，如表8-1所示。

工程造价组成 表8-1

造价构成费用名称		造价构成费用内涵
直接费	直接工程费	指施工过程中耗费的构成工程实体的各项费用，包括人工费、材料费、施工机械使用费
	措施费	指为完成工程项目施工，发生于该工程施工前和施工过程中非工程实体项目的费用
间接费	管理费	指建筑安装企业组织施工生产和经营管理所需费用
	规费	指政府和有关权力部门规定必须缴纳的费用
利润		指施工企业完成所承包工程获得的盈利
税金		指国家税法规定的应计入建筑安装工程造价内的营业税、城市维护建设税及教育费附加等

(3) 我国工程估价具有组合性计价的特点，主要采用单价法，即计算构成完整工程的各专业工程的造价，然后求和计算整个工程的造价。

工程量是工程估价中一个重要的计价要素。我国建筑工程工程量通常是将工程按工艺特点、工作内容、工程所处位置细分成分部分项工程，作为工程计价对象，在招标文件中的工程量清单中列出，承包商按此报价，并作为业主和承包商之间实际工程价款结算的依据。

如我国建设工程工程量清单计价规范《中华人民共和国国家标准》（GB 50500—2008）附录中列出了各专业工程的清单项目。

(4) 工程基本计价方法可以从不同的角度予以描述。

1) 工料单价法和综合单价法

①采用工料单价法计价。工料单价由两部分组成：

A. 完成单位分部分项工程的人工消耗量、材料消耗量和施工机械台班数量；

B. 与它们相对应的人工工资单价、材料预算价格和机械台班预算价格。

构成工程造价的其他费用按照有关规定另行计算。

②采用综合单价法计价，其分部分项工程单价为除规费、税金以外的全费用单价，包括人工费、材料费、机械使用费、管理费和利润，并考虑风险因素。

2) 定额计价法和工程量清单计价法

①定额计价法适用于工程建设各环节对工程进行估价，是以工程图纸为依据，根据政府建设主管部门颁布的预算定额、有关计价规则及现行人工、材料、机械台班的预算价格进行造价计算。

在计算出每一分项工程的直接工程费后，再综合形成整个工程的价格。定额计价法一般使用工料单价法。定额计价法的实质，是国家通过颁布统一的估算指标、概算指标，以及概算、预算定额和其他有关定额，对建筑产品价格进行有计划的管理。

②工程量清单计价法，主要适用于施工承发包阶段对工程进行估价，是指在统一的工程量清单项目设置及工程量计算规则的基础上，根据具体工程的施工图纸计算出各个清单项目的工程量，再根据有关定额（政府发布的消耗量定额或企业定额）以及各种渠道所获得的工程造价信息和经验数据计算得到各工程量清单费用，最后计算规费和税金形成工程造价。

工程量清单计价法一般使用综合单价法。工程量清单为工程承发包双方提供了一个平等的平台，把定价自主权交给市场参与方。这一计价方法的本质是市场定价，是由建设产品的买方和卖方在建设市场上根据供求状况、信息状况进行自由竞价，从而最终确定工程合同价格。

5. 工程估价与其他方面的关系

工程估价与工程项目管理、工程技术经济、工程合同管理、施工技术、工程结构等课程有密切联系，进行工程估价工作必须熟悉国家颁发的有关现行法令、规定、标准、制度，以及各种定额手册。

三、工程经济学

工程经济学是工程管理专业最主要的经济类课程。

1. 工程经济学是研究工程过程中的经济性问题，即如何使工程建设和运营更加经济。

(1) 一个工程立项，必须通过经济评价（包括财务评价和国民经济评价）。这是工程经济学的主要工作。

(2) 对工程融资问题，要考虑资金的取得方式，其中包括自有资金投入、银行贷款、发行债券、项目融资等。每种获得资金的方式都要付出代价，如固定利息、利润分配、经营和管理权利的分享等。

(3) 对各种工程实施方案（特别是工程技术方案）做经济评价。通常，工程中可用的实施方案很多，通过工程估价可以估算出不同方案的工程费用，再应用工程经济学的理论和方法，进行经济评价，在众多的可选择方案中选择最经济合理的方案。这是工程经济学在工程实施阶段的主要工作。

2. 工程经济学的主要内容。

(1) 工程经济学的基本原理,包括资金的时间价值理论、工程经济性分析与评价的基本原理和多方案的比较与选择方法等。

(2) 工程经济分析研究与应用,包括工程项目投资估算与融资、财务评价与国民经济评价、不确定性分析与风险分析、工程设计和施工及运营中设备更新与选择的经济分析等。

3. 根据工程全寿命期理念,现代工程经济评价必须考虑全寿命期费用。目前,国内外对工程全寿命期费用的研究都不够深入。这是工程经济学新的有重大价值的研究和应用领域,它会对工程的建设和运行都具有重要的指导作用。

四、工程建设法律法规

工程建设者必须熟悉适用于工程的法律法规。工程法律法规数量之大是其他领域所不可比拟的。工程管理者要了解与工程建设与运营相关的最主要的法律法规,例如,合同法、建筑法、环境保护法、城市规划法、税法、招标投标法、保险法、文物保护法等法律及其他法规。这些会在下一章中再具体论述。

五、工程合同管理理论和方法

工程合同管理已经成为现代工程管理中难度最大和综合性最强的管理职能。它是工程管理最富特色的地方。

合同管理是法律和工程的结合,要求合同管理人员既要精通工程合同,了解相关法律知识,同时也要掌握工程技术、工程经济和管理理论和方法。

1. 合同管理是为工程总目标和企业总目标服务的,保证工程总目标和企业总目标的实现。

2. 工程合同管理是对工程中相关合同的策划、签订、履行、变更、索赔和争议解决的管理,包括如下工作(图8-5):

(1) 工程合同总体策划,构建工程的合同体系,选择合同类型,起草合同,合同风险的分配,各个合同之间的协调等。

(2) 在工程招标投标和签约中的管理。通过工程招标投标签订一个合理、公平、完备的合同。合同双方在互相了解,并对合同有一致解释的基础上签订合同。

(3) 合同实施控制。包括合同分析、合同交底、合同监督、合同跟踪、合同诊断、合同变更管理和索赔管理等工作。每个合同都有一个独立的实施过程。工程建设过程就是由许多合同的实施过程构成的。

(4) 合同后评价工作。

它们构成工程项目的合同管理子系统。

3. 现代工程需要专业化的合同管理。

现在许多工程承包企业都设有合同部(有些名称不同,如法务合同部),大型工程项目部中都设有合同管理部。专业化的合同管理部门和人员对工程合同精通,容易积累丰富的合同管理经验,会大大提高工程合同管理水平和工程经济效益。

4. 其他职能管理人员也要精通合同,将职能管理与合同很好地结合起来。工程管理的主要专业课程都与合同管理有关。

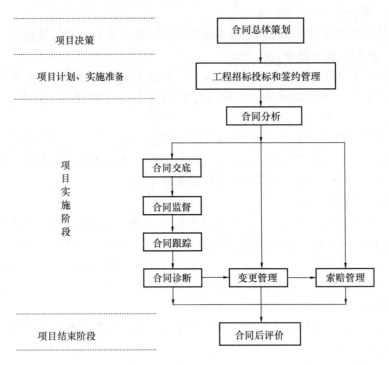

图 8-5 工程合同管理过程

第三节 计算机技术和现代信息技术在工程管理中的应用

计算机和现代信息技术的广泛应用是工程管理现代化的主要标志之一。在国内外的许多承包企业、工程管理和咨询公司，计算机和互联网已广泛应用于工程实施和管理的各个阶段（如可行性研究、计划阶段和实施控制阶段）和各方面（如成本管理、进度控制、质量控制、合同管理、风险管理、信息管理等），发挥出重要的作用，它们已经成为日常工程管理工作和辅助决策不可或缺的工具。信息技术已深入建筑业生产过程的各个环节，成为建筑业发展的突破口，使建筑业作为传统的技术含量低的行业形象正在逐步改变。

所以计算机和信息化的应用能力已经是工程管理人员的最基本的工作能力。工程管理的各种专业工作和各门专业课程内容都有计算机问题，都有信息化问题。

1. 计算机和现代信息技术在工程管理中有如下作用：

（1）可以大量地储存信息，大量地快速地处理和传输信息，使工程管理信息系统能够高速地有效地运行。

（2）能够进行复杂的计算工作，例如网络分析、资源和成本的优化、线性规划等。

（3）能使一些现代化的管理手段和方法在工程中卓有成效地使用，如系统控制方法，预测决策方法，模拟技术等。

（4）使工程管理高效率、高精确度，低费用，减少管理人员数目，使管理人员有更多的时间从事更有价值、更重要的、计算机不能取代的工作。

(5) 计算机和互联网技术的应用，实现了工程参加者，工程与社会各方面、工程的各个单位之间大范围的信息共享和各方面的协同工作。

现代计算机技术、信息技术和互联网技术的应用给工程管理带来了革命性的变化，它不仅为工程管理的现代化提供了一个得力的工具和手段，而且带来了现代工程管理方法、理念的变化：

计算机和现代信息技术实现了工程信息的实时采集和快速传输；

能够实现工程实施的远程控制；

使信息能够网状流通；

促成工程信息系统的集成化；

为工程管理系统集成提供了强大的技术平台；

能够进行多项目和大型项目的计划、优化、控制和综合管理；

使在工程项目管理中虚拟组织的形成和运作，以及供应链的应用成为可能；

实现信息的共享，使建设工程信息社会化，甚至在整个国际范围内的信息一体化等。

计算机在工程管理中的应用是工程管理研究、开发和应用永恒的主体之一。

2. 工程管理中计算机应用软件的主要功能：

(1) 工程项目管理软件包。主要包括工期、资源、成本方面的综合计划和控制功能。例如 P3、Project2008、我国的梦龙软件等。

(2) 工程估价软件。包括工程预算、成本控制、工程价款结算软件等。

(3) 合同管理软件。包括合同文件管理，核算管理，变更管理，文件管理，索赔管理。

(4) 项目评估软件。如工程项目财务评价软件，工程实施状况评价软件，项目后评估软件。

(5) 风险分析软件。例如蒙特卡洛模拟分析，决策树的绘制、分析和计算，风险状况图的绘制。

(6) 工程后勤管理、库存管理、现场管理、质量管理等方面的软件。

(7) 专业工程应用软件。如专业工程的设计和绘图软件。在国际工程中，设计比较粗，许多施工详图必须由承包商设计，则必须用这方面的专用软件，如各种专业用的CAD软件。

(8) 工作岗位软件。包括文本处理软件、表处理软件、制图软件、数据库软件。现在已形成一个功能十分完备的集成化的办公自动化系统（OA），为办公提供十分强大的功能，主要针对通常工程管理所需要的事务管理、人员管理、物资管理、文件管理的功能。

(9) 计算机辅助工程管理教学软件。这主要用于对新的工程管理者进行培训，作模拟教学。各种工程管理应用软件都有相应的教学软件，以对购买者进行教学培训。

(10) 互联网。互联网的应用不仅能达到信息的远距离传输，加强远程控制，增加信息的流通和系统的反馈速度，加强工程信息的共享程度和工程实施状况的透明度，而且能通过互联网进行多项目和项目群管理。

计算机网络系统能够使大型工程项目、企业的各个职能管理部门、企业所管理的所有工程形成一个有机的管理系统，提供一个集成化信息共享和协同工作平台。

3. 工程管理信息系统

管理信息系统（MIS）是工程组织的"神经系统"。通过这个"神经系统"工程组织可以迅速收集信息，对工程问题做出反应，做出决策，进行有效控制。它是在工程管理组织、工程实施流程和工程管理工作流程基础上设计，并全面反映工程实施中的信息流。工程管理信息系统的有效运行需要信息的标准化、工作程序化、管理规范化。

按照管理职能划分，可以建立各个工程管理信息子系统，如成本管理信息系统、合同管理信息系统、质量管理信息系统、材料管理信息系统等。它是为专门的职能工作服务的，用来解决专门信息的流通问题。它们共同构成工程管理信息系统。

例如我国三峡建设工程开发的管理信息系统由编码子系统、合同管理子系统、物资管理子系统、财会管理子系统、成本管理子系统、工程设计管理子系统、质量管理子系统、组织管理子系统、计划管理子系统、文档管理子系统等构成（图8-6）。

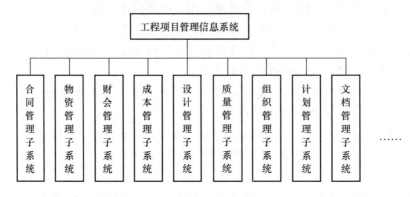

图 8-6　三峡工程项目管理信息系统结构

信息系统在大型工程项目建设管理中的应用越来越普遍。世界上一些发达国家已经成功地建立了大量工程管理信息系统。

4. 集成化工程管理系统软件。现在工程管理系统的集成化是计算机应用研究和开发的重点之一。它不仅是前述各种功能的集合，而且形成一个由计算机进行信息处理，能够提供全面的工程管理功能的有机整体。例如：

（1）面向一个企业的工程管理系统软件。如房地产公司、设计单位、施工企业的工程管理系统软件。它实质上属于企业管理系统软件。

（2）面向专门工程项目开发的工程管理系统软件。如上述的三峡工程项目管理系统（TGPMS）就是一个大型的工程管理系统软件。

（3）通用的集成化的工程全寿命期管理系统软件。将建筑工程的技术设计（设计CAD）、概预算、网络计划、资源计划、成本计划、会计核算、现场管理、采购管理、施工管理、运行管理软件等综合起来，提供完备的工程全寿命期信息处理和储存功能。

基于计算机技术和现代信息技术的工程全寿命期集成化管理具有非常广泛的意义，能够发挥工程管理的系统效率，大大提高工程管理的水平。

复 习 思 考 题

1. 查阅本书前面所用到的"系统"一词，简述该系统的意义。
2. 什么是 PDCA 循环？该方法有哪些特点？思考自己在日常学习中如何采用 PDCA 方法。

3. 简述信息技术对自己生活的影响。
4. 简述工程项目管理的作用和工作内容。
5. 简述工程估价的作用和工作内容。
6. 简述工程经济学的作用和工作内容。
7. 简述建设法规和合同管理的作用和工作内容。

第九章 我国工程相关法律、法规、规范和管理制度

【本章提要】 本章主要介绍我国工程建设主要法律、法规、技术规范体系和工程管理制度。

第一节 我国工程相关法律体系

一、概述

工程管理工作既有科学性,又有法律性和政策性。工程的建设和运营过程涉及社会的方方面面,而且我国大量的工程建设都是由政府投资的,所以我国的工程管理在很大程度上与国家(政府)管理相关,受法律和政策的影响大。

为了使我国工程建设活动走上健康发展的轨道,实现工程建设行为的规范化、科学化,国家制定了一系列建设法律法规。这些建设法律法规的颁布与实施,大大促进了我国工程建设管理水平的提高。它们的具体作用有:

1. 规范建设行为。从事各种具体的建设活动都应遵循一定的行为规范和准则,即建设法律法规,所以建设法律法规对建设主体的行为有明确的规范性和指导作用。

2. 保护合法建设行为。只有在法律允许范围之内进行的建设行为,才能得到国家的承认与保护,通常才有有效性。

3. 处罚违法建设行为。通常,任何一部建设法律法规都有对违反该法律法规的建设行为的处罚规定。这种处罚规定是建设法律法规法律性的表现。建设法律法规要规范建设行为和保护合法的建设行为,必须对违反法律的建设行为给予应有的处罚,否则,建设法律法规由于缺少强制制裁手段而变得没有实际意义。

工程相关的法律法规是任何参与工程的单位和人员都必须遵守的。

二、法律体系

1. 法律体系的基本概念

法律体系是指对一个国家的全部现行法律进行分类组合而形成的有机联系的统一整体。在统一的法律体系中,因其所调整的社会关系的性质不同而划分成不同的法律,如宪法、经济法、行政法、刑法、刑事诉讼法、民法、婚姻法、民事诉讼法等。它们是组成法律体系的基本因素,既相互区别,又相互联系、相互制约。

2. 工程建设法规体系

工程建设法规体系是指把已经制定和需要制定的建设法律、法规和建设部门规章等衔接起来,形成一个相互联系、相互补充、相互协调的完整统一的体系。它是国家法律体系的重要组成部分,同时又自成体系,具有相对独立性。

根据法制统一原则、协调配套原则,工程建设法规体系必须服从国家法律体系的总体

要求，必须与宪法和其上一层次的相关法律保持一致，不得与它们相抵触。

由于工程建设活动本身是一个有机的整体，涉及面广、影响因素多，所以我国的工程建设法规体系是十分复杂的。它覆盖工程建设相关的各个行业、各个领域以及工程建设的全过程，使工程建设活动的各个方面都有法可依、有章可循，把每一环节都纳入法制轨道。

我国工程建设法规体系可以用二维结构来描述（图9-1）。

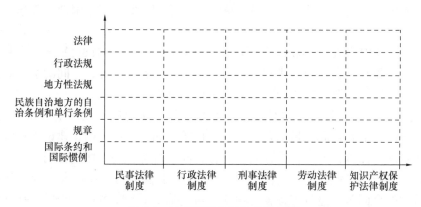

图 9-1　工程建设法律法规体系图

（1）根据法律法规的层次和立法机关的地位划分，可以形成纵向建设法律法规体系，分别为：

第一层次为法律，是由全国人大及其常委会颁布的法律文件。

第二层次为行政法规，是由国务院根据宪法和法律，颁发的在其职权范围内制定的有关国家工程管理活动的各种规范性文件，如建设工程质量管理条例。

第三层次为地方性法规，是由有立法权的省、自治区和直辖市人大及常委会及省级人民政府所在地的市和国务院批准较大的市人大及常委会为执行和实施国家的法律法规，根据本行政区域的具体情况和实际需要，在法定权限范围内制定、发布并报全国人民代表大会常委会和国务院备案的规范性文件。

第四层次为民族自治地方的自治条例和单行条例，是民族自治地方的人民代表大会依据当地民族的政治、经济和文化特点制定的具有自治性的地方规范性文件。

第五层次为规章，包括部门规章和地方规章。部门规章是指国务院各部委依据宪法、法律、法规，在权限范围内发布的命令、指示和规章，在各部委管辖范围内生效，其效力低于地方性法规。地方规章是指省级人民政府以及省、自治区所在地的市、经国务院批准较大的市的人民政府根据宪法、法律、行政法规、地方性法规制定的地方性规范文件。

第六层次为国际条约和国际惯例。

在上述纵向建设法规体系中，下层次的（如地方、地方部门）法规和规章不能违反上层次的法律和行政法规，而行政法规也不能违反法律，上下形成一个统一的法律体系。

（2）根据建设法规的不同调整对象划分，形成横向建设法规体系。

横向可分为民事法律制度、行政法律制度、刑事法律制度、劳动法律制度和知识产权保护法律制度五大类，这五大类法律制度也相互关联、相互补充。

横向还可以按照工程建设活动的各主要方面分类，如合同法、建筑法、城乡规划法规、招标投标法、工程勘察设计和工程建设标准化法规、工程建设管理（包括质量管理、安全管理、环境管理等方面）法规、城市房地产法规等。

纵横两种法规体系结合起来，形成内容完善的建设法规体系。

第二节　我国与工程相关的重要法律

由全国人民代表大会及其常务委员会审议通过并颁布的属于全国性工程建设方面的法律主要有：

1. 合同法。《中华人民共和国合同法》于1999年10月1日起施行。其主要内容包括：合同法基本原则、合同的形式和主要内容、合同的签订过程、合同的法律效力、合同的履行、变更和终止、合同违约责任、合同争执的解决等。

《合同法》适用于在社会上常见的合同类型，如买卖合同、供用电（水、气、热力）合同、赠与合同、借款合同、租赁合同、融资租赁合同、承揽合同、建设工程合同、运输合同、技术合同、保管合同、仓储合同、委托合同、行纪合同、居间合同等。

《合同法》第十六章建设工程合同中指出"建设工程合同是承包人进行工程建设，发包人支付价款的合同"，"建设工程合同包括工程勘察、设计、施工合同"。所以它是适用于建设工程的最重要法律之一。

2. 建筑法。《中华人民共和国建筑法》于1998年3月1日起施行，是建筑工程活动的基本法。它分别就建筑许可、施工企业资质等级的审查、建筑工程发包与承包、建筑工程监理、建筑安全生产管理、建筑工程质量管理、法律责任等方面做了规定，凡在我国境内从事建筑活动及实施对建筑活动的监督管理，都应当遵守该法。

3. 招标投标法。《中华人民共和国招标投标法》于2000年1月1日起施行。该法规定：所有大型基础设施、公用事业等关系社会公共利益、公众安全的项目，全部或部分使用国有资金投资或国家融资的项目，以及使用国际组织或者外国政府贷款、援助资金的项目，实行强制招标投标。这些项目必须采用招标方式发包工程，否则将不批准其开工建设，有关单位和直接责任人还将受到法律的惩罚。

只有涉及国家安全、国家秘密、抢险救灾或者属于利用扶贫资金实行以工代赈、需要使用农民工等特殊情况及规模太小的工程，才可不进行招标，而采用直接发包的方式。

4. 城乡规划法。《中华人民共和国城乡规划法》于2008年1月1日起施行。《城乡规划法》的出台标志着我国进入城乡总体规划的新时代，对整个工程建设过程有很大影响。

该法针对不同的土地使用权获得方式（如划拨方式、出让方式），分别规定选址意见书的审批，建设工程规划许可证的办理程序、所提交的文件，用地审批手续，土地划拨，或土地使用权出让合同签订程序等。

要求工程必须按照城市规划的要求和上述规定进行建设，并按照规定予以核实，未经核实或者经核实不符合规划条件的，建设单位不得组织竣工验收。建设单位应当在竣工验收后六个月内向城乡规划主管部门报送有关的竣工验收资料。

5. 环境保护法。《中华人民共和国环境保护法》于1989年12月26日由全国人民代表大会常务委员会通过并实施。它是保护生活环境与生态环境，防治污染和保护人体健康，调整国民经济各部门在发展经济与保护环境之间的法律依据。

环境保护法明确规定，建设工程项目必须遵守国家有关建设项目环境保护管理的规定。具体涉及工程建设的环境保护规定主要有：

（1）建设项目的环境影响报告书，必须对建设项目产生的污染和对环境的影响做出评价，提出防治措施，经项目主管部门预审并报环境保护行政主管部门批准。环境影响报告书经批准后，计划部门方可批准建设项目可行性研究报告，工程项目才能够立项。

（2）建设项目中防治污染的措施，必须与主体工程同时设计、同时施工、同时投产使用。防治污染的设施必须经原审批环境影响报告书的环境保护行政主管部门验收合格后，该建设工程项目方可投入生产或者使用。

（3）防治污染的设施不得擅自拆除或者闲置，确有必要拆除或者闲置的，必须征得所在地的环境保护行政主管部门的同意。

6. 安全生产法。《中华人民共和国安全生产法》于 2002 年 11 月 1 日起施行。该法对建设工程安全生产管理的规定主要有：

建筑施工单位应当设置安全生产管理机构或者配备专职安全生产管理人员。

建筑施工单位的主要负责人和安全生产管理人员，应当由有关主管部门对其安全生产知识和管理能力考核合格后方可任职。

施工企业应当对从业人员进行安全生产教育和培训，保证从业人员具备必要的安全生产知识，熟悉有关的安全生产规章制度和安全操作规程，掌握本岗位的安全操作技能。未经安全生产教育和培训合格的从业人员，不得上岗作业。

施工企业的特种作业人员必须按照国家有关规定经专门的安全作业培训，取得特种作业操作资格证书，方可上岗作业。

新建、改建、扩建工程项目的安全设施，必须与主体工程同时设计、同时施工、同时投入生产和使用。安全设施投资应当纳入建设项目概算。

建设项目安全设施的设计人、设计单位应当对安全设施设计负责。

7. 土地管理法。《中华人民共和国土地管理法》于 1986 年颁布，并于 1988 年、1998 年、2004 年进行了多次修订。土地管理法专门对建设用地做出了法律规定，如：

以出让等有偿使用方式取得国有土地使用权的建设单位，按照国务院规定的标准和办法，缴纳土地使用权出让金等土地有偿使用费和其他费用后，方可使用土地。

临时使用土地的使用者应当按照临时使用土地合同约定的用途使用土地，并不得修建永久性建筑物。临时使用土地期限一般不超过 2 年。

经批准的建设项目需要使用国有建设用地的，建设单位应当持法律、行政法规规定的有关文件，向有批准权的县级以上人民政府土地行政主管部门提出建设用地申请，经土地行政主管部门审查，报本级人民政府批准。

已经办理审批手续的非农业建设占用耕地，一年内不用而又可以耕种并收获的，应当由原耕种该幅耕地的集体或者个人恢复耕种，也可以由用地单位组织耕种；一年以上未动工建设的，应当按照省、自治区、直辖市的规定缴纳闲置费；连续两年未使用的，经原批准机关批准，由县级以上人民政府无偿收回用地单位的土地使用权。

8. 节约能源法。《中华人民共和国节约能源法》于 1997 年颁布，并于 2007 年进行修订。

该法专门对建筑节能做出了法律规定：

建筑工程的建设、设计、施工和监理单位应当遵守建筑节能标准，不符合建筑节能标准的建筑工程，建设主管部门不得批准开工建设；已经开工建设的，应当责令停止施工，限期改正；已经建成的，不得销售或者使用。建设主管部门应当加强对在建建筑工程执行建筑节能标准情况的监督检查。

房地产开发企业在销售房屋时，应当向购买人明示所售房屋的节能措施、保温工程保修期等信息，在房屋买卖合同、质量保证书和使用说明书中载明，并对其真实性、准确性负责。

使用空调采暖、制冷的公共建筑应当实行室内温度控制制度。

国家鼓励在新建建筑和既有建筑节能改造中使用新型墙体材料等节能建筑材料和节能设备，安装和使用太阳能等可再生能源利用系统。

9. 消防法。《中华人民共和国消防法》于1998年颁布，并于2008年进行修订。该法对建设工程消防的规定主要有：

建设工程的消防设计、施工必须符合国家工程建设消防技术标准。建设、设计、施工、工程监理等单位依法对建设工程的消防设计、施工质量负责。

对国务院公安部门规定的大型的人员密集场所和其他特殊建设工程，建设单位应当将消防设计文件报送公安机关消防机构审核。公安机关消防机构依法对审核的结果负责。

依法应当经公安机关消防机构进行消防设计审核的建设工程，未经依法审核或者审核不合格的，负责审批该工程施工许可的部门不得给予施工许可，建设单位、施工单位不得施工；其他建设工程取得施工许可后经依法抽查不合格的，应当停止施工。

按照国家工程建设消防技术标准需要进行消防设计的建设工程竣工，应当进行消防验收、备案。未经消防验收或者消防验收不合格的，禁止投入使用；其他建设工程经依法抽查不合格的，应当停止使用。

住宅区的物业服务企业应当对管理区域内的共用消防设施进行维护管理，提供消防安全防范服务。

第三节　我国与工程相关的重要法规和规章

一、建设工程主要法规

法规包括行政法规和地方性法规。我国建设行政法规主要有《建设工程质量管理条例》、《建设工程安全生产管理条例》、《建设工程勘察设计管理条例》、《安全生产许可证条例》、《建设项目环境保护管理条例》、《生产安全事故报告和调查处理条例》等。地方性法规，如一些省（市）的《建筑市场管理办法》等。

1. 《建设工程质量管理条例》于2000年1月30日起施行。凡在我国境内从事建设工程的新建、扩建、改建等有关活动及实施对建设工程质量监督管理的，必须遵守该条例。它是建设工程领域最重要的法规之一，对工程质量管理各方面作了十分严格的规定。例如：

（1）对工程建设基本程序的规定。从事建设工程活动，必须严格执行基本建设程序，坚持先勘察、后设计、再施工的原则。

（2）关于建设工程的勘察单位、设计单位、监理单位、承包商资质等级的规定。它们必须在资质范围内承接工程业务，分别对勘察、设计、施工的质量负责。建设工程总承包和分包单位对工程质量承担连带责任。

（3）对工程建设项目的勘察、设计、施工、监理以及与工程建设有关的重要设备、材料等的采购进行招标的规定。建设工程发包单位不得迫使承包方以低于成本的价格竞标，不得任意压缩合理工期。建设单位不得要求设计单位或施工单位违反工程建设强制性标准，降低建设工程质量。

（4）工程过程中质量管理规定，包括对设计文件和图纸的检查会审，对建筑材料、建筑构配件、设备和商品混凝土进行检验，隐蔽工程的质量检查和记录要求，以及竣工验收的规定。

（5）注册建筑师、注册结构工程师等注册执业人员应当在文件上签字，并承担相应的责任。

（6）建设工程实行质量保修制度。建设工程承包单位在向建设单位提交工程竣工验收报告时，应当向建设单位出具质量保修书。

（7）建设部对全国的建设工程质量实施统一监督管理。铁路、交通、水利等有关部门按照国务院规定的职责分工，负责对全国的相关专业建设工程质量的监督管理。

建设行政主管部门或者其他部门发现建设单位在竣工验收过程中违反国家有关建设工程质量管理规定行为的，责令停止使用，重新组织竣工验收。

2.《建设工程安全生产管理条例》于 2004 年 2 月 1 日起施行。它规定：建设单位、勘察单位、设计单位、施工单位、工程监理单位及其他与建设工程安全生产有关的单位，必须遵守安全生产法律、法规的规定，保证建设工程安全生产，依法承担建设工程安全生产责任。

3.《建设工程勘察设计管理条例》于 2000 年 9 月 25 日起施行。它就从事建设工程勘察、设计活动的单位的资质管理，勘察、设计工作发包与承包，勘察、设计文件的编制与实施，以及对勘察、设计活动的监督管理等内容做了规定，以保证建设工程勘察、设计质量，保护人民生命和财产安全。

4.《安全生产许可证条例》于 2004 年 1 月 13 日起施行。它是为了严格规范安全生产条件，进一步加强安全生产监督管理，防止和减少生产安全事故，根据《中华人民共和国安全生产法》的有关规定制定的。按照该法规定：对建筑施工企业实行安全生产许可制度。企业未取得安全生产许可证的，不得从事生产活动。

5.《建设项目环境保护管理条例》于 1998 年 11 月 29 日发布施行。该条例是为了防止建设项目产生新的污染、破坏生态环境制定的。该条例规定：建设产生污染的工程，必须遵守污染物排放的国家标准和地方标准；在实施重点污染物排放总量控制的区域内，还必须符合重点污染物排放总量控制的要求。改建、扩建项目和技术改造项目必须采取措施，治理与该项目有关的原有环境污染和生态破坏。

6.《民用建筑节能条例》于 2008 年 10 月 1 日起施行。其目的是加强民用建筑节能管理，降低民用建筑使用过程中的能源消耗，提高能源利用效率。条例对新建建筑和既有建筑的节能以及建筑用能系统的运行节能做出了规定，并明确了违反条例应承担的法律责任。

二、建筑工程重要规章

规章包括部门规章和地方规章。我国建设领域重要的部门规章有：《建筑工程施工许可管理办法》、《建筑业企业资质管理规定》、《建筑工程施工发包与承包计价管理办法》、《房屋建筑工程质量保修办法》等。地方规章，如一些省（市）的《建设工程招标投标管理办法》等。

1.《建筑工程施工许可管理办法》由建设部在 1999 年 12 月 1 日颁布，2001 年 7 月 4 日经修订后重新发布。该办法中规定："在中华人民共和国境内从事各类房屋建筑及其附属设施的建造、装修装饰和与其配套的线路、管道、设备的安装，以及城镇市政基础设施工程的施工，建设单位在开工前应当依照本办法的规定，向工程所在地的县级以上人民政府建设行政主管部门申请领取施工许可证。工程投资额在 30 万元以下或者建造面积在 300m^2 以下的建筑工程，可以不申请办理施工许可证。"

2.《建筑业企业资质管理规定》由建设部颁布，自 2007 年 9 月 1 日起施行。其内容包括建筑业企业资质序列、类别和等级，资质许可，监督管理和法律责任等。它是对《建筑法》、《建设工程质量管理条例》和《建设工程安全生产管理条例》的细化，对加强建筑活动的监督管理，维护公共利益和建筑市场秩序，保证建设工程质量安全有重要作用。

根据建设部的规章，将施工总承包企业资质等级标准分为 12 个标准，将专业承包企业资质等级标准分为 60 个标准，将劳务分包企业资质标准分为 13 个标准。

3.《建筑工程施工发包与承包计价管理办法》由建设部颁布，自 2001 年 12 月 1 日起施行。该办法的目的是为了规范建筑工程施工发包与承包计价行为，维护建筑工程发包与承包双方的合法权益，促进建筑市场的健康发展。它对编制施工图预算、招标标底、投标报价、工程结算和签订合同价等计价活动做出了规定。

4.《房屋建筑工程质量保修办法》由建设部于 2000 年 6 月 30 日颁布。该办法是为了保护建设单位、施工单位、房屋建筑所有人和使用人的合法权益，维护公共安全和公众利益，根据《中华人民共和国建筑法》和《建设工程质量管理条例》制定的。它对在中华人民共和国境内新建、扩建、改建各类房屋建筑工程（包括装修工程）的质量保修范围，在正常使用下，房屋建筑工程的最低保修期限和保修程序等做出了规定。

5.《城市建设档案管理规定》由建设部于 1997 年 12 月 23 日发布，并于 2001 年作了修订。该规定是为了加强城市建设档案管理，充分发挥城建档案在城市规划、建设、管理中的作用，按照《中华人民共和国档案法》、《建设工程质量管理条例》等制定的。

该规定要求：建设单位应当在工程竣工验收后三个月内，向城建档案馆报送一套符合规定的建设工程档案。凡建设工程档案不齐全的，应当限期补充。对改建、扩建和重要部位维修的工程，建设单位应当组织设计、施工单位据实修改、补充和完善原建设工程档案。建设单位在取得工程档案认可文件后，方可组织工程竣工验收。

6.《工程建设项目招标范围和规模标准规定》于 2000 年 5 月 1 日由国家发展计划委员会令第 3 号发布，自发布之日起施行。它对必须进行招标的工程建设项目的具体范围和规模标准做出了规定，并对招标投标活动进行了规范。

第四节 我国与工程相关的规范

规范是工程过程中各个工程专业要素的技术标准。它在工程实施和管理活动中有着重要的作用，是建设工程法制化和规范化的具体体现。规范分为国家标准、行业标准和工法。

一、国家标准

1. 国家标准按其约束性主要可以分为强制性和推荐性两大类。

强制性国家标准指具有法律属性，在一定范围内通过法律、行政法规等手段强制执行的标准。它是对直接涉及人民生命财产安全、人身健康、环境保护和其他公众利益的技术要求进行的特别规定，其内容是必须严格执行的。我国工程建设标准规范体系总计约3600本，其中的绝大多数（97%）是强制性标准。

《工程建设标准强制性条文》（2002版）是建设部颁布的必须严格执行的条文，包括城乡规划、城市建设、房屋建筑、工业建筑、水利工程、电力工程、信息工程、水运工程、公路工程、铁道工程、石油和化工建设工程、矿山工程、人防工程、广播电影电视工程和民航机场工程等部分。

除强制性标准以外的其他标准是推荐性标准，起指导性作用。

2. 按照现行有关工程建设的国家标准所调整的对象分为：

工程建设勘察、规划、设计、施工（包括安装）及验收等通用的质量要求；

工程建设通用的有关安全、卫生和环境保护的技术要求；

工程建设通用的术语、符号、代号、量与单位、建筑模数和制图方法；

工程建设通用的试验、检验和评定等方法；

工程建设通用的信息技术要求；

国家需要控制的其他工程建设通用的技术要求。

这些标准都是十分详细的。以建筑材料为例，分别有水泥、水泥制品、玻璃、陶瓷、玻璃纤维、耐火材料、化学建材、建筑管材、纤维增强塑料、非金属矿、木材、石材、混凝土等各种标准。

目前，我国的工程建设标准体系已经形成，还有相应配套齐全的政策法规，涉及城市建设、城乡规划、勘察设计、建设科技、标准定额、市场管理、质量安全、人事教育、环境保护、房地产、材料设备等方面。

二、行业标准

行业标准是国家标准的补充，是指没有国家标准而又必须在全国某个行业范围内统一的技术要求。行业标准也分为强制性标准和推荐性标准。

行业标准不得与国家标准相抵触；有关行业标准之间应当协调、统一、避免重复。

建筑工程行业标准有材料的应用规程、各类建筑设计和施工规程、工程技术规范等。

三、工法

工法是指以工程为对象、以工艺为核心，运用系统工程的原理，把先进技术和科学管理结合起来，经过工程实践形成的综合配套的施工方法。工法必须先进、适用，并能保障工程质量和安全，保证文明施工，提高施工效率，降低工程成本和缩短施工工期。

在 2005 年 8 月 31 日建设部发布的《工程建设工法管理办法》中，工法分为国家级、省（部）级和企业级三个等级。

1. 企业级工法是由企业根据承建工程的特点、科研开发规划和市场需求开发、编写，并经过工程实践形成，其关键技术达到本企业先进水平、有一定经济效益或社会效益，经过企业组织审定。

2. 省级工法由企业自愿申报，其关键技术达到省内先进水平、有较好经济效益或社会效益，并由省、自治区、直辖市建设主管部门或国务院主管部门（行业协会）审定和公布。

3. 国家级工法由企业自愿申报，其关键技术达到国内领先水平或国际先进水平、有显著经济效益或社会效益，并由城乡建设部负责审定和公布。

国家级工法每 2 年评审一次，已批准的国家级工法有效期为 6 年。

第五节　我国工程管理体制和制度

一、我国政府工程管理体制

1. 住房与城乡建设部

住房与城乡建设部是我国负责建设行政管理的国务院组成部门，前身为建设部。省、市（地、州）、县（区）依次为省设住房与城乡建设厅，市、地、州设住房与城乡建设委员会或建设局，县（区）建设委或城乡建设环保局。

住房与城乡建设部是我国工程管理最重要的部门，承担建设工程综合管理职能：

（1）编制住房保障发展规划和年度计划并监督实施，拟订住房保障相关政策并指导实施。保障城镇低收入家庭住房，拟订廉租住房规划及政策，做好廉租住房资金安排，监督地方组织实施。

（2）推进住房制度改革。拟订适合国情的住房政策，指导住房建设和住房制度改革，拟订全国住房建设规划并指导实施，研究提出住房和城乡建设重大问题的政策建议。

（3）规范住房和城乡建设管理秩序。起草住房和城乡建设的法律法规草案，依法组织编制和实施城乡规划，拟订城乡规划的政策和规章制度，会同有关部门组织编制全国城镇体系规划，负责国务院交办的城市总体规划、省域城镇体系规划的审查报批和监督实施，参与土地利用总体规划纲要的审查，拟订住房和城乡建设的科技发展规划和经济政策。

（4）建立科学规范的工程建设标准体系。组织制定工程建设的国家标准，制定和发布工程建设全国统一定额和行业标准，拟订建设项目可行性研究评价方法、经济参数、建设标准和工程造价的管理制度，拟订公共服务设施（不含通信设施）建设标准并监督执行，指导监督各类工程建设标准定额的实施和工程造价计价，组织发布工程造价信息。

（5）规范房地产市场秩序、监督管理房地产市场。会同或配合有关部门组织拟订房地产市场监管政策并监督执行，指导城镇土地使用权有偿转让和开发利用工作，提出房地产业的行业发展规划和产业政策，制定房地产开发、房屋权属管理、房屋租赁、房屋面积管理、房地产估价与经纪管理、物业管理、房屋征收拆迁的规章制度并监督执行。

（6）监督管理建筑市场、规范市场各方主体行为。组织实施房屋和市政工程项目招投标活动的监督执法，拟订勘察设计、施工、建设监理的法规和规章并监督和指导实施，拟订工程建设、建筑业、勘察设计的行业发展战略、中长期规划、改革方案、产业政策、规章制度并监督执行，拟订规范建筑市场各方主体行为的规章制度并监督执行，组织协调建筑企业参与国际工程承包、建筑劳务合作。

（7）研究拟订城市建设的政策、规划并指导实施，指导城市市政公用设施建设、安全和应急管理，拟订全国风景名胜区的发展规划、政策并指导实施，会同文物主管部门负责历史文化名城（镇、村）的保护和监督管理工作等。

（8）规范村镇建设、指导全国村镇建设。

（9）建筑工程质量安全监管。拟订建筑工程质量、建筑安全生产和竣工验收备案的政策、规章制度并监督执行，组织或参与工程重大质量、安全事故的调查处理，拟订建筑业、工程勘察设计咨询业的技术政策并指导实施。

（10）推进建筑节能、城镇减排。会同有关部门拟订建筑节能的政策、规划并监督实施，组织实施重大建筑节能项目，推进城镇减排。

（11）负责住房公积金监督管理，确保公积金的有效使用和安全。

2. 国家发展和改革委员会

国家发展和改革委员会（简称"发改委"）为国务院的组成部门，是综合研究制订经济和社会发展政策，进行总量平衡和宏观调控的部门，是我国工程投资管理最重要的部门。涉及工程建设管理方面的主要职责包括：

（1）拟订并组织实施国民经济和社会发展战略、中长期规划和年度计划，统筹协调经济社会发展，研究分析国内外经济形势，提出国民经济发展和优化重大经济结构的目标、政策，提出综合运用各种经济手段和政策的建议，受国务院委托向全国人大提交国民经济和社会发展计划的报告。

（2）负责监测宏观经济和社会发展态势，承担预测预警和信息引导的责任，研究宏观经济运行、总量平衡、国家经济安全和总体产业安全等重要问题并提出宏观调控政策建议，负责协调解决经济运行中的重大问题，调节经济运行等。

（3）负责规划重大建设项目和生产力布局，拟订全社会固定资产投资总规模和投资结构的调控目标、政策及措施，衔接平衡需要安排中央政府投资和涉及重大建设项目的专项规划。安排中央财政性建设资金，按国务院规定权限审批、核准、审核重大建设项目、重大外资项目、境外资源开发类重大投资项目和大额用汇投资项目。指导和监督国外贷款建设资金的使用，引导民间投资的方向，研究提出利用外资和境外投资的战略、规划、总量平衡和结构优化的目标和政策。组织开展重大建设项目稽查。指导工程咨询业发展。

（4）推进经济结构战略性调整。组织拟订综合性产业政策，负责协调国民经济的产业发展等重大问题。

（5）承担组织编制国家主体功能区规划并协调实施和进行监测评估的责任，组织拟订区域协调发展及西部地区开发、振兴东北地区等老工业基地、促进中部地区崛起的战略、规划和重大政策，研究提出城镇化发展战略和重大政策，负责地区经济协作的统筹协调。

（6）推进可持续发展战略，负责节能减排的综合协调工作，组织拟订发展循环经济、全社会能源资源节约和综合利用规划及政策措施并协调实施，参与编制生态建设、环境保护规划，协调生态建设、能源资源节约和综合利用的重大问题，综合协调环保产业和清洁生产促进有关工作。

3. 国土资源部

国土资源是我国国民经济的基础。国务院下设国土资源部，负责土地资源、矿产资源、海洋资源等自然资源的规划、管理、保护与合理利用，是国民经济发展的基础保障部门。国土资源部下属部门为各省市国土资源厅（局）。

国土资源部涉及工程建设方面的主要职责包括：

（1）拟订有关法律法规，发布土地资源、矿产资源、海洋资源等自然资源管理的规章；研究拟定管理、保护与合理利用土地资源、矿产资源、海洋资源政策；制订土地资源、矿产资源、海洋资源管理的技术标准、规程、规范和办法。

（2）组织编制和实施国土规划、土地利用总体规划和其他专项规划；参与报国务院审批的城市总体规划的审核，指导、审核地方土地利用总体规划；组织矿产资源的调查评价，编制矿产资源保护与合理利用规划、地质勘察规划、地质灾害防治和地质遗迹保护规划。

（3）监督检查各级国土资源主管部门行政执法和土地、矿产、海洋资源规划执行情况；依法保护土地、矿产、海洋资源所有者和使用者的合法权益，查处重大违法案件。

（4）制订地籍管理办法，组织土地资源调查、地籍调查、土地统计和动态监测。

（5）拟定并按规定组织实施土地使用权出让、租赁、作价出资、转让、交易和政府收购管理办法，制订国有土地划拨使用目录指南和乡（镇）村用地管理办法，指导农村集体非农土地使用权的流转管理。

（6）指导基准地价、标定地价评测，审定评估机构从事土地评估的资格，确认土地使用权价格。承担报国务院审批的各类用地的审查报批工作。

（7）组织监测、防治地质灾害和保护地质遗迹；依法管理水文地质、工程地质、环境地质勘察和评价工作。

4. 环境保护部

环境保护部是国务院的一个部委，其涉及工程建设方面的主要职责包括：

（1）负责建立健全环境保护基本制度。拟订并组织实施国家环境保护政策、规划，起草法律法规草案，制定部门规章。组织编制环境功能区划，组织制定各类环境保护标准、基准和技术规范，组织拟订并监督实施重点区域、流域污染防治规划和饮用水水源地环境保护规划。

（2）负责重大环境问题的统筹协调和监督管理。

（3）承担落实国家减排目标的责任。组织制定主要污染物排放总量控制和排污许可证制度并监督实施，提出实施总量控制的污染物名称和控制指标，督查、督办、核查各地污染物减排任务完成情况，实施环境保护目标责任制。

（4）负责提出环境保护领域固定资产投资规模和方向、国家财政性资金安排的意见，按国务院规定权限，审批、核准国家规划内和年度计划规模内固定资产投资项目，并配合有关部门做好组织实施和监督工作。参与指导和推动循环经济和环保产业发展。

（5）承担从源头上预防、控制环境污染和环境破坏的责任。受国务院委托对重大经济和技术政策、发展规划以及重大经济开发计划进行环境影响评价，按国家规定审批重大开发建设区域、项目环境影响评价文件。

（6）负责环境污染防治的监督管理。

(7) 指导、协调、监督生态保护工作。拟订生态保护规划,组织评估生态环境质量状况,监督对生态环境有影响的自然资源开发利用活动、重要生态环境建设和生态破坏恢复工作。

(8) 负责核安全和辐射安全的监督管理。对核材料的管制和民用核安全设备的设计、制造、安装和无损检验活动实施监督管理。

(9) 负责环境监测和信息发布。制定环境监测制度和规范,组织实施环境质量监测和污染源监督性监测。

5. 其他相关部委

(1) 国家工商行政管理总局。国家工商行政管理总局是国务院主管市场监督管理和有关行政执法工作的直属机构,其涉及工程建设方面的主要职责包括:

1) 负责市场监督管理和行政执法的有关工作,起草有关法律法规草案,制定工商行政管理规章和政策。

2) 负责各类企业和从事经营活动的单位、个人以及外国(地区)企业常驻代表机构等市场主体的登记注册并监督管理,承担依法查处取缔无照经营的责任。

3) 依法规范和维护各类市场经营秩序,负责监督管理市场交易行为和网络商品交易及有关服务的行为。

4) 监督管理流通领域商品质量,组织开展有关服务领域消费维权工作,按分工查处假冒伪劣等违法行为,指导消费者咨询、申诉、举报受理、处理和网络体系建设等工作,保护经营者、消费者合法权益。

5) 负责对垄断协议、滥用市场支配地位、滥用行政权力排除限制竞争方面的反垄断执法工作(价格垄断行为除外)。依法查处不正当竞争、商业贿赂、走私贩私等经济违法行为。

6) 负责依法监督管理经纪人、经纪机构及经纪活动。

7) 依法实施合同行政监督管理,负责依法查处合同欺诈等违法行为。

8) 负责商标注册和管理工作,依法保护商标专用权和查处商标侵权行为,处理商标争议事宜,加强驰名商标的认定和保护工作。负责特殊标志、官方标志的登记、备案和保护。

(2) 交通运输部、铁道部、水利部等其他部委。它们负责本领域的国家工程的投资和建设管理,并对本领域的工程进行行业管理。它们与城乡建设部相辅相成,形成对工程的二维管理体系——综合性管理和部门管理。这些部委下属机构均为各省市相应厅、局。

例如水利部,涉及工程建设方面的主要职责包括:

1) 负责水资源的合理开发利用,拟定水利战略规划和政策,起草有关法律法规草案,制定部门规章,组织编制国家确定的重要江河湖泊的流域综合规划、防洪规划等。

按规定制定水利工程建设有关制度并组织实施,负责提出水利固定资产投资规模和方向、国家财政性资金安排的意见,按国务院规定权限,审批、核准国家规划内和年度计划规模内固定资产投资项目;提出中央水利建设投资安排建议并组织实施。

2) 负责重要流域、区域以及重大调水工程的水资源调度,组织实施取水许可、水资源有偿使用制度和水资源论证、防洪论证制度。

3) 负责水资源保护工作。组织编制水资源保护规划,组织拟订重要江河湖泊的水功能区划并监督实施，核定水域纳污能力，提出限制排污总量建议，指导饮用水水源保护工作，指导地下水开发利用和城市规划区地下水资源管理保护工作。

4）负责节约用水工作。拟订节约用水政策，编制节约用水规划，制定有关标准，指导和推动节水型社会建设工作。

5）指导水文工作。负责水文水资源监测、国家水文站网建设和管理。

6）指导水利设施、水域及其岸线的管理与保护，指导大江、大河、大湖及河口、海岸滩涂的治理和开发，指导水利工程建设与运行管理，组织实施具有控制性的或跨省、自治区、直辖市及跨流域的重要水利工程建设与运行管理，承担水利工程移民管理工作。

7）负责防治水土流失。负责有关重大建设项目水土保持方案的审批、监督实施及水土保持设施的验收工作，指导国家重点水土保持建设项目的实施。

8）指导农村水利工作。组织协调农田水利基本建设，指导农村饮水安全、节水灌溉等工程建设与管理工作，指导农村水利社会化服务体系建设，指导农村水能资源开发工作。

9）依法负责水利行业安全生产工作，组织、指导水库、水电站大坝的安全监管，指导水利建设市场的监督管理，组织实施水利工程建设的监督。

二、投资项目法人责任制

在20世纪80年代前，我国政府投资工程项目的建设模式是，工程立项后成立建设单位，由它负责工程的建设期的管理。工程建成后建设单位将工程移交给使用单位，工程建设单位（实质上就是现在的业主）就解散。这种模式产生了许多弊病。

从20世纪80年代中期开始，我国就试行政府投资项目法人责任制，对经营性建设项目规定，由项目法人对项目的策划、资金筹措、工程建设、生产经营、债务偿还和资产的保值增值实行全过程负责。这对于深化投资体制改革，建立投资风险责任约束机制，有效地控制投资规模，规范项目法人行为，明确其责、权、利，提高投资效益有很大作用。

1. 依照《公司法》，国家发展计划委员会于1996年4月制定颁发了《关于实行建设项目法人责任制的暂行规定》。这个规定要求，国有单位经营性基本建设大中型项目必须组建项目法人，实行项目法人责任制。项目法人就是能够独立承担民事责任的主体。

2. 《国务院关于投资体制改革的决定》（国发［2004］20号）提出：要转变政府管理职能，确立企业的投资主体地位；完善政府投资体制，规范政府投资行为；加强和改善投资的宏观调控；加强和改进投资的监督管理，最终建立起市场引导投资、企业自主决策、银行独立审贷、融资方式多样、中介服务规范、宏观调控有效的新型投资体制。

3. 国家对固定资产投资项目试行资本金制度，1996年国务院颁布《关于固定资产投资项目试行资本金制度的通知》（国发［1996］35号），对各种经营性投资项目，包括国有单位的基本建设、技术改造、房地产开发项目和集体投资项目，试行资本金制度。投资项目必须首先落实资本金才能进行建设，并根据不同行业和项目的经济效益等因素，规定了投资项目资本金占总投资的比例。

投资项目资本金比例已经成为我国国民经济宏观调控、经济结构调整和优化的重要手段。2004年和2009年我国根据不同的国内外经济形势调整不同领域投资项目的资本金比例，达到防范金融风险，扩大需求，促进结构调整，保持国民经济平稳较快增长的目的。

三、建设工程监理制度

建设工程监理是指具有相应资质的工程监理企业,接受建设单位的委托,承担其工程监督管理工作,并代表建设单位对承包商的建设行为进行监控的专业化服务活动。

我国从1988年,开始监理试点,1996年全面推行监理制度。《建筑法》,《建设工程质量管理条例》,《建设工程监理范围和规模标准规定》对实行强制性监理的工程范围作了具体规定:

(1) 国家重点建设工程。

(2) 大中型公用事业工程,如总投资额在一定额度以上的供水、供电、供气、供热等市政工程,科技、教育、文化、体育、旅游、商业等工程,卫生、社会福利和其他公用工程。

(3) 成片开发建设的住宅小区工程。

(4) 利用外国政府或者国际组织贷款、援助资金的工程,包括使用世界银行、亚洲开发银行等国际组织贷款资金的工程,使用国外政府及其机构贷款资金的工程,使用国际组织或者国外政府援助资金的工程。

(5) 国家规定必须实行监理的其他工程,如总投资额在3000万元以上关系社会公共利益、公众安全的交通运输、水利建设、城市基础设施、生态环境保护、信息产业、能源等基础设施工程,以及学校、影剧院、体育场馆工程。

目前工程监理已经成为我国基本建设的一项重要的法定制度,成为我国建设工程管理的重要环节。

四、招标投标制度

招标投标是市场经济条件下进行大宗货物的买卖、工程建设的发包与承包以及服务的采购与提供时,所采用的一种交易方式。它作为一种竞争性交易方式能够对市场资源的有效配置起到积极作用。我国工程承包市场的主要交易方式就是招标投标。

工程招标是指,招标人通过招标文件将委托的工作内容和要求告知有兴趣参与竞争的工程承包企业,让他们按规定条件提出实施计划和价格;然后通过评审比选出信誉可靠、技术能力强、管理水平高、报价合理的承担单位;最终以合同形式委托工程任务。

所以招标投标制实际上是要确立一种公平、公正、公开的合同订立程序。

我国在建设工程领域推行招标投标方式已有悠久的历史。全国人大于1999年8月30日颁布了《中华人民共和国招标投标法》,将招标投标活动纳入了法制管理的轨道。

五、合同管理制度

在市场经济条件下,工程任务的委托、实施和完成主要是依靠合同规范当事人行为,合同的内容将成为开展建筑活动的主要依据。依法加强建设工程合同管理,可以保障建筑市场的资金、材料、技术、信息、劳动力的管理。因此,发展和完善建筑市场,必须要有严格的建设工程合同管理制度。

合同管理制度的基本内容就是要求,建设工程的勘察、设计、施工、材料设备采购和建设工程监理都应依法订立合同;各类合同都要有明确的质量要求、履约担保和违约处罚条款,违约方要承担相应的法律责任等;在工程中应当严格按照法律和合同进行建设和管理。

为了推行建设领域的合同管理制度,建设部、发改委、工商行政管理局和其他有关部门在立法、颁布工程合同示范文本，以及它们的实际应用等方面做了大量的工作。

1999年10月1日建设部与国家工商行政管理局联合颁布了《建设工程施工合同（示范文本）》、《建设工程勘察合同（示范文本）》、《建设工程设计合同（示范文本）》、《建设工程委托监理合同（示范文本）》，这些示范文本对完善建设工程合同管理制度起到了极大的推动作用。

2007年11月1日国家发改委、财政部、建设部、铁道部、交通部、信息产业部、水利部、民用航空总局、广播电影电视总局联合制定了《〈标准施工招标资格预审文件〉和〈标准施工招标文件〉试行规定》及相关附件，对规范施工招标资格预审文件、招标文件的编制，促进招标投标活动的公开、公平和公正，以及合同的实施都有较大的作用。

第六节　工程管理国际惯例

我国工程承包企业走向国际工程市场已有30年。现在我国已经加入世界贸易组织（WTO），国内的工程承包市场已经对外开放，同时也为我国的工程承包企业进一步走向国际市场创造了更好的条件。作为工程管理工作者，必须适应国际工程的环境和要求，使我们的思想、知识和理念更好地与国际接轨，懂得更多的工程管理的国际惯例。

工程管理国际惯例通常有：

1. 世界银行贷款项目工程采购标准招标文件

世界银行贷款项目的工程采购、货物采购及咨询服务的有关招标采购文件是国际上最通用的、传统管理模式的文件，也是典型的、权威性的招标文件。

世界银行工程采购的标准招标文件（Standard Bidding Documents for Procure of Work，SBDW）最新版本为2004年5月编制。主要包括：投标邀请书、投标人须知、招标资料、合同通用条件、合同专用条件、技术规范、投标书、投标书附录和投标保函格式、工程量表、协议书格式、履约保函格式、银行保函格式、图纸、说明性注解、资格后审、争端解决程序，还附有"世界银行资助的采购中提供货物、土建和服务的合格性"的说明。

世界银行编制的工程采购的SBDW有以下规定和特点：

（1）SBDW在全部或部分世界银行贷款额超过1000万美元的项目中必须强制性使用。

（2）SBDW中的"投标人须知"和合同条件第一部分"通用合同条件"对任何工程都是不变的，如要修改，可放在"招标资料"和"专用合同条件"中。

（3）使用本文件的所有较重要的工程均应进行资格预审，或者经世界银行预先同意，也可在评标时进行资格后审。

（4）对超过5000万美元的合同（包括不可预见费）需强制采用三人争端审议委员会（DRB）的方法而不宜由工程师来充当准司法的角色。低于5000万美元的项目的争端处理办法由业主自行选择，可选择三人DRB，或一位争端审议专家（DRE），或提交工程师作决定，但工程师必须独立于业主之外。

（5）本招标文件适用于单价合同，如果要用于总价合同，必须对支付方法、调价方法、工程量表、进度表等重新改编。

我国财政部根据SBDW改编出版了适用于我国境内世界银行贷款项目招标文件范本

（Model Bidding Documents，MBD），土建工程方面为"土建工程国际竞争性招标文件"。

2. FIDIC 合同条件

FIDIC 是指国际咨询工程师联合会，它是由该联合会法语名称的缩写。"FIDIC"于 1913 年由欧洲三个国家的咨询工程师协会组成。从 1945 年二次世界大战结束后至今，国际咨询工程师联合会的成员来自世界各地 60 多个国家和地区，所以可以说 FIDIC 是最具权威的咨询工程师国际组织，中国在 1996 年正式加入该组织。

FIDIC 专业委员会编制了许多规范性的文件，这些文件不仅 FIDIC 成员采用，世界银行、亚洲开发银行、非洲开发银行的招标样本也常常采用。

在 1999 年以前，FIDIC 编制出版知名的土建合同包括《土木工程施工合同条件》（红皮书）、《电气和机械工程合同条件》（黄皮书）、《设计—建造与交钥匙工程合同条件》（橘皮书）、《土木工程施工分包合同条件》等。

为了适应国际工程建筑市场的需要，FIDIC 于 1999 年 9 月出版了一套全新的标准合同条件，包括《施工合同条件》（新红皮书）、《工程设备、设计—建造合同条件》（新黄皮书）、《EPC/交钥匙工程合同条件》和适用于小规模项目的《简明合同格式》。

FIDIC 编制的各类合同条件有以下特点：

（1）国际性、通用性、权威性

FIDIC 合同条件是在总结国际工程合同管理各方面的经验教训的基础上制定的，并且不断地吸取各方意见加以修改完善。

（2）公正合理、职责分明

FIDIC 合同条件具体规定了业主、承包商的义务、职责和权利以及工程师的职责和权限，体现了在业主和承包商之间风险合理分担的精神，并且在合同条件中倡导合同各方以一种坦诚合作的精神去完成工程。

（3）程序严谨，易于操作

合同条件中对处理各种问题的程序都有严谨的规定，特别强调要及时处理和解决问题，以避免由于任一方拖拉而产生新的问题。另外还特别强调各种书面文件及证据的重要性，这些规定使各方均有规可循，并使条款中的规定易于操作和实施。

（4）通用条件和专用条件的有机结合

通用条件中包括的内容是在国际工程承包市场上广泛应用的条款，反映的是国际工程管理中的惯例做法。专用条件则是在考虑到项目所在国或地区的法律环境、项目具体特点和业主对合同实施的不同要求，而对通用条件进行的具体化修改和补充。

3. 其他国际工程常用的合同管理文件和相关国际惯例。

（1）ICE 合同文本（系列）。ICE 为英国土木工程师学会（The Institution of Civil English）。1945 年 ICE 和英国土木工程承包商联合会颁布 ICE 合同条件。但它的合同原则和大部分的条款在 19 世纪 60 年代就出现，并一直在一些公共工程中应用，作为原 FIDIC 合同条件（1957 年）编制的蓝本。它主要在英国和其他英联邦国家的土木工程中使用，特别适用于大型的比较复杂的工程。

（2）JCT 合同条件。JCT 合同条件为英国合同联合仲裁委员会（Joint Contracts Tribunal）和英国建筑行业的一些组织联合出版的系列标准合同文本。它主要在英联邦国家的私人和一些地方政府的房屋建筑工程中使用。JCT 合同文本很多，适用于各种不同的工程情况。

（3）AIA 合同条件。美国建筑师学会（The American Institute of Architects AIA）是建筑师的专业社团，已有近 140 年的历史。AIA 出版的系列合同文件在美国建筑业界及国际工程承包界特别在美洲地区具有较高的权威性。

复 习 思 考 题

1. 简述我国建设法规体系。
2. 列举我国与工程相关的重要法律，上网查阅这些法律的主要规定。
3. 什么是建设行政法规？上网查阅我国当前主要的建设行政法规，并简述它们的主要规定。
4. 什么是建设部门规章？上网查阅我国当前主要的建设部门规章。
5. 上网查阅当地工程管理方面的主要地方规章。
6. 简述我国工程规范的组成及其含义。
7. 简述我国政府工程管理制度。
8. 建设法律法规对工程管理将起到什么作用？

第十章 工程管理领域的人才需求和执业资格制度

【本章提要】本章介绍工程管理专业学生的主要就业领域,现代工程对工程管理专业学生的要求,包括知识体系、能力和职业道德要求,我国和国际上工程管理领域的执业资格制度。

第一节 我国工程管理专业学生的就业范围

工程管理工作是多角度、多层次、多领域、多职能型的,所以本专业有广泛的适应性和专业需求的多样性。

一、工程管理专业学生在工程组织中的职业定位

1. 工程管理专业的毕业生第一职业选择是在工程组织中承担相关的管理工作(图10-1)。

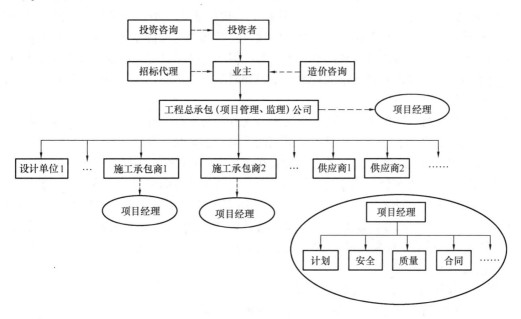

图 10-1 工程管理专业学生在工程中的职业定位

工程管理专业人员可以在许多领域的工程中承担工程管理工作任务,我国的一级建造师就分 14 个工程领域。

(1) 在施工项目经理部从事施工项目管理工作,包括作为施工项目经理和施工项目的职能管理人员。在工程项目经理部中,大量的职能管理工作是由工程管理专业人员承担的,如计划管理、技术管理、合同管理(包括工程法务)、投资(成本)管理、资源管理、信息管理、安全、健康和环境管理等工作。

(2) 在工程总承包项目经理部从事工程总承包管理工作，包括作为总承包项目经理和总承包项目的职能管理人员（如管理合同、质量、计划、安全、技术、成本等）。

或者在监理单位从事工程监理工作，或在项目管理公司的项目经理部作为项目经理或项目的职能管理人员。

(3) 在工程中为业主做招标代理、造价咨询，或者作为业主代表。

(4) 在工程前期为投资者做投资咨询工作。

(5) 在设计单位，为工程的设计做相应的管理工作，如工程估价（或造价管理等）。现在设计单位的工程管理责任在加强，也需要工程管理人员。

2. 工程管理专业人员的需求量大，就业面广，有广泛的适用性。在一个工程中工程管理者的需求比较其他工程技术专业人员需求要多得多。

笔者曾经调查了南京的几个典型工程的工程技术专业人员与工程管理人员投入情况，试图得到他们之间的比例关系。

调查的工程包括：某部队的综合楼（总建筑面积23000m^2，总投资12000万元，最高处67m，委托监理）；某药厂群体工程项目（包括办公楼、厂房、动力车间及其他，委托项目管理（含监理），总投资14000万元，总建筑面积16000m^2）；南京地铁综合楼工程；某房地产开发小区工程等。

其中工程技术专业人员包括设计单位专业工程师以上的人员和工程承包企业的技术人员（如项目总工、各专业工程师）；工程管理人员包括业主、项目管理公司、造价咨询单位、招标代理单位、监理单位、施工企业的项目经理部中的项目经理、质量管理人员、成本管理人员、计划管理人员、合同管理人员等。但不包括项目经理部的事务性工作人员。

由于各种人员在工程过程中的投入的阶段和时间长短不同，为了便于比较，将他们的投入统一折算成"人月"。

调查结果发现不同的工程，技术人员投入人月数与工程管理工作人员投入人月数差异很大，而且很难准确统计，有些界限很难划清。得到的大致结果为：

工程技术人员与工程管理人员之比大致在1∶7～1∶3之间。

所以在工程中工程管理的人员与结构工程，以及其他专业工程人员相比需求量很大。

3. 我国2007年固定资产总投资已达13.7万亿元人民币以上，其中建筑安装工程费用有8.35万亿元，50万元以上的工程施工项目有21万个以上，全国建筑业法人企业单位20多万个，建筑业从业人员3900多万；有80万项目经理，还有为数众多的监理工程师、造价工程师等。

所以工程管理人员有庞大的市场需求。

二、工程管理专业学生在工程相关企业中的职业定位

工程管理的学生也可以在工程相关企业中就业，在下述企业的企业层或部门从事工程管理工作：

1. 工程承包企业；

2. 工程造价咨询企业；

3. 设计单位；

4. 监理公司和工程项目管理公司；

5. 投资咨询公司；

6. 房地产公司和物业管理公司等；
7. 业主单位，也就是建设单位。

这与上述在工程中的职业定位有一致性。

三、其他职业选择

工程管理专业学生可以从事其他领域的工作：
1. 在政府建设管理部门工作；
2. 在建筑业和建筑经济相关的研究所工作；
3. 在银行从事投资管理工作；
4. 在工程相关的软件开发公司工作；
5. 在高等院校、职业技术学校作为工程和工程管理专业教师；
6. 其他领域的项目管理或工程管理工作。

第二节 现代社会对工程管理专业学生的要求

一、工程管理专业所要求的综合素质结构

1. 现代社会，人们对工程的要求是多方面的、综合性的，要取得工程的成功，工程管理者承担很大的责任（社会责任和历史责任），需要更为特殊的素质。

2. 工程管理人员担负协调各个工程专业的设计、施工、供应（制造）责任，做整个工程系统的综合工作，所以与工程的各个专业都相关，具有超专业特性；同时，在处理工程管理问题时要综合考虑技术问题、经济问题、工期问题、合同问题、质量问题、安全、健康和环境问题、资源问题等，所以现代工程管理者需要掌握多学科的知识，更综合性地思考和解决工程问题，才能胜任工作。

3. 由于工程的任务是由许多不同企业（如设计单位、施工单位、供应单位）的人员完成的，所以对一个工程的管理会涉及许多企业、许多专业人员、许多职能人员，这就决定了现代工程管理工作的复杂性远远高于一般的生产管理和企业管理。

所以，在工程管理的实际工作过程中，以及在个人职业发展过程中，工程管理者需要很高的综合素质。这些综合素质不仅应包括一般工程师的素质，还要有管理者的素质，还应符合工程管理的特殊要求。

工程管理所要求的综合素质由知识、能力和职业道德三方面构成（图10-2）。在其中能力比知识重要，而职业道德比能力更重要。

本专业培养的目的就是要提高学生的综合素质，使工程管理专业的学生既具有工程师的技能和严谨性，又具有"规划"专业的历史眼光、建筑学的文化和艺术性，这对于本专业的课程体系和实践环节的设置有决定作用。

二、知识

工程管理者要在工程中承担工程管理任务，实现工程的目标，要解决前述工程中的问题，首先必须掌握相关的知识。这是工程管理专业的学生在大学学习的首要任务。

1. 他必须具有系统的工程技术知识。工程管理需要对整

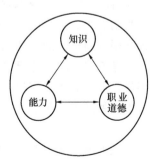

图10-2 工程管理者综合素质结构

个工程的建设和运营过程中的规划、勘察、设计,或对各专业工程的施工和供应进行决策、计划、控制和协调,具有鲜明的专业特点,有很强的技术性。技术知识是工程管理的专业根底,不懂工程,没有工程相关的专业知识的人是很难在工程中被人们接受,很难做好工程管理工作的。

同时由于工程有不同的种类,不同领域的工程管理的差异性很大。工程管理学生应掌握与他将来所要管理的工程种类有关的工程技术。

(1) 掌握工程技术方面的知识,对工程的技术方案和工艺流程等有深入的了解。

(2) 掌握工程建设和运行相关的专业知识,如施工技术方案、工程建造流程知识。

他应能够对所从事的工程迅速设计解决问题的方法、程序,能抓住问题的关键,把握技术和实施过程逻辑上的联系。他的技术技能被认为是很重要的,但他又不能是纯技术专家,他最重要的是对工程开发过程和工程技术系统的机理有成熟的理解,能预见问题,能事先估计到工程各种需要。

现在,工程管理专业一般要求学生掌握土木工程技术知识。

2. 掌握管理方面的知识。管理方面的知识以管理学为基础,以工程项目管理为核心,辅以运筹学、财务管理等方面知识。

3. 掌握经济学方面的知识。经济方面的知识以经济学为基础,以工程估价和工程经济学为核心知识,辅以金融与保险知识、统计学知识等。

4. 工程法律和工程合同方面的知识。这方面是以经济法为基础,以建设工程法律、工程合同和合同管理为核心,辅以其他相关的法律法规知识。

5. 其他方面的知识,如外语、计算机等知识。

这些知识决定了工程管理专业的主要课程设置。总的说,工程管理者需要综合性的广博的知识面,必须具备宽厚的知识基础。

三、能力

首先工程管理者要将上述知识转化为能力,即应具有应用上述这些知识处理实际工程问题的能力,包括对工程技术问题的处理能力、工程项目管理能力、工程估价能力、工程经济分析能力、对工程法律和合同的运用和管理能力等。

此外还应该具备如下能力:

1. **应具有战略管理能力**,应能对全局有一个总体的把握,理解工程的建设和运行与全局、与战略的关系,对全局和战略的影响和贡献。

2. 他必须对工程建设和运行过程(包括实施技术过程和管理过程)十分熟悉,有成熟的判断能力、思维能力、随机应变能力。他应思维敏捷,有洞察力,在工程中能够追寻目标和跟踪目标;能发现问题,提出问题,能够抓住关键问题,从容地处理紧急情况。

3. 有较强的组织管理能力和协调能力;需要有领导技巧,能胜任小组领导工作,知人善任,敢于和善于授权;具有很强的沟通能力,激励能力和处理人事关系的能力;协调好各方面的关系,善于人际交往;善于管理矛盾与解决冲突;有较强的语言表达能力和说服能力。

4. 在国际工程中,需要工程管理者有应用外语的能力。

5. 由于工程是常新的,所以他又必须具有应变能力和灵活性。他的领导风格应有可变性,能够适应不同的工程和不同的工程组织。

6. 综合能力。他应能对整个工程系统做出全面观察,具有系统思维和决策能力。

7. 应用现代高科技的能力,特别是应用计算机、现代信息技术解决工程和工程管理问题的能力。

四、职业道德

(一)道德及职业道德定义

《辞海》对道德的定义为:"以善恶评价的方式来评价和调节人的行为的规范手段和人类自我完善的一种社会价值形态。道德包括客观和主观两方面,客观方面指一定的社会对社会成员的要求,表现为道德关系、道德理想、道德标准、道德规范;主观方面指人的道德实践,包括道德意识、道德信念、道德判断、道德行为和道德品质等。"

职业道德,就是同人们的职业活动紧密联系的符合职业特点的道德准则、道德情操与道德品质的总和。职业道德不仅是从业人员在职业活动中的行为标准和要求,而且是本行业对社会所承担的道德责任和义务。职业道德是社会道德在职业生活中的具体化。

(二)工程管理职业道德的重要性

工程管理职业道德,是指从事建设工程管理活动的人们在工程管理工作中形成的道德观念、行为规范和道德品质的总和,也是社会对工程管理工作者和工程管理活动所提出的基本要求,是社会职业道德体系中运用于工程管理职业活动的一种表现形式。

由于工程对社会的重要作用和工程管理职业的特殊性,工程管理者需要特殊的职业道德要求。

1. 工程有很大的社会影响和历史影响,工程管理者有重大的使命。只有从业人员有很高的职业道德,才能完成工程建设任务,获得成功的工程。

2. 只有工程管理者具有很高的职业道德,才能赢得社会对工程管理者的充分信任,才能放手委托任务,才能充分发挥工程管理者的积极性和创造性,降低工程的交易成本、管理成本和运行成本,最终提高工程管理效率。

3. 工程管理者为工程提供的是咨询、管理方面的服务,而工程都是一次性的、常新的,他的工作很难用数量来定义,工作绩效很难评价和衡量,在很大程度上靠他的职业道德、自觉性和积极性工作。

4. 社会化的工程管理存在矛盾性。

(1) 工程管理者在工程中有很大的管理权力,但他仅作为业主或企业的代理人,对管理过程中的失误不承担或承担很小的法律的和经济的责任。

(2) 工程能否顺利实施,工程能否按期完成,能否符合预定的质量标准,达到预定的功能,业主投资的多少、企业成本花费等,直接依赖于工程管理者的工作能力、经验、积极性、公正性、管理水平等。但他与工程的最终经济效益无关。他没有决策的权力。

所以,工程管理是凭职业道德,凭声誉工作的。在国外,职业道德和信誉就是工程管理者的职业生命。

(三)工程管理职业道德的要求

职业道德只有在具体的职业活动中才能形成和体现出来。工程管理者除了需要有在前述第四章第三节所述的一般工程师的职业道德外,还有更为严格的要求。总体说有如下几方面:

1. 敬业。敬业是对工程管理者最基本最普遍的道德要求。敬业精神最能体现职业道德的特殊性，它反映的是工程管理者与自己所从事的工程管理工作的关系，它贯穿在工程管理活动的每一个环节中。工程管理者只有具备敬业精神，才可能以满腔的热忱主动积极地工作，全心全意地管理工程；才能在职业岗位上高度自觉地刻苦钻研、开拓创新，扩大业绩。

（1）热爱自己的专业、职业和工作岗位。工程管理者应对自己的职业价值有充分的认识，应认识到工程管理对社会贡献大，是非常有价值和有意义的工作，是一个十分高尚的职业，要有尊严感和荣誉感，高度的事业心和成就感，积极向上的人生理想和目标。

工程管理工作者应充分认识到我国工程建设的重要性，认识到自己的工作是为了完成工程建设任务，同样承担重大的社会责任和历史责任。建造一个好的工程，就是为社会做出杰出的贡献，将在自己的历史上留下一个丰碑！这样才会以自己的职业为荣，最大限度地发挥自己的聪明才智；有较强责任心和进取意识，在实际工作中不断地充实自己，完善自己。

（2）对自己所从事的工作认真负责，刻苦钻研业务，掌握先进的知识和技能，精益求精，把本职工作做得更好，实现职业的社会价值，也实现自我的人生价值。

（3）有创新精神。由于工程是一次性的，工程管理工作是常新的工作，富于挑战性，所以工程管理者在工作中应具有创新精神，务实的态度，勇于挑战，勇于决策，勇于承担责任和风险，并努力追求工作的完美，追求高的目标，不安于现状，有积极向上的精神与健全的人格。如果他不努力，不积极，定较低的目标，作十分保守的计划，则不会有成功的工程。

（4）将用户利益放到第一位，不谋私利，能承担艰苦的工作，任劳任怨，忠于职守，全心全意地管理好工程。

（5）有坚强的意志，能自律，具有较强的自我控制能力。

2. 诚信。诚实守信是中华民族的传统美德。工程管理者在工作中应诚实可靠，心怀坦荡，讲究信用，言行一致，正直，办事公正，公平，实事求是，应以没有偏见的方式工作，正确地履行自己的职责，公平公正地对待各方利益。

3. 他的行为应以工程的使命、总目标和整体利益为出发点，追求工程的整体效益，努力争取获得前面所描述的成功的工程。工程管理者应有工程全寿命期的理念，不仅将用户利益放到第一位，而且注重工程的社会贡献和历史作用。在工程中注重社会的公德，保证社会利益，严守法律和规章。

4. 具有合作精神。工程管理是一种综合性的管理工作，离不开其他人员的团结协作。要构建一个好的工程管理团队，大家都要有团队精神。具体体现在：

（1）工程管理团队的所有成员应对目标有共识，大家都知道工程的重要性，每个成员都追求整个工程的成功，从一开始就激发每个成员的使命感和责任感。

（2）有合理的分工和合作。大家有不同的角色分配，对完成任务有明确的承诺，并接受约束，在工作中形成合力。

（3）组织有高度的凝聚力，成员之间互相信任，所有成员全身心投入工程管理团队工作中。

（4）在组织中经常进行沟通，团队中有民主气氛。

5. 具有高度社会责任感和历史责任感，具有全局的观念和保护生态环境的观念。

工程是多企业的合作，持续时间很长，使用大量的社会资源。它是超越于企业，超越时空的。工程管理必须有高度的使命感和责任心，不仅要实现企业目标——利润；而且要使用户满意；为整个社会作出贡献，担负起社会责任和对整个人类的责任。

所以工程管理者首先要做一个高尚的人，一个有道德的人，一个有益于人民的人，一个有历史责任心和社会责任心的人。

第三节 我国工程管理界的执业资格制度

一、概述

1. 我国为了促进经济健康发展，同时有利于与国际接轨，在一些涉及国家和社会公共利益、人民生命财产安全的专业技术工作领域，实行专业技术人员的执业资格制度。

专业技术人员执业资格是对从事某一职业所必备的学识、技术和能力的基本要求。专业人员与职业相关的资格包括从业资格和执业资格。

（1）从业资格是政府规定专业技术人员从事某种专业技术性工作的学识、技术和能力的起点标准，可以通过学历认定或考试取得。

（2）执业资格是政府对某些责任较大、社会通用性强、关系公共利益的专业技术工作实行的准入控制，是专业技术人员依法独立开业或独立从事某种专业技术工作应具备的学识、技术和能力的标准，通过考试方式取得。

2. 经执业资格考试合格的人员，由国家授予相应的执业资格证书。执业资格证书是证书持有人专业水平能力的证明，可作为求职、就业的凭证和从事特定专业的法定注册凭证；分为《从业资格证书》和《执业资格证书》。

3. 我国工程管理专业的学生毕业后就具有工程管理领域的从业资格，可以在政府建设管理部门、建筑业企业、工程和工程相关企业（如工程承包企业、设计单位、工程咨询单位、监理单位）、房地产开发企业、投资与金融等单位从事工程管理相关工作，或在高等学校从事相关专业的教学，或在科研机构从事科研工作。

4. 由于建筑工程关系到国计民生，有重大的社会影响和历史影响，所以我国在建筑工程领域实行严格的执业资格制度。《中华人民共和国建筑法》第14条规定："从事建筑活动的专业技术人员，应当依法取得相应的执业资格证书，并在执业证书许可的范围内从事建筑活动。"

从20世纪80年代初以来，为了加强工程建设管理，提高建筑工程技术和管理人员素质和工作水平，我国国家人事部与建设部一起，相继在建设工程领域建立了注册建筑师、注册结构工程师、注册监理工程师、注册造价工程师、注册房地产估价师、注册城市规划师、注册建造师、注册风景园林师、物业管理师等执业资格制度；国家人事部同国家发展与改革委员会一起设立了注册咨询工程师制度；人力资源和社会保障部等部门还设立了众多的执业资格认证制度。

其中直接与工程管理有关的执业资格制度，有注册监理工程师、注册建造师、注册造价工程师、注册房地产估价师、注册咨询工程师、注册资产评估师等，占建筑业领域注册资格的大部分。

二、注册建造师

1. 建造师制度的发展和定义

建造师是工程管理领域最重要的注册工程师。建造师执业资格制度起源于英国，迄今已有150余年历史。世界上许多发达国家都建立该项制度。国际建造师协会已有11个国家成为会员国。

2. 我国关于建造师的政策法规

（1）根据《中华人民共和国建筑法》、《建设工程质量管理条例》、《建设工程安全生产管理条例》和国家有关执业资格考试制度的规定，2002年12月5日，建设部和人事部联合下发了《建造师执业资格制度暂行规定》（人发［2002］111号），对从事建设工程总承包及施工管理的专业技术人员实行建造师执业资格制度。

（2）2003年2月27日《国务院关于取消第二批行政审批项目和改变一批行政审批项目管理方式的决定》（国发［2003］5号）指出："取消建筑施工企业项目经理资质核准，由注册建造师代替，并设立过渡期。"建筑业企业项目经理资格管理制度向建造师执业资格制度过渡的时期定为五年，即从2003年至2008年2月27日止。建设部也发出了《关于建筑业企业项目经理资质管理制度向建造师执业资格制度过渡有关问题的通知》（建市［2003］86号）。

3. 我国建造师的要求和执业规定

（1）注册建造师的定位

人事部与建设部联合印发的《建造师执业资格制度暂行规定》（人发［2002］111号），标志着建造师执业资格制度的正式建立。该《规定》明确指出，建造师是指从事建设工程项目总承包和施工管理关键岗位的专业技术人员。我国的建造师分为一级建造师（Constructor）和二级建造师（Associate Constructor）。一级注册建造师可以担任《建筑业企业资质等级标准》中规定的特级、一级建筑业企业可承担的建设工程的项目经理；二级注册建造师可以担任二级及以下建筑业企业能承担的建设工程施工项目的项目经理。

为了适应各类工程对建造师的专业技术的不同要求，也为了与现行建设管理体制相衔接，建造师实行分专业管理。按照工程的领域类别，一级建造师分14个专业，包括房屋建筑工程、公路工程、铁路工程、民航机场工程、港口与航道工程、水利水电工程、电力工程、矿山工程、冶炼工程、石油化工工程、市政公用工程、通信与广电工程、机电安装工程、装饰装修工程等。二级建造师包括一级建造师中的10个专业。

（2）注册建造师的执业范围

建造师是以专业工程技术为依托、以工程项目管理为主的执业注册人员，是具备管理、技术、经济、法规方面知识和能力的综合素质的复合型人才。建造师注册后，既可以受聘担任建设工程施工的项目经理，也可以受聘从事其他施工活动的管理工作，如质量监督、工程管理咨询，以及法律、行政法规或国务院建设行政主管部门规定的其他业务。注册建造师应在相应的岗位上执业，同时国家鼓励和提倡建造师"一师多岗"，从事国家规定的其他业务。大中型工程项目的项目经理必须由取得建造师执业资格的人员担任。但取得建造师执业资格的人员能否担任大中型工程项目的项目经理，应由建筑业企业自主决定，并委派。

(3) 我国对注册建造师的需求

据统计，截至 2007 年全国的建筑业企业有 20 万家左右，从业人员达 3900 万人以上，有 80 万项目经理。2008 年已取消项目经理资格核准，要由取得注册建造师资格的人担任项目经理。

建立注册建造师执业资格制度也是开拓国际工程承包市场的需要，将来还会实现一级注册建造师的国际互认。因此，注册建造师，特别是一级注册建造师具有广阔的市场前景。

(4) 获取建造师执业资格的途径

1) 一级建造师执业资格实行全国统一大纲、统一命题、统一组织的考试制度，由人事部、建设部共同组织实施，原则上每年举行一次考试。

2) 参加一级建造师执业资格考试的考生必须取得工程类或工程经济和管理类大专以上学历和从事一定年限的建设工程项目施工管理工作。

3) 一级建造师的考试科目有四门：《建设工程经济》、《建设工程法规及相关知识》、《建设工程项目管理》三门综合科目和分为 10 个专业的《专业工程管理与实务》科目。

4) 按照《建造师执业资格制度暂行规定》，各省、自治区、直辖市人事厅（局）、建设厅（委），根据全国统一的二级建造师执业资格考试大纲，负责本地区二级建造师考试命题和组织实施考试工作，人事部、建设部负责指导和监督。

三、注册监理工程师

1988 年，建设部总结了我国传统的工程建设管理体制的弊病，并参照国际惯例，提出建立专业化、社会化的工程建设监理制度。1991 年 12 月建设部通过《工程监理单位资格管理试行办法》。由于建设监理责任重大，关系到国家、人民生命财产安全和社会公共利益，必须由具备相应学识、技术和能力人的承担。

1. 注册监理工程师的定位

监理工程师是指经全国统一考试合格，取得《监理工程师资格证书》并经注册登记的工程建设监理人员。

2. 注册监理工程师的执业范围

注册监理工程师可以从事工程监理、工程经济与技术咨询、工程招标与采购咨询、工程项目管理服务以及国务院有关部门规定的其他业务。

3. 执业资格的获取途径

1992 年 6 月，建设部发布了《监理工程师资格考试和注册试行办法》（建设部第 18 号令），国家开始实施监理工程师资格考试。监理工程师是新中国成立以来在工程建设领域设立的第一个执业人员准入资格。1996 年 8 月，建设部、人事部下发了《建设部、人事部关于全国监理工程师执业资格考试工作的通知》（建监［1996］462 号），从 1997 年起，全国正式举行监理工程师执业资格考试。

参加执业资格考试，需取得工程类或工程经济类大专以上学历、中级以上专业技术职务和一定的专业工作年限。

监理工程师的考试科目是：《工程建设监理基本理论与相关法规》、《工程建设合同管理》、《工程建设质量、投资、进度控制》、《工程建设监理案例分析》。

经过十几年的发展，我国已有注册监理工程师近 10 万人。

四、注册造价工程师

在20世纪90年代后期,随着工程招投标制度、工程合同管理制度、建设监理制度、项目法人责任制等工程管理基本制度的建立,工程中需要一批同时具备工程技术、工程计量与计价知识,通晓经济法与工程造价管理的人才,我国逐步建立了造价工程师资格制度。

建设部于1996年先后颁布了《工程造价咨询单位资质管理办法》和《造价工程师执业资格暂行制度》。同年人事部、建设部颁发《造价工程师执业资格制度暂行规定》,并组织了造价工程师考试试点。在总结试点经验的基础上,于1998年在全国组织了造价工程师统一考试。2000年1月建设部颁布《造价工程师注册管理办法》,规定了造价工程师的考试、注册、执业、继续教育和法律责任等。

1. 注册造价工程师是指经全国统一考试合格,取得《造价工程师执业资格证书》并经注册登记,在建设工程中从事造价业务活动的专业技术人员。

2. 造价师考试每年举行一次。考试设四个科目,《工程造价管理相关知识》、《工程造价的确定与控制》、《建设工程技术与计量》(本科目分土建和安装两个专业,考生可任选其一)、《工程造价案例分析》。

3. 报考条件。取得工程、工程经济类和工程造价专业大专以上学历,从事工程造价业务工作满一定年限的人员均可以参加该执业资格考试。

4. 造价工程师执业资格考试合格者由各省、自治区、直辖市人事部门颁发人事部统一印制的、人事部与建设部用印的《造价工程师执业资格证书》。该证书在全国范围内有效。

取得《造价工程师执业资格证书》者,须按规定向所在省(区、市)造价工程师注册管理机构办理注册登记手续,造价工程师注册有效期为3年。

五、注册房地产估价师

随着中国房地产市场的飞速发展,房地产服务业在市场中的地位和作用日益重要。1995年3月22日建设部、人事部根据《中华人民共和国城市房地产管理法》,制定、颁布了《房地产估价师执业资格制度暂行规定》和《房地产估价师执业资格考试实施办法》。

房地产估价师的执业范围包括房地产估价、房地产咨询以及与房地产估价有关的其他业务。

房地产估价师应具备的能力包括:熟悉房地产基本制度与政策,熟悉房地产开发经营与管理的过程与规律,掌握房地产估价的理论与方法,并具备进行房地产估价计价所需的相关知识。

1. 房地产估价师执业资格考试是由人事部与建设部共同组织的全国性的执业资格考试。

2. 房地产估价师考试每年举行一次。考试科目有《房地产基本制度与政策》、《房地产开发经营与管理》、《房地产估价理论与方法》、《房地产估价案例与分析》。

3. 报考条件。取得房地产估价相关学科(包括房地产经营、房地产经济、土地管理、城市规划等,下同)中专以上学历,具有规定年限相关专业工作经历,且其中从事房地产估价实务满规定年限的专业人员可申请参加该执业资格考试。

对不具备上述规定学历的专业人员,另有规定的专业资格、专业工作经历和房地产估价实务经历的要求。

4. 房地产估价师执业资格考试合格者，由人事部或其授权的部门颁发房地产估价师《执业资格证书》，经注册后全国范围有效。

六、注册咨询工程师

1994年4月原国家计委颁布了《工程咨询业管理暂行办法》和《工程咨询单位资格认定暂行办法》。

人事部和国家发展改革委员会于2001年底颁布了《注册咨询工程师（投资）执业资格制度暂行规定》和《注册咨询工程师（投资）执业资格考试实施办法》，决定在我国建立注册咨询工程师（投资）执业资格制度，并实行执业资格考试制度。同时指出，凡在经济建设中从事工程咨询业务的机构，必须配备一定数量的注册咨询工程师。首次注册咨询工程师（投资）考试于2003年举行。

1. 国家对工程咨询行业关键岗位的专业技术人员实行执业资格制度，纳入全国专业技术人员执业资格制度统一管理。只有通过注册考试成绩合格，表明其具有相应的水平和能力，才可获得工程咨询行业的执业资格。本资格全国范围内有效。

2. 全国注册咨询工程师（投资）执业资格考试共分以下5个科目：《工程咨询概论》、《宏观经济政策与发展规划》、《工程项目组织与管理》、《项目决策分析与评价》、《现代咨询方法与实务》。

3. 报考条件。具有工程技术类或工程经济类专业大专毕业以上学历，从事工程咨询相关业务满规定年限的专业人员即可申请参加考试。

七、注册安全工程师

1. 注册安全工程师是指通过全国统一考试，取得《中华人民共和国注册安全工程师执业资格证书》，并经注册的专业技术人员。注册安全工程师英文译称 Certified Safety Engineer。生产经营单位中安全生产管理、安全工程技术工作等岗位及为安全生产提供技术服务的中介机构，必须配备一定数量的注册安全工程师。经国家经济贸易委员会授权，国家安全生产监督管理局负责实施注册安全工程师执业资格制度的有关工作。

《注册安全工程师执业资格制度暂行规定》于2002年9月3日由人事部、国家安全生产监督管理局人发［2002］87号发布。

2. 注册安全工程师考试科目分为四科，分别是：《安全生产法及相关法律知识》、《安全生产管理知识》、《安全生产技术》、《安全生产事故案例分析》，所有科目必须在连续两个年度内全部通过方可注册。

3. 报考条件。取得安全工程、工程经济类，或其他专业中专以上学历，从事安全生产小棍业务满规定年限，可以申请参加注册安全工程师执业资格考试。

4. 免试条件。凡符合注册安全工程师执业资格考试报名条件，且在2002年9月3日前已评聘高级专业技术职务，并从事安全生产相关业务工作满10年的专业人员，可免试《安全生产管理知识》和《安全生产技术》2个科目，只参加《安全生产法及相关法律知识》和《安全生产事故案例分析》2个科目的考试。

八、其他

1. 中国项目管理师

（1）项目管理师的定位。中国项目管理师（China Project Management Professional）

国家执业资格认证是中华人民共和国劳动和社会保障部在全国范围内推行的项目管理专业人员资格认证体系的总称。它共分为四个等级，从国家执业资格四级到国家执业资格一级分别是：项目管理员、助理项目管理师、项目管理师、高级项目管理师。

（2）项目管理师执业范围有工程类、IT类、投资类、通用类。

（3）执业资格认证途径。中国项目管理师（CPMP）认证需要经过申请者资格审查、从事项目管理工作经历审查、授权机构集中培训考核、案例讨论、实习作业、全国统考、专家评估几个过程。以"业绩评估＋培训考试＋全国统考的认证"模式来保证认证的公正、透明和有效。

2. 招标师

（1）执业制度。根据人力资源和社会保障部、国家发展改革委《关于印发〈招标采购专业技术人员职业水平评价暂行规定〉和〈招标师职业水平考试实施办法〉的通知》（国人部发〔2007〕63号）和《关于2009年度招标师职业水平考试有关问题的通知》（人社厅函〔2009〕164号）规定，自行办理招标事宜的单位和在依法设立的招标代理机构中专门从事招标活动的专业技术人员，通过职业水平评价，取得招标采购专业技术人员职业水平证书，具备招标采购专业技术岗位工作的水平和能力。

招标采购专业技术人员职业水平评价分为招标师和高级招标师两个级别。招标师职业水平评价采用考试的方式进行；高级招标师职业水平评价实行考试与评审相结合的方式进行。

（2）招标师考试报考条件。取得经济学、工学、法学或管理学类专业大专以上学历，工作满规定年限，且其中从事招标采购专业工作满规定年限，可申请参加招标师职业水平考试。

（3）招标师考试科目为《招标采购法律法规与政策》、《项目管理与招标采购》、《招标采购专业实务》、《招标采购案例分析》。招标师职业水平考试为滚动考试，滚动周期为两个考试年度，参加四个科目考试的人员必须在连续两个考试年度内通过应试科目。

3. 除了上述我国建设工程领域的执业资格制度外，工程管理专业的学生还可以成为法律、法规规定的其他从业人员，如注册资产评估师、房地产经纪人等。

第四节 国际上相关的执业资格制度

国际项目管理界和工程管理界的执业组织制度以个人执业资格为主。发达国家主要靠完善的法律制度管理市场，允许任何合法的注册企业从事工程管理。目前发达国家有一整套项目经理的教育培训的途径和方法，有比较好的、成熟的经验。个人执业资格主要分为两大类，一是以美国为代表的北美模式，即政府管理，实行全国统一考试和注册，由国家强制约束，我国主要参考了北美模式；二是以英国为代表的英联邦模式，实行行业组织管理，实行会员资格考试和名称保护，由行业自律约束。

一、国际项目管理专业资格认证（IPMP）

国际项目管理专业资格认证（International Project Management Professional，简称IPMP）是国际项目管理协会（International Project Management Association，简称IPMA）在全球推行的四级项目管理专业资格认证体系的总称。IPMP是对项目管理人员知识、经验和能力水平的综合评估证明。根据 IPMP 认证等级划分获得 IPMP 各级项目管理认证的人员，将分别具有负责大型国际项目、大型复杂项目、一般复杂项目或具有从事项目管理专业工作的能力。IPMA 依据国际项目管理专业资格标准（IPMA Competence Baseline，简称 ICB），针对项目管理人员专业能力、知识、管理经验和个人素质的不同，将项目管理专业人员资格认证划分为四个等级，即 A 级、B 级、C 级、D 级，每个等级分别授予不同级别的证书。

1. A 级（LevelA）证书是国际特级项目经理（Certified Projects Director）。获得这一级认证的项目管理专业人员有能力进行一个公司（或一个分支机构）的包括有诸多项目的复杂规划，有能力管理该组织的所有项目，或者管理复杂的国际合作项目。基本程序为：

（1）自己提出申请，说明自己的履历，完成或参与项目的清单，以及证明材料，并对自己进行自我评估。

（2）申请接受后提出项目群管理报告。

（3）由评估师进行面试。

（4）合格取得证书后，有效期为 5 年。

2. B 级（LevelB）证书是国际高级项目经理（Certified Senior Project Manager）。获得这一级认证的项目管理专业人员可以管理大型复杂项目，或者管理一项国际合作项目。基本程序为：

（1）自己提出申请，说明自己的履历，完成或参与项目的清单，以及证明材料，并对自己进行自我评估。

（2）申请接受后提出项目管理报告。

（3）由评估师进行面试。

（4）合格取得证书后，有效期 5 年。

3. C 级（LevelC）证书是国际项目经理（Certified Project Manager）。获得这一级认证的项目管理专业人员能够管理一般复杂项目，也可以在所在项目中辅助高级项目经理进行管理。基本程序为：

（1）自己提出申请，说明自己的履历，完成或参与项目的清单，以及证明材料，并对自己进行自我评估。

（2）申请接受后必须进行笔试。

（3）进行小组案例研讨，由评估师做出评价。

（4）由评估师进行面试。

（5）合格取得证书后，有效期 5 年。

4. D 级（LevelD）证书是国际助理项目经理（Certified Project Management Associate）。获得这一级认证的项目管理人员具有项目管理从业的基本知识，并可以将它们应用于某些领域。基本程序为：

（1）自己提出申请，说明自己的履历，并对自己进行自我评估。

（2）申请接受后参加项目管理知识的笔试。

（3）取得的证书无有效期限制。

由于各国项目管理发展情况不同，各有各的特点，因此 IPMA 允许各成员国的项目管理专业组织结合本国特点，参照 ICB 制定在本国认证国际项目管理专业资格的国家标准（National Competence Baseline，简称 NCB）。

中国项目管理研究委员会（PMRC）是 IPMA 的成员国组织，是我国唯一的跨行业跨地区的项目管理专业组织，IPMA 已授权 PMRC 在中国进行 IPMP 的认证工作。PMRC 已经根据 IPMA 的要求建立了"中国项目管理知识体系（C-PMBOK）"及"国际项目管理专业资格认证中国标准（C-NCB）"，这些均已得到 IPMA 的支持和认可。PMRC 作为 IPMA 在中国的授权机构于 2001 年 7 月开始全面在中国推行国际项目管理专业资格的认证工作。认证学员参加 IPMP 培训与考试，由 PMRC 颁发 IPMP 课程进修结业证，通过认证将获得 IPMA 颁发的项目管理专业资格证书。

二、美国项目管理师考试（PMP）

PMP 项目管理师考试是由美国项目管理协会（PMI）建立的对项目管理人员的职业资格认证考试。考试建立在《项目管理知识体系指南》（PMBOK）体系上，该体系将项目科学地划分为项目启动、项目计划、项目执行、项目控制、项目收尾共 5 个过程，根据各个阶段的特点和所面临的主要问题，系统归纳成项目管理的 9 大知识领域，并分别对各领域的知识、技能、工具和技术作了全面总结。

PMP 考试 1999 年在全球所有认证考试中第一个通过 ISO 9001 国际质量认证。目前该项认证获得全球 150 多个国家的承认，每年同时使用包括中文在内的 16 种语言进行考试。

PMP 考试认证对资历要求十分严格。申请者需要具有大学学士及以上学位，或者同等学历，至少要有 4500 小时的项目管理经验。在申请之日前 6 年内，累计项目管理月数达到 36 个月。如果申请者不具备大学学士学位或同等大学学历，申请人至少要具有 7500 小时的项目管理经验；在申请之日前 8 年内，累计项目管理月数达到 60 个月。考生还要在限定时间内提交至少 4500 工时的项目管理经验材料，用英文书写。

申请者必须达到 PMI 规定的所有教育和经历要求，并对项目管理专家认证考试测试的关于对项目管理的理解和知识达到认可及合格程度才能获得 PMP 证书。

2000 年，国家外国专家局培训中心与美国 PMI 签署合作协议，成为美国 PMI 在大陆负责项目管理专业人员资格认证考试组织机构和教育培训机构。

PMP 认证考试为笔试，现在每年举行四次，在每年的 3 月、6 月、9 月、12 月进行，题型为选择题，共 200 题，考试时间为 4 小时。

PMP 的学员主要分布在 IT、信息、建筑、石油化工、金融、航天、能源、交通、流通等；截至 2006 年 4 月底，全国已有近 20 万人次参加了 PMI 知识体系培训，2 万多人次参加 PMP 资格认证考试，1 万余人通过认证考试，获得 PMP 证书。

三、英国工程管理领域的执业资格制度

（一）英国皇家特许建造师（CIOB）

英国皇家特许建造学会（The Chartered Institute of Building，简称 CIOB）是一个主要由从事建筑管理的专业人员组织起来，涉及建设全过程管理的全球性专业学会。该学会成立于 1834 年，至今已有 170 多年的历史。该学会在 1980 年获得皇家的认可。自成立以来，该学会已经在全球 94 个国家中拥有超过 40000 名会员，分布在计划、设计、施工、物业、测量以及相关工程服务的各个领域，成为欧共体国家以及美国、澳大利亚、非洲和东南亚等国家和地区广泛认可的个人专业执业资格。

皇家特许建造学会还在参与政府有关部门制定行业标准，以及会员资格认可标准（包括教育标准）等方面起着积极的作用。

1. CIOB 的执业范围

皇家特许建造师侧重建筑管理方面工作，大多数会员从事施工管理工作，也可以从事工程项目设计或工程建设全过程的管理。CIOB 设有不同的会员等级，涵盖了从施工现场管理到业主项目管理最高职位在内的所有工作，主要包括：施工现场管理、财务管理、经营管理、物业管理以及代表业主进行的项目管理。作为特许建造师，必须具有对建设项目全过程进行管理的能力和经验，可从事建设领域不同的岗位，工作范围涉及工程建设各个过程和方面，如工程承包、业主的项目管理、工料测量、工程咨询、物业管理、建筑领域的研究以及政府职能管理等。

2. CIOB 会员的层次划分和资格要求

CIOB 的会员目前共设有五个层次，每个层次都有具体的要求：

（1）资深会员（FCIOB）。它的资格条件是：具有 5 年会员资格的从事高级管理职务的会员，或通过直接资深会员考试或特殊资深会员考试的申请者，可获得该资格。

（2）正式会员（MCIOB）。它的资格条件是：相关专业大学本科毕业，在实际工作中通过 CIOB 制定的 PDP 训练评估和 NVQ4（英国国家职业资格第四级）的评估，或直接通过 NVQ5（英国国家职业资格第五级）的评估，并经过 CIOB 组织的专家面试合格后，才授予建造师资格。

（3）准会员，它的资格条件是：助理会员通过 CIOB 的培训，满足一定的理论知识和实践能力的要求。

（4）助理会员（ACIOB），它的资格条件是：对于从事建筑领域相关专业但不具备大学本科学历的申请者，可先申请助理会员。

（5）学生会员。这一层次主要针对在校学生。

其中最高的两个层次的会员，即资深会员和正式会员，被称为"皇家特许建造师"（Chartered Builder）。

3. CIOB 的执业资格认证

CIOB 对会员的管理比较完善，制定了详细的资格标准、申请程序和监督制度。

CIOB 具有一套"培训—考试—专业发展"的认证体系，不同层次的申请者参加不同类型的培训，针对工程类大学毕业生设计的培训计划称之为"职业发展计划"（PDP），针对项目经理资格申请者可以参加"建筑项目经理教育与培训计划"（SMETS）。

皇家特许建造师的申请有一定的手续，可以通过不同的路径实现，总的要求是在建筑管理理论知识与工作实践方面具有一定的资格。申请人可以根据自己的实际情况申请不同层次的会员，待自己的条件成熟后再逐步转入较高层次，最终成为一名特许建造师。

CIOB 会员资格为终身制，CIOB 学会建立了终身职业发展制度——专业继续发展制度（CPD），以保持和提高专业资格的价值。

（二）英国的测量师

1. 皇家特许测量师学会（Royal Institution of Chartered Surveyors-RICS）是由社会俱乐部形式发展起来的，其先驱可以追溯到 1792 年成立的"测量师俱乐部"，1868 年改为"测量师学会"，即现在学会的前身。1881 年学会被准予皇家注册，并于 1930 年再次更名为特许测量师学会,1946年启用皇家特许测量师学会（RICS）的名称至今,现已有8万会员。

皇家特许测量师学会下设7个专业分会:综合管理分会;工程预算分会;房屋测量分会;土地代理及农业分会;计划及发展分会;土地及水文测量分会;矿业测量分会。

2. 英国测量师有以下几种专业分类:

(1) 土地测量（Land Surveying）;

(2) 产业测量（Estate and Valuation Surveying）或称综合实务测量（General Practice Surveying）;

(3) 建筑测量（Building Surveying）;

(4) 工料测量（Quantity Surveying）;

(5) 其他,包括矿业测量、农业测量等专业,以及从上述专业中派生的新专业,如住宅、商业设施（购物中心）,以及海洋测量等。

3. 英国的工料测量师是独立从事建筑造价管理的专业,也称为预算师。其工作领域包括房屋建筑工程、土木及结构工程、电力及机械工程、石油化工工程、矿业建设工程、一般工业生产、环保经济、城市发展规划、风景规划、室内设计等。工料测量师服务的对象,有房地产开发商、政府地政及公有房屋管理等部门、厂矿企业、银行等。

工料测量师的服务范围:

(1) 初步费用估算（Preliminary Cost Advice）。在项目规划阶段,为投资者、开发商提供投资估算,就设计、材料设备选用、施工、维护保养提供咨询。

(2) 成本规划（Cost Planning）。成本规划的目的是为委托单位编制一份供建筑师、工程师、装潢设计师合理使用建设投资的比例的方案。工料测量师在协助投资者选定方案时,不只是选最低的造价方案,而是关注全寿命费用最低,包括维修、修理、更新的费用。在工程中,当遇到投资者改变意图时,工料测量师也可以快速报出由于种种原因将要超出决策的数量。

(3) 承包合同文本（Contract Form）。帮助业主,针对工程的具体情况（工程条件、技术复杂程度、进度要求、设计深度、质量控制级别、投资者对待风险的态度）,选择好合同文本。

(4) 招标代理（Bid Agency）。包括起草招标文件,计算工程量并提供工程量清单。工程量清单（Billof Quantities）是一份将设计图纸所采用的工料规格说明书的要求化为可以计算造价的一系列施工项目及数量的文件,便于投标者比价竞争。工料测量师在投标人报出价格与费率基础上做出比较分析,选择较合理的标书,提供给决策者。

(5) 造价控制（Cost Control）。在施工合同执行过程中,工料测量师根据成本规划,对造价进行动态控制,定期对已发生的费用、工程进度作比较,报告委托人。

(6) 工程结算（Valuationof Construction Work）。工料测量师负责审定工程各种支出,如进度款、中间付款、保留金等。有关调整账单、变更账单都由工料测量师负责管理。

(7) 项目管理（Project Management）。业主可以聘请工料测量师及其事务所出任项目经理,独立地为其提供项目管理服务。

(8) 其他服务。工料测量师经过仲裁人资格审定,还可以提供建筑合同纠纷仲裁,以及保险损失估价等服务。

复 习 思 考 题

1. 简述工程管理专业的职业定位？了解本校往届工程管理毕业生的就业去向。
2. 调查一个工程，了解在该工程中工程技术人员和工程管理人员大致的投入比例。
3. 简述工程管理专业综合素质包括哪几个方面？它们对完成工程的使命，取得成功的工程有什么影响？
4. 简述工程管理领域主要执业资格制度。上网查阅这些制度的内涵、报考条件、考试科目等。
5. 通过网络了解课程中介绍的工程管理领域的执业资格的现有规模以及社会的需求情况。

第十一章　工程管理专业的人才培养和教学体系

【本章提要】 主要介绍工程管理专业的发展过程，工程管理专业的培养体系和教学问题，工程管理专业学生能力培养以及学生毕业后的职业发展问题。

第一节　工程管理专业综述

一、工程管理专业的发展

（一）国外的工程管理专业发展

工程管理专业是以培养工程管理人才为目标的专业。尽管人类的工程建设已经历史悠久，工程管理的实践和认识也源远流长。但直到20世纪初期为止，工程管理尚未形成体系，主要在土木工程学科以及相关学科中存在。

对工程管理知识领域的研究和专业设置，世界上各个国家发展程度不一，其中研究最早、最具影响力的国家以美国和英国为典型。到20世纪30年代，由于建筑工程管理的专业化要求，工程管理专业才逐渐发展起来。早期工程管理的教育是土木工程专业教育的一部分，主要有施工管理、工程估价、工程经济分析、工程合同等方面的内容。例如美国佛罗里达大学从20世纪30年代就开始设立工程管理专业方向。

20世纪30年代，建筑领域出现了以运用甘特图（包括条线图）方法进行工程实施进度计划和控制。在一定意义上这标志着现代工程管理开始进入萌芽状态。

自20世纪30年代以来，工业发达国家逐步将现代经济和管理理论与工程建设的实践相结合，工程管理在理论和方法上都得到了更加全面的发展，建筑工程管理教育也扩展到建设工程的前期策划、设计、采购、建设、运行和维护全寿命周期中。与此相适应（建筑）工程管理学科经历了近半个多世纪的建设与发展历程，现已发展成为一个相对独立、稳定和成熟的学科。

到了20世纪中期，建筑工程管理专业研究生教育也开始在许多土木工程系中得到发展。

（二）我国工程管理专业的发展过程

在我国，工程管理专业是一个很传统同时又是新兴的专业。从20世纪50年代国内有些院校开始设有"建筑工业经济与组织"专业，许多学校在"工业与民用建筑"以及相关专业中设有施工组织与管理、建筑工程概预算、建筑技术经济等方面的课程和研究方向。

1952年12月前苏联列宁格勒（现俄罗斯圣彼得堡）土木建筑学院土木系主任维·卡·萨多维奇来清华大学指导成立中国第一个与建筑施工技术与管理学科相关的教研机构，即清华大学土木系建筑施工技术与建筑机械教研组。从1953年起，全国设有土木系的大学均派进修教师到清华大学进修学习，以建立类似的教研组，他们都成了全国该领域的第一代教师。当时所开课程有：建筑施工技术、建筑机械、施工组织与计划、保安防火、结构架设等。

在 20 世纪 80 年代初，由于国家实行改革开放政策和进行经济体制改革，基本建设投资规模迅速增长，建筑业逐步成为国民经济的支柱产业并开始重视工程建设项目全过程管理，迫切需要培养相关专业人才，我国许多高校设立了"建筑管理工程"和"基本建设管理工程"本科专业，以及"建筑经济与管理"硕士点。

20 世纪 80 年代中期至 90 年代初期，我国对外工程承包和劳务输出大幅度增长，国际工程承包企业对外向型、复合型、开拓型国际工程管理专业人才产生了较大的需求，国内部分高等学校开始设置"国际工程管理"本科专业和"涉外建筑工程营造与管理"本科专业。

20 世纪 80 年代末期到 90 年代，我国房地产业蓬勃发展，为了满足房地产企业对房地产经营管理专业人才的需求，许多高校开设了"房地产经营管理"本科专业。同时一些高校按照教育部的学科规划，将建筑管理工程专业与工民建专业合并，成立建筑工程本科专业，下设建筑工程管理方向，统一招生，它在专业上隶属于土木工程大类。

到 1996 年"建筑经济与管理"硕士点合并进入"管理科学与工程"硕士点。

1998 年教育部进行专业调整，在颁布的《普通高等学校本科专业目录和专业介绍》中，将建筑管理工程、基本建设管理工程、房地产经营管理、国际工程管理、涉外建筑工程营造与管理等专业整合并更名为工程管理专业。同时将"管理科学与工程"设为管理学门类下的一级学科，并下设 4 个二级学科：工程管理、工业管理、管理科学、信息管理与信息系统。从 1999 年开始全国许多高校开始正式设置工程管理本科专业。

进入 21 世纪以后，随着国内建筑业、房地产业在国民经济与社会发展中的支柱产业地位和作用日益显著，对工程管理专业人才的需求量呈显著增长趋势。设置工程管理专业的国内高等学校数量近年来明显增加。截止到 2008 年 4 月，国内高等学校中已有近 350 多所设置了工程管理类本科专业。

二、工程管理专业的教学体系

1. 对工程管理专业毕业生的总体要求

按照我国的学位管理条例第四条规定："高等学校本科毕业生，成绩优良，达到下述学术水平者，授予学士学位：

（1）较好地掌握本门学科的基础理论、专门知识和基本技能；

（2）具有从事科学研究工作或担负专门技术工作的初步能力。"

工程管理专业是为我国工程建设领域培养专业化的管理人才。由于工程管理者对工程的重要作用，人们对他的知识结构、能力和素质的要求越来越高。按照工程和工程管理的特点，以及学生第一职业定位确定培养目标、课程体系和实践环节。

2. 培养目标

《高等学校工程管理本科专业规范》中指出"工程管理专业培养适应社会主义现代化建设需要，德、智、体、美全面发展，具备土木工程技术及与工程管理相关的管理、经济和法律等基本知识，全面获得工程师基本训练，同时具备较强的专业综合素质与能力，具备健康的个性和良好的社会适应能力，能够在国内外土木工程及其他工程领域从事全过程工程管理并初步具备相关行业与领域工程管理类（建设类）专业人员国家执业资格基础知识的高素质专门人才"。

因此，工程管理本科专业以培养技术型、职业型、应用研究型人才为主。工程管理专业的毕业生具有以下能力：

(1) 较为系统地掌握土木工程及其他专业工程基础技术知识；

(2) 掌握与工程管理相关的管理理论和方法、相关的经济理论和方法，以及相关的法律、法规；

(3) 具备综合运用上述几个方面的理论、知识、技术和方法从事工程的技术管理、专业管理、综合管理和全过程管理的基本能力，具备发现、分析、研究、解决工程管理理论与实践问题的基本的综合专业能力，具备进行土木工程及其他相关工程管理的能力；

(4) 具备对工程管理专业外语文献进行读、写、译的基本能力；

(5) 具备运用计算机辅助解决工程管理专业及相关问题的基本能力；

(6) 具备科学精神和基本的科学素养，具备初步的科学研究能力，具备进行工程管理专业文献检索的基本能力，具有较强的语言与文字表达和人际交往与沟通能力；

(7) 了解国内外工程管理领域的理论与实践的最新发展动态与趋势；

(8) 具备较强的创新精神、创新意识和基本的创新能力，具备较强的自主学习能力；

(9) 具备优秀的政治思想素质，具备强烈的法制意识、诚信意识、职业责任感、社会责任感、环境保护和节能意识，具备健康的个性、优良的团队意识、职业适应能力和社会适应能力；

(10) 具备健康的体魄，达到大学生体育锻炼标准。

3. 工程管理专业的方向设置

由于工程管理领域的广泛性，我国工程管理专业还设置不同的方向，以适应不同的需求。目前工程管理专业按照侧重点不同，分为工程项目管理、房地产经营与管理、投资与造价管理、国际工程管理及物业管理等方向。

(1) 工程项目管理方向的毕业生主要适合于从事工程项目的全过程管理工作，初步具有进行工程项目可行性研究、一般土木工程设计、工程项目全过程的投资、进度、质量控制及合同管理、信息管理和组织协调的能力，具备相关工程管理类（建设类）专业人员国家执业资格基础知识。

(2) 房地产经营与管理方向的毕业生主要适合于从事房地产开发与经营管理工作，初步具备分析和解决房地产经济问题及房地产项目的开发与评估、房地产市场营销、房地产投资与融资、房地产估价、物业管理和建筑设计管理的能力，了解房地产开发建设程序。

(3) 投资与造价管理方向的毕业生主要适合于从事工程项目投资与融资及工程项目全过程造价管理工作，初步具备工程评估及工程造价管理、编制招标文件和投标书，编制、评定和审核工程项目估算、概算、预算和决算的能力，初步具备进行工程成本规划与控制的能力，具备相关工程管理类（建设类）专业人员国家执业资格基础知识。

(4) 国际工程管理方向的毕业生主要适合于从事国际工程项目管理工作，初步具有国际工程项目招标与投标、合同管理、投资与融资，以及国际工程项目全过程管理的能力及较强的外语应用能力。

(5) 物业管理方向的毕业生主要适合于从事物业管理工作，初步具有物业的资产管理和运行管理的能力，包括：物业的财务管理、空间管理、设备管理和用户管理能力，物业维护管理及物业交易管理能力。

随着专业内涵的扩展和社会要求的变化，本专业的专业方向的数量和名称还会有调整。

三、工程管理专业的教育内容和知识体系

工程管理以管理科学与工程、土木工程两大学科为依托。学生需要综合性的、广博的知识面，能够对所从事的工程迅速设计解决问题的方法、程序，把握技术和实施过程。

工程管理本科专业教育内容及知识体系总体框架由通识教育、专业教育、综合教育三部分的相关知识体系构成（图11-1）。

（一）通识教育——基础课

通识教育内容包括：人文社会科学、自然科学、外语、计算机及信息技术应用等知识体系，由基础课程组成，包括法律基础、马克思主义哲学、政治经济学、毛泽东思想、邓小平理论、高等数学、线性代数、大学英语、专业英语、概率论与数理统计、大学物理、计算机及其应用课程等。

（二）专业教育

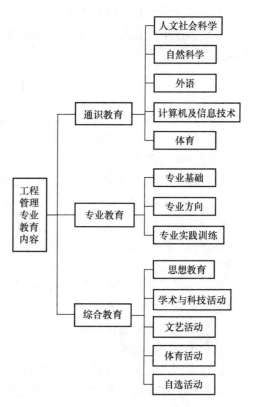

图 11-1　工程管理专业教育内容体系

专业教育由工程管理相关的建筑与土木工程及其他工程技术、管理、经济、法律四个方面的专业基础知识和各方向的专业知识，专业实践训练等知识体系构成，内容包括：

1. 专业平台课-专业基础课

工程管理专业平台课程包括技术、经济、管理、法律四大平台。

（1）技术平台课程。工程管理者通常必须具有专业知识，主要为土木工程专业知识。

以土木工程技术为基础的工程管理的技术平台课程有工程制图、工程测量、建筑学与规划、土木工程概论、工程力学、工程结构、建筑材料、建筑设备概论、工程施工等。

不同领域的工程管理专业在工程技术方面的教学内容可以不同，可以有自己的工程技术基础课程。工程管理专业的学生要有比较扎实的技术基础，立足工程施工，这对工程管理专业的学生在工程项目组织中的长远的可持续的发展有重要的影响。

有时还要增加一些与工程相关的专业技术知识，如环境工程、设备工程、智能化系统、工程相关的工艺（如化工、核能、发电、污水处理等）专业知识。

（2）管理学平台课程。包括管理学原理、运筹学、工程项目管理、管理信息系统、财务管理等。本平台以工程项目管理为主体，还可以开设系统工程、组织行为学等。

（3）经济学平台课程。包括经济学、统计学、会计学原理、工程经济学、金融与保险、工程估价等。本平台以工程经济学和工程估价为核心。

（4）工程法律和合同平台课程。包括经济法、建设工程法规、工程合同法律制度和工程合同管理等。

2. 专业方向课

专业方向课程是工程管理专业培养具有某一方向能力的学生需要开设的课程。

(1) 工程项目管理方向课程有工程项目管理（Ⅱ）、工程合同管理（Ⅱ）、建设项目评估等。

(2) 房地产经营与管理方向课程有房地产经济学、房地产估价、房地产开发、房地产市场营销等。

(3) 投资与造价管理方向课程有工程造价管理、工程估价（Ⅱ）、项目投资与融资等。

(4) 国际工程管理方向有国际工程承包、国际贸易与金融、国际经济合作法律基础、国际工程合同管理等。

(5) 物业管理方向课程有物业资产管理、物业运行管理等。

3. 专业实践训练，这在下一节再详细论述。

（三）综合教育

综合教育内容包括：思想教育，学术与科技活动，文艺活动，体育活动，自选活动等知识体系。

从上述可见，工程管理专业培养的口径很宽，涵盖的知识面广，课程包含的内容多，这是综合素质的要求。

工程管理专业教育内容虽然涉及面广，包括技术、经济、管理、法律领域知识，但是各部分内容并不是独立存在的，而是相互联系，是一个有机的整体，与工程项目建设过程紧密相连。因此，工程管理专业学生在学习专业知识的时候，应注重学习的整体性，有工程项目整体的和全局的观念，将工程管理专业的各方面知识有机联系起来。

第二节　工程管理专业学生的能力培养和教学

一、工程管理专业学生实际工作能力的培养

（一）专业实践教学的重要性

工程管理是应用性极强的学科，是培养工程师的专业。工程师不仅需要严谨的思维方式，而且需要解决实际工程管理问题的能力。

在学校，工程管理专业的学生实际工作能力的培养主要是通过实践环节实现的。实践教学有利于学生掌握工程技术知识、管理理论和方法，有利于知识的消化和拓展，有利于提高学生分析和解决问题的能力，提高人才培养质量。这些都是用人单位十分关注的。

1. 工程管理专业人才培养的目标是既掌握相关工程技术又掌握经济管理理论和方法的复合型、应用型人才，必然要求大力开展工程管理实践教育。因为只有在工程管理的实践中，才能得到知识的综合应用的训练。

2. 随着人才市场竞争的激烈，用人单位越来越要求工程管理专业毕业生"上手快"，在招聘时就要求学生有专业实践经验。

3. 通过实践，能够调动学生专业学习的积极性，有助于培养创新型、个性化、具有自主学习的意识和能力、具备合作精神和能力的人才。

4. 使理论与实践高度结合，有助于培养学生工程管理所需要的职业道德；有助于学生了解国情、熟悉社会，预先做好工程管理的执业准备。

（二）专业实践环节设置

工程管理专业要根据不同年级、不同课程、不同教学环节的要求，有针对性地开展实践教学活动，建立多层次的完善的实践教学体系。

在工程管理专业培养方案中实践性教学环节主要包括：

1. 认识实习、生产实习、毕业实习

（1）对一年级本科生，通过认识实习让学生了解工程、工程系统和工程管理基本情况。

（2）对二年级本科生进行专业基础能力的训练，通过生产实习让学生将课堂上学到的各专业基础理论、原理、方法与实际工程相结合，以加深对课堂知识的掌握。

（3）对三年级本科生进行专业技能和综合能力的训练，目的是培养学生掌握各专业基本实践技能，培养学生应用管理理论，分析问题和解决问题的能力；通过课程认识实习、系统模拟实习、专题调查实习、计算机程序设计实习、阶段综合实习等，边学习边实习。

（4）对四年级本科生进行专题设计能力的培养。在教师指导下，学生自我设计论文题目，通过实践，让学生独立完成"从查资料、列提纲、到撰写论文"的全过程，培养学生在课题设计、研究、组织管理等方面的创新能力。

2. 课程设计和实习

许多工程技术课程和工程管理课程都应该安排实习和课程设计，如工程测量实习，房屋建筑学课程设计，工程结构课程设计，工程施工课程实习和设计，工程施工组织设计、工程估价课程设计、工程招标投标课程设计、合同管理课程设计、工程项目管理课程设计等。

根据现代工程管理信息化的要求，工程管理课程教学应安排计算机教学，并有试验。

3. 课程中的案例教学

许多课程都可以用案例进行教学，通过案例使理论和知识更加形象化，与实践结合更加紧密，使学生容易掌握。

4. 毕业设计

通过毕业设计，对学生的综合运用知识的能力进行综合训练。从培养动手能力的角度，工程管理专业的学生应做毕业设计，尽量不要做论文。毕业设计选题具有多样性，包括房地产全程策划、工程规划、技术设计、施工组织设计、项目管理策划、招标文件和标底的编制、投标报价（工程估价）等。

5. 其他工程管理专业实践教学形式

工程管理专业的实践教学还可以通过其他丰富多彩的形式进行：

利用工程管理实验室进行专业基础课和部分专业必修课的模拟实习；

利用计算机网络、虚拟工厂进行部分主要专业课的课程实习；

利用校外实习基地进行现场实习，加强产学研合作，构建学生实践创新的平台；

鼓励学生参加老师的科研课题组，参加科研实践，自主设计实验；

开展形式多样的业余实践活动，组织各种兴趣小组，参加假期社会实践活动，进行社会调查；

让学生自我组织开展活动，以培养领导小组工作的能力；

经常举办研讨会，培养学生的演讲能力。

此外，还可以聘请工程界、实业界有关专家进行专题讲座或与学生进行专题研讨，以增强学生对相关专业和行业实际发展状况的了解。

6. 研究能力的培养

研究能力培养主要面向优秀学生，可以以课题小组的形式实施。

应鼓励工程管理的学生进行跨学科选课和研究，如可以将工程管理专业与土木工程、环境工程、材料工程、信息工程、交通工程等专业相结合，进行跨学科研究。

二、工程管理专业的教学问题

由于工程管理专业的特殊性，本专业的教学有许多特点。

1. 工程管理的人才需求是多样性的，各个学校对工程管理专业学生的培养要有个定位，要有自己的办学特色。如：

所针对的工程领域，如土木工程、水利水电工程等；

工程管理的方向选择，如工程项目管理方向、造价管理方向、房地产方向、国际工程方向等。

2. 学校应考虑学生将来的职业发展路径和可持续发展问题。

我国本科教育存在许多基本矛盾。例如，现在学校提倡宽口径，通识教育，淡化方向，这样学生的知识面广，理论基础扎实，可持续发展能力强。

但现在许多用人单位又要求学生马上就有动手能力，是实务型的。由于我国工程管理实际情况很差，理论和实践差异较大。这种完全面向实际操作的培养模式又容易造成学生知识面狭窄。

因此，学校既要考虑培养学生具有很强的动手能力，又要注重培养学生的可持续发展能力。

3. 学校应重视工程管理专业技术课程的开设和师资配置。应该与土木工程的学生一样进入技术课程的学习状态，必须安排技术课程的实习、大作业或课程设计。

我们要培养工程管理的学生将来做一个合格的工程师，必须按工程师的要求培养，学校首先要重视工程管理专业的技术课程的开设，同时培养学生对工程技术问题的兴趣，要学生重视技术课程的学习，有专业精神。

4. 对教师的要求

（1）作为工程管理专业的教师，前面所提出的对学生知识、能力和职业道德的要求教师首先都应该做到，并在教学中实践，为人师表。以此来影响学生，影响本领域的社会风气。

（2）工程管理专业的教师应该有工程实践经验，应该对现在工程管理的实务十分了解。工程管理专业的教师最好也能获得工程管理领域的执业资格。

（3）教师应对工程管理相关专业课程融会贯通，是具有工程管理领域综合性知识的人才。

按照工程管理专业的培养目标，要求学生具有广博、全面的综合性知识。首先我们教师应该具有综合性知识。

工程管理专业有技术、经济、管理、法律四个平台，涉及几十门课程。这些课程都是互相联系的，是一个有机的整体。所以，教工程合同管理的教师必须懂得工程项目管理、工程估价、工程经济学等，反之亦然。而且在教学中应该体现它们的联系，使学生接受的是整体的知识，而不是支离破碎的知识点。

所以，一个年轻教师刚进入工程管理专业教学时，最好能够将工程管理专业的主干课程（包括工程项目管理、工程经济学、工程合同管理、工程估价、建设法规等）都教学一遍。这样不仅对他的知识整合，搞好教学很有好处，而且也会有益于他在本领域的科研，更好地为工程界服务。

（4）不断的知识更新，应是学习型人才。

5. 本专业的教材问题

（1）与工程技术类课程不同，人们常常觉得工程管理的许多专业课程的教材难度不大，大家容易懂。甚至认为，本专业的教材就应该是通俗化的，容易自学的。

有人举例说，国外的许多工程管理的教材就是通俗易懂的。实质上情况不是这样的。一方面，许多同行们接触的是国外的畅销书，这些书常常是针对一般读者的，不是真正的专业教科书，国外的工程管理的专业教材还是有很大难度的；另外国外许多教师教学中都要补充许多教学内容。如果我们许多教师就按照教材讲课，寄希望于书本，这可能是不行的！

（2）现在许多工程类专业（如土木工程专业）的学生也增加学习工程管理方面课程。如果我们不增加工程管理专业核心课程的技术含量，不把工程管理的工作技能交给学生，则工程管理专业与土木工程专业相比优势就没有了，我们教育出来的学生就没有竞争力。

（3）应该认识到，工程管理的实际问题是很复杂的，工程管理专业课程也应有很高的技术含量，不是那么简单的！目前许多工程管理问题我们认为简单，是因为我们研究得还很不够，我们对工程和工程管理规律性的认识还是很肤浅的。

（4）工程管理课程要有自己的理论体系，方法体系，有对研究对象的原理、规律性的把握，应体现工程管理的思维方式，应是理性的。但现在许多课程内容过于偏向注重现有工作程序、规定、做法的介绍（Adminstration），而不是注重工程理念、原理、规律性、科学方法的把握（Management）。

如果我们的许多课程都是一些规定的过程的解释和做法的组合，则我们的学科就是肤浅的，没有底蕴的。

所以，加强工程管理专业核心课程的建设，加强在工程项目管理、工程估价、工程经济学、工程合同管理、工程法律和法规等方面的理论和应用研究，依然是工程管理学术界和教育界的长期的任务。

三、工程管理专业学生学习的注意点

工程管理专业的目标是要培养工程师，要使学生牢记自己是"工程师"！努力将自己培养成为工程师！

工程师需要工程技术素养、严谨的思维方式、认真的科学态度、解决实际工程问题的能力。

如何才能成为"工程师"？目前工程管理专业学生的学习方式问题还没有解决，主要应注意如下问题：

1. 学生要重视技术课程的学习。

工程管理的学生应该重视技术课程的学习，不能以为自己是管理专业的学生，而认为技术课程是附带的，可多可少，甚至可有可无。

技术课程的学习不仅对学生的知识体系十分重要，而且经过土木工程的技术课程的学习和训练，对培养学生的"工程师"的思维方式、工作方式十分重要。对他的一生职业发展都会有决定性影响。

按照全国工程管理专业指导委员会的教学大纲，工程管理专业的学生应该学习的工程技术课程很多，而且够用，但有些工程管理专业的学生并没有掌握，或者掌握的程度不够。这与学生对工程技术的兴趣、学习毅力和刻苦精神，学校对工程管理专业技术课程教学的重视程度有关。

2. 在学习过程中，学生应该注重工程师所要求的训练。

本专业与管理学的其他学科（如 MBA）相比有不同的学习方式，不仅需要掌握知识，而且需要进行专业训练。现在许多学生对技术性课程的学习比较重视，注重训练，如在数学、力学、混凝土等课程中要做许多作业，课后还有许多训练。但对工程管理的专业课程（如工程项目管理、工程合同管理、工程经济学），许多学生就想通过在课堂上听课，认为听懂了，也就掌握了知识，不喜欢做作业，不进行专业训练，即使老师布置作业了也不愿意，或不认真做。

所以目前，本专业的许多学生缺乏工程管理知识的应用能力和解决实际问题的能力。这是不对的。学生应该牢记：工程师是不可能仅仅通过听课就能培养出来的，必须有严格的训练，掌握工程管理的基本技能等。工程管理专业课程的技能训练有自己的方法，如需要阅读和分析实际工程合同、对实际工程进行工程结构和项目结构分解、编制网络计划等。

由于工程管理专业的特殊性，本专业的学生学习应是很辛苦的，需要付出更多的努力。

3. 作为一个"工程师"学生应该对工程有浓厚的兴趣，对现场和工程实务有亲近态度，积极参与工程实践。

在各门专业课程的学习中，要与实际工程相结合，不能光掌握理论，要利用实践性环节学会理论的应用，强化现场解决实际工程问题的能力的培养。

由于现在企业界不太欢迎学生的专业实习，同时由于学校资金的困难使学生实践环节的安排很困难，效果也比较差，这会影响本专业的教学效果。

工程管理专业的实践是处处都可以进行的，因为人们处处可以看到已经建好的建筑和在建的工地。在日常生活中学生要学会以专业的眼光对已经建好的工程和在建的工程进行分析和评价。例如，在校园中散步，就可以感觉到校园规划的优缺点，是否人性化，功能区布局是否恰当，图书馆和教学楼的建筑设计有什么特色，教室施工存在什么质量问题，如何才能将它们做得更好些等。

同样到一个工地现场，也可以分析评价现场施工布置、组织情况、秩序程度、是否符合专业的要求等。

4. 工程管理专业的学生必须解决"博"和"精"的关系。由于将来工作的需要本专业的学生必须有广博的知识面，所以课程数目很多，但许多课程的课时不多，这样容易造成博而不精，现在工程界对本专业也有这样的看法。

对此必须有一个清醒的认识。现代社会需要综合型的知识人才，就是要有广博的知识面，这正是本专业学生的竞争力和专业发展后劲所在。但同样工程管理专业的学生应该在许多方面是很"精"的，有与其他专业学生相比的过人之处，例如：

对一个工程方案的造价的计算和经济分析比较；

对一个工程制定实施规划，以及编制工期计划、成本计划、质量计划等；

对一个工程的招标文件和合同策划；

对一份工程合同进行风险分析；

对工程施工现场的组织计划和安排；

对工程现场的实施进行控制，遇到问题时综合考虑技术、经济、合同、质量、安全等要求提出解决方案等。

上述问题与许多工程技术问题一样，都属于工程问题，我们的同学要使自己在这些方面真正"精"起来。

本专业是有核心竞争能力的，不要给外人一种博而不精感觉，当然，首先自己不要有这样的心态。

第三节　工程管理专业学生毕业后的职业发展

一、工程管理专业毕业生实际工作情况调查与分析

近几年来，全国工程管理专业指导委员会十分注重企业界对工程管理专业学生的培养要求和意见。工程企业界是工程管理专业人才培养的最终用户，我们也必须使"用户满意"。

1. 中国建筑总公司工程管理专业人员就业和发展情况调查

中国建筑总公司曾经对工程管理专业毕业生的发展状况做了调查分析，其结果有代表性。

（1）数量较少。每年中建总公司接受3000多名高校毕业生，主要为建筑工程，建筑学，给排水和暖通等专业，约占总量的75%，而工程管理学生仅占总数的7.2%。

（2）工程管理专业学生的实际工作岗位。工程管理的学生大多数在项目上从事工程技术、施工方案设计、工程项目管理、商务合约及工程经济分析等方面的具体工作。只有少数达到项目经理和副经理岗位层次。

全公司8个工程局万余名项目经理，绝大多数为土木工程专业出身。工程管理（包括管理类和其他非工程类）专业出身的项目经理只占4.9%。

（3）用人单位满意度调查

在工程局的调查中，只有一家对招收的工程管理的学生持满意态度，大部分是基本满意及以下的态度。主要问题是工程管理专业施工现场能力薄弱、动手能力差，没有显示出综合素质，学生自己也感觉到与土木工程毕业生竞争时，特点不特出、优势不明显。

（4）工程局认为，企业确实需要既懂技术，又懂经济和管理的人员。这是由于现在工程承包企业逐步从单纯施工管理、粗放管理向综合性管理、集约型管理、科学管理转化。

2. 2003年在北京，全国工程管理专业指导委员会邀请了中国建筑总公司、中国土木建筑总公司、中国冶金建筑总公司等几个大型企业的负责人座谈，他们也觉得，工程管理专业毕业生的专业精神不够，同时要求学校必须提高工程管理专业的学生的动手能力，使学生具有解决实际工程问题的能力。

3. 这几年，笔者培养管理科学与工程专业和土木工程建造与管理专业的硕士研究生，在研究生面试、笔试，以及培养过程中发现本专业的学生存在如下问题：

（1）学生对工程管理专业课程（如工程项目管理、工程合同管理、工程经济、工程估价等）中的基本理论和方法掌握不扎实，有时即使掌握了，也难以结合具体的工程解决实际问题，对实际工程比较生疏。

（2）对许多课程的学习仅重视书本内容，而不重视相关的实际工程文件、工程规范的阅读。如虽然开设了工程合同管理课程，但对具体国际，或国内工程合同的内容却不太了解。没有读实际工程合同、招标投标文件的习惯。

（3）即使达到研究生层次，依然缺乏专业钻研精神，对实际工程管理问题的研究没有浓厚的兴趣，对工程管理的许多知识仅满足于上课听懂。

二、企业的意见和建议

1. 工程承包企业对工程管理学生的意见

（1）工程管理专业毕业生技术能力偏弱，专业优势不突出。

工程承包企业注重现场的管理工作。一般土木工程类专业的毕业生经过工程承包项目现场锻炼3～5年可以成长为正副总工和正副生产经理，5～8年可以成长为项目经理。而工程管理专业毕业生一般3～5年可以成长为项目上的商务部门正副经理，之后却很难达到项目经理的岗位。

（2）工程管理专业学生的工程技术学习不到位，专业课广而不深，缺乏足够的工程技术知识，而工程承包企业偏重于施工管理，注重现场和技术。如果工程管理的学生不能进入到项目现场，进入核心技术岗位，则提升到项目经理和企业高层次管理岗位的机会就会少。

工程管理专业学生涉及技术、管理、经济和法律方面的知识，容易博而不精，尤其工程技术薄弱。

（3）教学与工程管理实践脱节。工程管理专业学生在大学学到的知识与实际工程脱节，许多学校忽视理论向工程实际的转化；学校的教学、实习手段落后；实践教学效果不显著。

2. 工程承包企业界对工程管理专业办学的建议

（1）工程管理专业的学生必须有扎实的工程技术基础，平衡好工程技术、管理、经济、法律知识结构，处理好博和精的关系。既要防止在工程技术方面的缺陷，又要发挥好工程管理专业在成本、预算、商务方面的优势。

（2）突出国际工程项目管理的学习内容。我国工程承包企业缺乏国际项目管理的人才，培养学生国际工程管理、国际商务，外语、计算机的能力，这样能在高端人才市场上发挥优势。

（3）教学联系实际，做好案例教学，给学生模拟思考的环境。可以采用研讨会的形式，组织学生和教授讨论。应经常请有实践经验的专家给学生讲课。工程管理专业教材应注重创新，要经常再版，进行知识更新，补充新的案例和知识。

（4）加强实习，将实习作为学生工作前的一次培训。

（5）坚持专业部门（如住房和城乡建设部）对高等院校工程管理专业的专业评估制度。

三、工程管理专业学生毕业后的职业发展问题

1. 工程管理专业学生的第一职业定位应是面向工程承包企业，成为建造师等执业资格人员，而按照我国的建筑领域的执业资格定位，建造师主要工作岗位就是工程项目经理。

按照前面调查分析，在工程承包企业内工程管理专业人员的发展路径通常有两类：

（1）商务性岗位的发展（图 11-2）

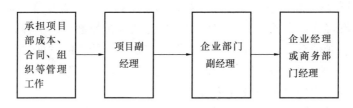

图 11-2 商务性岗位的发展路径

学生首先在工程项目的成本、合同、组织等部门工作，经过一个阶段的工作经验积累，再承担工程项目副经理，主要负责商务方面的工作；经过一个阶段的锻炼，到企业商务性部门承担部门副经理；最后，承担企业商务性部门的经理或者企业副经理工作。

（2）技术性岗位的发展（图 11-3）

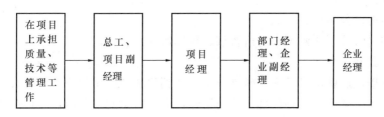

图 11-3 技术性岗位的发展路径

即工程管理专业的学生首先到现场承担项目的技术性工作，如主要管理工程质量和技术，然后做总工程师或项目负责技术的副经理，再承担项目经理，然后再做企业负责技术的部门经理或企业负责技术的副经理，最终承担企业经理。

企业对项目经理的要求是有尺度的。我们的教学必须符合这个尺度！如果工程管理专业学生经过多年工作尚不能做工程项目经理，则说明工程管理专业教学培养还有问题！在这里必须明确几个问题：

（1）工程管理专业的职业定位就应包括项目经理和商务部门的经理。

商务性岗位的发展也是有价值的，是工程管理专业的竞争优势，不能放弃。工程管理专业的优势必须加强，特别在商务方面，包括成本、合同、经济分析等方面的能力。否则，就失去了工程管理专业优势和竞争力。

（2）对有些工程管理专业的学生没有能向项目经理发展，对用人单位的意见应作具体的分析。

1）工程管理专业学生的工程技术功底尚嫌不够。是不是现场有许多复杂的工程技术问题工程管理学生没有学过？

2）这个问题还与工程管理学生在现场对技术问题的兴趣、积极性有关。笔者觉得，

工程管理专业许多学生在意识上对自己的定位存在差异，认为自己是从事管理工作的，不是搞技术的。所以许多学生对工程技术实践重视不够，遇到工程技术问题胆怯或缺乏兴趣。这是很糟糕的。

工程管理学生在大学学习和在职业工作中应该有正确的定位。

（3）从第十章第一节分析可见，工程管理专业人才的需求量大，有广泛的适用性。所以工程管理的学生有多维的发展空间，有很大的就业弹性。

2. 工程管理专业与高科技（如电子工程、信息工程等）专业毕业生发展有很大区别，需要知识、经验和经历的积累，同时需要积累自己的声誉和德行。工程管理专业领域的工作就像中医，越老越值钱，学生在本领域的发展需要一个较长的发展过程，所以不要指望30岁前有很大的发展，也许刚起步。学生在毕业后要有一个稳定的心态，一步一个脚印的发展，逐渐向高层次发展，不要操之过急！

3. 应从工程现场管理工作开始，增强实践能力、加强自己的底蕴，逐渐向高层次发展。

（1）由于一个工程的建设和运行是围绕着工程现场进行的，所以工程管理的落脚点是工程现场。无论是业主、承包商，还是设计单位人员，如果对工程现场不了解，没有现场管理经验，是很难胜任工程管理工作的。现在有部分学生自我定位存在的问题有：

希望坐办公室；

希望到房地产公司；

希望到项目管理型（监理、造价咨询、招标代理）公司；

最不希望到施工企业。

如果学生毕业后就把自己定位坐办公室，如到房地产公司的职能部门或直接到项目管理型（监理、造价咨询、招标代理）公司工作，而不希望到工程承包项目现场工作。这对他的持续发展是不利的。

（2）在国外，工程咨询公司、工程项目管理公司的管理人员通常都要来自于施工企业或设计单位，有工程实施的经验。甚至有些设计单位的人员都要有一定的现场施工经验和经历。

（3）工程管理专业的学生在施工项目中应发挥应有的作用。企业对工程管理专业学生实践和操作能力的要求是什么？即现场能力是什么？经过许多调查和询问，施工企业所希望的工程管理的动手能力主要包括：

对工程的实施和运作过程有成熟的思维；

在工程技术方面：如对规划、建筑学方面有一定的了解，对工程结构、材料、施工技术要十分熟悉，能够提出处理问题的方案和做出安排；

工程管理技能要求，如编制施工组织设计、制订方案，工程估价（预算）；

工程现场组织，如平面布置、工作安排，要掌握工程活动的逻辑关系、劳动效率、劳动组合等；

招标文件编制，投标文件编制和合同分析等；

对现场技术、组织、价格、合同问题的即兴处理；

计算机应用，例如 P3 和梦龙软件的操作；

专业外语的应用能力等。

（4）现场技术并不是很复杂的，一般都是常规问题，很复杂的问题会有专门人员解决。但许多现场工程问题需要即兴处理，需要从技术、经济、合同、安全、质量等方面进行综合处理。现场的工程问题不仅仅需要技术知识，更需要自信、综合能力、勇气、悟性、探索精神以及组织亲和力。

4. 工程管理专业的学生毕业后，应在一段时间内争取获得一定的国家执业资质，如建造师、监理工程师、造价工程师等。这会给他提供一个很好的就业和发展平台。

工程管理专业学生应该是知识型、学习型的，有持续发展的能力和空间。

5. 注重国际工程对人才需求的变化。这需要外语和计算机能力，需要对国际工程事务的掌握，需要工程项目全寿命期集成化管理的能力。

6. 现在我国正推行工程总承包。工程管理专业的学生能否定位在总承包项目经理？工程总承包的推行会对用人单位的需求产生一定的影响。但一般高校的工程管理专业学生首先应该着眼于施工项目经理，而不是工程总承包项目经理，这是因为：

1）在项目组织层次上，越向高层，对技术的依赖性会减弱，而商务（融资、成本、合同和法律、市场、组织）知识和能力要求增加。总承包项目管理的理念、理论和方法与施工项目管理差异很大。

2）总承包项目数量较少，总承包项目经理也很少。

3）学生的发展一般不可能一步到总承包项目经理的位置，一般由施工项目经理做起。只有胜任施工项目经理，才能做好总承包项目经理。

所以总承包项目经理是工程管理学生的发展方向，而不是起点！

7. 作为一个工程管理专业的学生，首先应能管好自己的"战略"，管好自己的"项目"。

毕业后，学生应注重发展路径设计——常做自己的发展战略研究，把握自己的发展路径。

同时在自己的人生发展过程中做好每一个工程，有计划地做好每一件事务。

复 习 思 考 题

1. 阅读并了解工程管理专业的培养目标和专业设置。
2. 结合前述工程管理专业职业定位和执业资质制度，了解工程管理专业的方向设置及其内涵。
3. 简述工程管理专业的平台课程体系以及专业方向课程体系。
4. 学习本学校的工程管理专业教学计划，联系已毕业的工程管理专业学生、相关建筑企业及其管理人员，思考工程管理专业学生的学习、就业和发展问题。
5. 试为自己做一个职业发展规划。

第十二章 工程管理的未来展望

【本章提要】 本章在对我国未来社会对工程需求总体分析的基础上，论述了我国主要工程领域的状况，对我国工程和工程管理的未来发展做了探讨。

一、我国未来社会对工程需求的总体分析

我国社会要持续发展，经济要腾飞仍然离不开工程。2008年，我国固定资产投资规模达到172828亿元，比上年增长25.9%。基于如下因素，我国的固定资产投资规模在相当长时期内仍然会保持高速增长，这是工程建设快速发展的最为重要的保证。纵观全世界，本专业的热点在中国！

1. 目前，我国还处于经济高速发展时期，即使按照目前这种发展速度，到2050年才能达到中等发达国家水平。按照我国国民经济和社会发展计划，各行各业仍然有很大的发展空间。以基础设施为主的各类土木工程的发展也是方兴未艾。因此可以预计，未来几十年，仍将是我国工程行业发展的大好时机。

2. 我国城市化进程明显加快，2007年已经达到44.9%，现正以每年一个百分点的速度快速推进。城市化的进程必然带动大规模的城市基础设施、住宅、商业、学校、医院等生活配套设施的建设，必然伴随着工程建设的高潮。据《2001—2002中国城市发展报告》，到2050年我国的城市化率将提高到75%以上。

即使目前已经被认为是实现了城市化的地方，也还存在着基础设施的大量欠账，还需要进行继续建设。我国的基础设施，包括公路、铁路、机场等交通设施人均占有数量仍然大大低于发达国家的水平。

3. 国家投资力度不减，地方投资能力增强，积极性高涨。我国政府近几十年来采用的以投资拉动经济的政策还会在一段时间内继续，使得工程建设依然有很大的需求。

4. 民间投资潜力巨大，正在释放。我国私有经济正高速发展，现在国家开放企业投资的门槛，在基础设施领域，民间投资开始启动。民间资本不仅会促进乡镇的轻工业、经济发达地区的高新工业投资增加，而且会带动中部地区的资源和能源开发投资，以及沿海、东北地区的重工业、化工业投资的快速发展。

同时，外商投资势头不减，在东中西部全面铺开。这都将有力地促进工程建设的发展。

5. 我国幅员辽阔，长三角、珠三角、环渤海湾区域仍然是最为繁荣的建筑市场，同时西部大开发、中部崛起、东北工业区振兴也为工程建设提供新的机遇。

我国发达地区的资金也在与西部的资源、技术、廉价土地和劳动力结合，进行各种产业的投资和开发。

最近国务院批准了一些国家级区域发展战略，如江苏沿海经济区、长江三角洲、珠江三角洲、黄河三角洲、天津滨海新区、海峡西岸经济区、北部湾经济区、辽宁沿海"五点一线"经济区、海南国际旅游岛、长吉图等。每一个区域发展战略的实施都会需要大量的

投资,都会带动这些地区大规模的工程建设。

6. 随着我国国力的增强,国家对一些重大的社会活动的投入也越来越大,常常需要大量的工程建设,例如我国近十几年来一些重大社会活动的工程建设投入见表12-1。

我国近年来重大社会活动的工程(场馆)建设投入　　　表 12-1

活动名称	年　代	地　　点	工程建设投入(亿元)	说　　明
2008年奥运会	2008	北京	130	
世博会	2010	上海	180	
全国第十届运动会	2005	南京	100	
全国第十一届运动会	2009	济南	105	
亚运会(广州)	2010	广州	129.2	

上述仅是场馆建设,还不包括为了这些活动投入的城市其他基础设施的新建和改造投资,例如为了迎接全国十一届运动会,济南市城市基础设施投资达1400多亿元。

7. 我国工程"大建——大拆——大建"的循环还会继续,这样客观上扩大了工程的需求。

我国近50年来,特别是20世纪80年代以来建设的许多工程,由于规划水平、建造质量、节能要求、抗震能力等方面问题,使许多工程没有进一步使用或保留的价值,要被拆掉,或者需要大规模地资金投入进行更新改造。近年来许多地方进行大规模节能化改造、拆迁和建筑爆破证实了这一点。

二、我国将来工程的主要领域

(一) 房地产

住宅仍然是建筑业的主体产品,2007年房地产开发投资30600亿元,比上年增长20.9%,继续担当着建筑业主体产品的角色。

尽管我国近十几年房地产发展迅速,但与发达国家相比,无论在量还是在质方面差距都很大。美国人均住房面积接近于60m^2,欧洲国家和日本的人均面积多在35~40m^2。而我国目前城镇人均住宅面积在26m^{2}左右。据建设部有关研究机构的预测,2020年人均建筑面积才达35m^2,达到户均一套,人均一间,厨房面积不低于6m^2,卫生间面积不低于4m^2,主卧室面积不低于12m^{2}的目标。

据估计,到2020年底,全国房屋建筑面积为686亿 m^2,其中城市171亿 m^2。目前我国每年新建成的房屋达16亿~20亿 m^2,超过各发达国家年建成的房屋建筑面积的总和。

这样就有一个十分庞大的住宅市场需求量和住宅工程的建设量。

(二) 基础设施建设

我国城乡基础设施,包括公路、城市道路、供水、供电、供气、供热、污水处理等仍然处于短缺状态,而且总体缺口较大,基础设施的建设高潮仍将持续。

1. 公路工程

根据统计资料显示,截至2009年底,我国公路总里程达387万 km,其中高速公路6.5万 km,均居世界第二位。

2004年12月17日，国务院审议通过《国家高速公路网规划》。国家高速公路网采用放射线与纵横网格相结合布局方案，由7条首都放射线（北京—上海、北京—台北、北京—港澳等）、9条南北纵线（如沈阳—海口、长春—深圳、济南—广州等）和18条东西横线（如丹东—锡林浩特、青岛—银川、连云港—霍尔果斯、南京—洛阳等）组成，简称为"7918"网（图12-1），总规模约8.5万km，其中主线6.8万km，地区环线、联络线等其他路线约1.7万km。

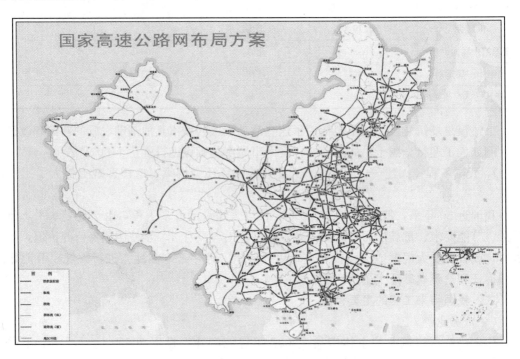

图12-1 国家高速公路网布局方案

按照我国公路水路交通发展2020年的目标和本世纪中期的战略目标，到2020年，公路基本形成由国道主干线和国家重点公路组成的骨架公路网，建成东、中部地区高速公路网和西部地区八条省际公路通道，45个公路主枢纽和96个国家公路枢纽。

2. 城市轨道交通工程

随着我国城市地面交通的拥挤、城市建设的要求和人民防空的要求，发展地铁交通是我国许多城市解决交通问题的主要策略。有一些大城市、特大城市只能向地下空间发展。

在2000年之前，内地仅有北京、上海、广州3个城市拥有轨道交通线路。进入21世纪以来，随着国家经济的飞速发展和城市化进程的加快，城市轨道交通也进入大发展时期。截至2008年底，内地10座城市已建成运营30条城市轨道交通线路，运营里程达813.7km。

目前城市轨道交通发展最快的京、沪、穗三地，其运营里程都已突破百公里，运营里程最长的上海已达235km左右，北京达198km，广州超过117km。至2020年，京、沪、穗三地的城市轨道交通运营里程都将超过500km，其中上海将以877km的总长度处于领先地位。而这三大城市轨道交通的远景规划都有望突破1000km。

2009年，国务院已经批准了22个城市的地铁建设规划，至2015年，这22个城市将建设79条轨道交通线路,总长2259.84km,总投资8820.03亿元。到那时,我国建成和在建轨道交通线路将达到158条,总里程将超过4189km,运营里程将达2400km。

我国城市轨道交通运营里程的统计和预测见图12-2。

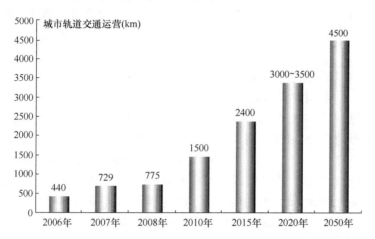

图12-2 我国城市轨道交通运营里程的统计和预测

3. 港口工程

港口工程是我国交通运输业的重要组成部分。在2008年世界十大集装箱港口排名中,中国的上海(2801万个TEU)、香港(2430万个TEU)、深圳(2142万个TEU)、广州(1100万个TEU)、宁波舟山(1084万个TEU)、青岛(1002万个TEU)分别位居第二、第三、第四、第七、第八和第十位。我国已经成为全球海运需求增长的主要动力来源,在全球经济逐渐复苏的背景下,中国铁矿石、煤炭、钢材、石油等原材料需求也随之回升,因此中国未来海运需求将逐渐增长,也将使未来港口建设成为投资的热点领域之一。

4. 水务业

水务业是一个投资大、投资回收期长、投资回报率低而稳定的行业,可细分为水的生产与供应、污水处理两个子行业。由于我国城乡用水量的增加、水价和污水处理费的调升,其投资回报率将有较大提高,极富投资价值。据国家经济发展部门预测,我国水务市场从中长期来看,年增长率将维持在15%左右。

根据中国城市建设统计年鉴统计,截至2008年年底,我国已经建成1011座城市污水处理厂,其中东部地区609座,中部地区237座,西部地区165座。目前全国仍有167个设市城市未建成污水处理厂,其中地级市23个,县级市144个,所以污水处理设施建设任务仍十分艰巨,会需要大量的工程建设投资。

5. 城市地下管道系统

长期以来,人们一直不重视城市地下管道系统的建设,所以问题很多,如许多城市地下系统混乱,没有统一规划,各领域各自为政,包括给排水系统、能源(如轨道液化气、电力线路)系统和各种通信线路系统等。许多城市,甚至是大城市,几十年来,由于不断地铺设与维修管道,道路一直处于"挖—填—挖"的过程中。

目前我国许多城市排水能力不足,一下雨就会出现道路、城区被水淹没的情况,作为向历史负责任的政府应该逐步解决这个问题。

（三）铁路和高速铁路建设需求

统计数据显示，2009年是我国铁路历史上投资规模最大、投产最多的一年。全年完成基本建设投资6000亿元，比上年增加2650亿元，增长79%，超过"九五"和"十五"铁路建设投资总和，为拉动内需、促进经济增长发挥了重要作用。截至2009年底，我国铁路营业里程达到8.6万km，跃居世界第二位。而2010年计划投资7000亿元，2011年将达到7500亿元。

到2012年，中国铁路营业里程将由现在的8万km增加到11万km以上，其中高速铁路达1.3万km。与此相适应，到2012年，我国将建成804座现代化铁路客站。

在经济发达地区，如珠江三角洲地区、长江三角洲地区正在建设区域内的轨道交通系统，如沪宁城际铁路于2008年7月1日正式开工，并将于2010年7月1日投入运行。工程投资总额394.5亿元。而在《珠江三角洲地区交通基础设施一体化规划》中明确了在2012年形成以广州为中心，连通区域内所有地级以上市的城际轨道交通网络构架；2020年形成"三环八射"的城际轨道交通网络，并以此为骨干形成区域快速公交走廊。重点建设广州—东莞—深圳、广州—珠海、广州—佛山、佛山—肇庆、东莞—惠州、佛山—东莞、广州—佛山—江门—珠海、广州—清远、深圳—惠州等城际轨道交通工程。

（四）环境保护工程

1. 我国环境形势十分严峻，要解决环境的困境必须加强对相关工程的投资。

2008年长江、黄河、珠江、松花江、淮河、海河和辽河等七大水系总体水质与上年持平。200条河流409个断面中，Ⅳ～Ⅴ类和劣Ⅴ类水质的断面比例分别为24.2%和20.8%。珠江、长江总体水质良好，松花江为轻度污染，黄河、淮河、辽河为中度污染，海河为重度污染。在监测营养状态的26个湖泊（水库）中，呈富营养状态的湖（库）占46.2%。

我国城市环境基础设施建设严重落后于城市化速度。近10年来，我国城市生活污水排放量每年以5%的速度递增，城市生活垃圾产生量也以每年5%～8%的速度增加，但全国城市生活污水集中处理率不足60%，全国虽有近80%的城市对生活垃圾进行了无害化处理，但许多城市处理能力不足，垃圾处理处置设施运行效率低下。

2. 从全国范围来看，各地对于环境工程的投入均有显著增长，近年来，我国环境保护的年投资额一直呈现稳定上升趋势（表12-2）。

2004～2008年环境保护的年投资额　　　　表12-2

年份	2004	2005	2006	2007	2008
投资（亿元）	1908.6	2388.0	2566.0	3387.3	4490.3
占同期GDP比重	1.19%	1.30%	1.22%	1.36%	1.49%

在"十二五"期间，环保投入预计达到3.1万亿元。

3. 环境保护不仅要求大量的污染专项治理设施投入，城市污水处理、垃圾处理和大江大河的处理设施投入，而且会带来工业结构调整的要求和新的投资要求。

现在国家提出资源节约型、环境友好型社会的建设要求，在2009年底哥本哈根世界会议上，我国政府提出了节能减排的行动目标承诺，决定到2020年单位国内生产总值二氧化碳排放比2005年下降40%～45%。这会促进工业生产技术进步、工艺更新、产品的更新换代和产业升级，由此带来工程投资的需求。

特别在电力行业、水泥行业、电石行业、纺织行业、钢铁行业、煤炭行业等领域，许多厂要撤并，投资改造，整体搬迁，或加大环保设施建设。以水泥行业为例，在目前面临燃料价格高涨的情况下，节能降耗无疑将成为水泥企业提升业绩的关键手段。但这就需要大量的技术更新改造的投入。这些都会带动工程投资的增加。

4. 我国现有建筑节能改造的投入。

（1）建设部于 2005 年 5 月 31 日发布了《关于发展节能省地型住宅和公共建筑的指导意见》，在其中明确提出：到 2010 年，全国城镇新建建筑实现节能 50%；既有建筑节能改造逐步开展，大城市完成应改造面积的 25%，中等城市完成 15%，小城市完成 10%；城乡新增建设用地占用耕地的增长幅度要在现有基础上力争减少 20%；建筑在建造和使用过程的节水率在现有基础上提高 20% 以上；新建建筑对不可再生资源的总消耗比现在下降 10%。

（2）中华人民共和国国务院令第 530 号《民用建筑节能条例》自 2008 年 10 月 1 日起施行，旨在加强民用建筑节能管理，降低民用建筑使用过程中的能源消耗，提高能源利用效率。

（3）目前，我国有（存量）房屋建筑约有 400 亿 m^2，其中 99% 是高耗能建筑。能耗远达不到国家相关节能强制性标准。至今城镇建成的能效高的节能建筑仅占建筑总面积的 2.1%。在建筑能耗中，采暖空调通风能耗约占 2/3。

（4）据专家估计，我国的外墙、屋顶的传热系数是发达国家的 3~5 倍，窗户的传热系数是发达国家的 2~3 倍。虽然，我国的供暖期较发达国家短，供暖基准温度较发达国家低，但我国单位建筑面积采暖能耗是目前发达国家标准的 3 倍以上。

这是一个严重的问题。虽然已建成的高耗能建筑能够进行节能改造，但房屋工程涉及选址、屋顶、墙体、地面、管线等，具有相当的不可逆性，改造成本高，改造效果有限，资源浪费巨大。目前建设的高耗能的建筑越多，遗留的能源消耗负担就越严重。这会从以下三个方面影响工程：

1) 新工程的节能技术研究、开发和产品生产投入。

2) 增加能源工程投入规模。按照我国现有的建筑能耗水平，2020 年，我国建筑能耗将超过 2000 年能耗的 3 倍，至少将达到 10.9 亿 t 标准煤。空调高峰负荷将相当于 10 个三峡电站满负荷运力。

3) 加大对已经建成房屋的节能改造的投入，研究改造技术，提高节能改造的效果。否则，这几百亿平方米高耗能建筑，每年就多消耗若干亿吨煤炭。我国能源供给将难以应付巨大的需求，对能源的进口依赖程度进一步加深，直接威胁我国的能源安全。

（五）工业建设需求情况

今后对于工业建设的需求主要集中在能源（包括核能和火电、水电等）、石油化工、汽车等新型制造业方面。特别是资源性开发、能源生产等建设投资呈大幅度增长趋势，如煤炭开采、电力、热力的生产与供应，石油和天然气开采投资还会增加。

1. 煤炭业

最近几年煤炭需求增长比较快，目前国内发电能力的增长主要是靠煤电。据统计，

2009年煤炭经济运行态势良好，煤炭产销量增长速度较快，价格相对稳定，市场供需基本平衡。前10个月，全国原煤产量完成24.18亿t，同比增加2.47亿t，增长11.4%。

由于电力需求增长很快，用电量继续保持快速增长，国家仍会批准一批火电机组投资建设。另外，煤矿结构的变化也会拉动一些新的投资。如一些资源枯竭型地区，老煤矿的生产能力到期，需要退出，必须要有新的生产能力补充。近来国家大力整顿中小煤矿，对中小煤矿进行关停并转，以节约资源和提高效率。这些生产能力要依靠新建有规模的大煤矿补充。

2. 电力行业

近年来，我国用电负荷屡创新高，部分省市区电力供应又趋紧，保电任务不断加重，甚至再度出现了拉闸限电的现象。我国电力建设呈现冷热不均的特点。一边是电源建设投资过剩，在建规模很大，政府开始清理。另一边是电网投资一直不足，电网公司亏损。

从宏观形势来看，我国电力建设市场在未来15～20年前景看好。2010年发电量将达到3.4万亿kW·h，相应需要装机7.5亿kW，其中水电1.72亿kW，核电1500万kW，风电400万kW，气电3500万kW。党中央提出到2020年我国GDP在2000年基础上翻两番的目标，而目前我国年GDP的电力消耗保持在0.16kW·h/元左右。按这个数字预计，到2020年我国年电力需求将达到64000亿kW·h，总装机容量将达到12.87亿kW。电力装机容量的增长速度应该长期维持在7%左右。

以核电为例，2007～2020年我国将新增建设投产2300万kW的核电站13座，建设资金需求总量约为4500亿人民币。这些都将带动建筑业的发展。

3. 电力投资相关配套设施

（1）电站设备是电力设备中技术含量最高的子行业，主要产品为电站锅炉、汽轮机、发电机和水轮发电机。当前国家对电力建设投资调控的方向主要是限制耗能高、效率低的中小火电机组，对于水电、核电和大型火电机组影响不大。2008年9月至2009年2月25日国家发改委核准的大型变电站工程30个。

（2）输变电设备行业投资增长快。我国电力建设的传统是重发电，轻输配电，主网架结构薄弱，经常形成"窝电"现象。根据国外发达国家的经验，输配电和发电资产的比例一般为60：40，而我国是40：60。

2009年，国家电网对电网建设的投资总额首次突破3000亿元，达3058.6亿元，同比增长22.5%。2010年的目标是完成电网建设投资2274亿元，将主要投向特高压输变电线路建设、农网改造，以及智能电网试点建设等。

（3）电力环保设施投资很大。我国的大气环境污染是典型的煤烟型污染，燃煤电厂二氧化硫排放量占我国工业二氧化硫排放总量的40%左右，对我国大气质量环境造成严重破坏。目前我国政府非常重视对大气污染的综合治理，根据国家发展改革委公布的2008年度产业相关信息，2008年底，我国火电厂烟气脱硫装机容量超过3.79亿kW，约占煤电装机总容量的66%，中国已成为全球最大的烟气脱硫市场。随着节能减排要求的进一步提高，这方面投资需求仍巨大。

（六）新农村建设问题

2005年12月31日，《中共中央国务院关于推进社会主义新农村建设的若干意见》要求，按照科学发展观的要求和城乡统筹的思路，加强农村基础设施建设，加强村庄规划和人居环境治理；加强宅基地规划和管理，大力节约村庄建设用地，向农民免费提供经济安全适用、节地节能节材的住宅设计图样。

在未来的"十二五"规划中，国家仍将继续健康稳定的推进社会主义新农村建设，特别是新农村基础设施建设。

新农村基础设施包括农业生产基础设施、农民生活基础设施以及农村社会事业基础设施等多方面内容。主要包括以下三个方面：

1. 基本生产、生活基础设施，主要是水、路、气、电。具体项目包括基本农田水利、安全饮水、村村通公路、村内道路硬化、沼气等清洁燃料、电网、村村通广播电视、文化站（或图书室）等。

2. 基础教育和基本医疗设施。具体项目包括村医疗室、乡镇卫生院、幼儿园、中小学教室等。

3. 村级环境整治。具体项目包括改厨、改厕、改圈、排水沟、沟渠硬化、河塘清淤、垃圾收集、污水处理等。

据有关部门调查估计，投资需求达到8万亿元以上，相当于近一年的国内生产总值和近3年的全国财政收入。

（七）水利建设需求情况

据水利部统计，2008年落实的中央水利投资比2007年中央水利投资增加304.9亿元，增幅达87.1%，为历史最高水平。中央水利投资重点向防洪工程、水资源工程、生态水保工程等倾斜，投资比重分别为45.7%、43.5%、6%；在地域分布上，重点向农村地区、中西部地区倾斜，投资比重分别为66.8%、83%。各地进一步增加对水利的投入，省级水利建设资金达512亿元，较2007年增加近20%。

此外，新农村建设也包括水利工程的建设。新农村建设以改建小型水利设施为重点，实施灌区续建配套与节水改造工程。

1. 以小型水利设施为重点，切实加强农田水利设施建设。对现有8.5亿亩农田灌溉面积进行改造，并新增1亿亩的灌溉面积。对现有小型农田水利设施进行改建和节水改造，每年需投资235亿元。中央财政已设立小型农田水利设施建设补助专项资金，支持小型农田水利基础设施建设。

2. 继续实施大中型灌区续建配套与节水改造工程，加强防汛抗旱和减灾体系建设。国家将对全国400多处大型灌区的渠首、干支渠及其建筑物等骨干工程进行续建、配套和节水改造，更新改造老化机电设备，完善排灌体系。规划全国新增工程节水灌溉面积1.5亿亩，灌溉水有效利用系数提高到50%。同时，实施中部地区排涝泵站更新改造工程建设。工程规划总投资64亿元，其中中央投资32亿元，"十一五"期间全部完成。

3. 水利工程促进水利设备需求。随着水利方面的投入加大，水利设备建设还会继续增加，如水泵、阀门、动力机器、抽水机和喷灌机等。因此水利行业对先进适用水利设备的需求，市场十分广阔。水利行业对先进设备的需求具体体现在以下几个方面：

（1）节约与保护水资源设备。先进的节水灌溉技术与设备，可以节约40%~60%的用水量，这对于解决淡水资源短缺具有极为重要的意义。在水资源保护方面，先进的水质监测和污水处理以及水再生利用技术与设备的市场也将十分巨大。

（2）防洪减灾工程体系设备。目前，长江防洪骨干工程有14项。全国各地还要兴建许多大型水利枢纽工程等,这将需要大批水利设备。

(3) 供水系统设备。供水系统成为解决各地水资源分布不平衡的重要渠道,与供水系统相关的水利设备有着良好的市场前景。

(八) 其他领域的工程

1. 近几年来,教育基础设施投资是固定资产投资的一个亮点。教育基础设施投资在未来几年可能还有一段时间的持续。

2. 新的工程类型的发展。

(1) 信息产业中的集成电路、软件等核心产业,数字化音视频、新一代移动通信、高性能计算机及网络设备,以及宽带通信网、数字电视网和下一代互联网等信息技术的推广需要这些信息基础设施建设。

另外,目前占总人口近70%的农村通信状况还比较落后,电话、电信基础设施覆盖率极低。到目前为止,全国还有8.8%的行政村没有通电话。"十一五"期间,农村通信被列为电信业需要重视的发展领域。国家远程教育的发展和广播电视"村村通"的要求将带来这方面的工程机会。

(2) 新型建筑材料是建材工业中的新兴产业,主要包括:新型墙体材料、新型防水密封材料和新型建筑装饰装修材料等。从"十一五"规划建议中所强调的"节能降耗"角度出发,我们基本可以把握该行业的发展机会所在。建筑要实现节能不仅是门窗要实现节能,墙体实现节能也是十分关键的。目前我国所采用的墙体材料仍以实心黏土砖占据主导地位,这不仅耗用黏土资源多,而且能耗也大。国务院已经提出,到2010年底,所有城市禁止使用实心黏土砖,同时随着建筑节能标准的出台,发展低能耗、保温隔热性能好的新型墙体材料必将成为主流趋势,在这种背景下,新型墙体材料生产装置建设将有较大的发展机会。

(3) 新能源

可再生能源发电有巨大的发展空间,未来5年,每年至少需要发展100多万kW装机容量的可再生能源发电系统;到2050年,尚有7.2亿kW缺口需要可再生能源发电来满足;太阳能、风能、水能、垃圾能、地热能、海洋能等"可再生能源"有成本优势,如风电建设投资成本已与核电大致相当,未来可能低至500美元/kW以下。在光伏发电方面,目前国内光伏电池的效率和售价与国际水平接近。可再生能源发电将是大规模发展的方向,相关的发电、储能及运输均面临更高的要求,相关的应用研究、技术开发与产品开发投资会带动相应的工程投资。

(4) 宇宙和未知空间领域工程的发展

迄今为止,我国几代航天人已自主研制成功多系列战略战术导弹,"长征"系列运载火箭已进行88次发射,共发射70余颗国产卫星和28颗外国卫星。我国卫星研制已经基本实现卫星系列化、平台公用化、型谱化,正在从试验验证型向业务应用型转化。

另外我国的载人航天计划,登月计划也正在进行中。

这些会带来相关的基地和平台建设工程的发展。

3. 国际工程。

随着我国综合实力、国际竞争力和技术装备水平的日益提高,我国对外工程承包业务的领域和规模将不断扩大,我国承包商占国际工程承包市场份额将稳步提高。

2009年，我国对外承包工程各项指标继续保持两位数增幅，完成营业额777亿美元，同比增长37.3%；新签合同额1262亿美元，同比增长20.7%，延续了近10年来业务迅猛发展的势头。我国对外承包工程项目大型化的趋势更为明显。全年新签合同中金额在5000万美元以上的项目达440个，合计金额1017亿美元，占新签合同总额的81%；其中上亿美元的项目240个，较上年同期增加了45个，主要集中在铁路、公路、电站、房屋建筑以及石油化工领域。

中国工程承包企业逐步开拓高端业务领域。2009年，我国企业承揽的EPC（设计—采购—施工）项目显著增多，合同额较大的项目，尤其是上亿美元的大项目，几乎都是EPC总承包的形式。一些有实力的企业还积极尝试BOT、PPP等带有投资性质的业务模式，探索产业升级的路径。

三、工程和工程管理的未来展望

（一）人与自然和谐的工程

我国政府提出建设资源节约型社会和环境友好型社会的号召，要求发展绿色经济和循环经济，促进社会的可持续发展。这些在很大程度上都是对工程提出的要求，都应该落实在工程设计、施工和运行过程中，作为指导工程建设的基本方针。

科学发展观及和谐社会建设需要新的工程管理理念，如要求工程与自然和谐共处，工程要体现以人为本，人与自然、人与社会协调发展。

1. 鉴于我国资源短缺的矛盾，2005年建设部提出并经国务院认可，工程建设标准的修改和完善将着重于提高节能、节地、节材、节水的标准，尤其是节约使用自然资源，特别是不可再生资源。新标准的出台和国家所采取的更加严格的监管方式，将从总体上促进建筑产品节约资源和能源水平的提高。

2. 绿色工程和低碳建筑新的要求。

1）绿色工程是指通过更高效、更经济的技术和流程，获得环境友好型的工程系统、工程产品（或服务）。

2）全世界都越来越清晰的认识到二氧化碳排放量猛增，会导致全球气候变暖，对整个人类的生存和发展产生严重威胁。城市里碳排放，60%来源于建筑工程的建设和维护上。

低碳建筑是指在建筑材料与设备制造、施工建造和建筑物使用的整个寿命周期内，减少化石能源的使用，提高能效，降低二氧化碳排放量。低碳建筑已逐渐成为国际建筑界的主流趋势。

这会促进我国建筑节能和低碳设计、材料和施工工艺，建筑节水技术，绿色建材与建筑节材技术，环境保护技术，新型建筑结构技术等方面全面的发展。

3. 环境治理问题是工程建设永恒的热点问题，环境工程成为各种领域工程的一部分。国家将对建筑垃圾处置实行减量化、资源化、无害化和谁产生谁承担处置责任，对建筑垃圾处置实行收费制度。这样要求在工程建设和运行过程中控制废物排放，能够有效降低工程的环境成本，使工程不破坏当地的自然风景，与自然相协调。

4. 工程的生态化要求，将会有更多的生态工艺和工法的研究、开发与应用。设计中考虑因地制宜，工程建成后尽快恢复土壤、植被、微气候等生态状况。

5. 提倡经济、安全、适用、人性化的工程的建设方针。目前在许多政府工程中存在的奢侈、浮华、一味注重形式的建筑风气将被杜绝，形成朴实的建筑文化。

6. 在建筑中注重与人文环境的协调，建筑应具有文化的继承性，有"中国特色"。

7. 建筑方案应该更方便施工，降低施工过程的难度和减少资源消耗。

8. 工程结构的防灾减灾、结构耐久性与加固、维修和改扩建方面的新技术和新工艺的研究与应用。工程事故及灾害防治将纳入工程的范围，建筑物的防震、防火、防地质灾害、防疫的要求将进一步提高，成为工程及工程管理的一部分。

9. 工程拆除后的生态还原，以及工程遗迹的处理过程、技术和方法的研究。

（二）注重工程的社会责任和历史责任

1. 工程必须考虑社会各方面的利益，赢得各方面的信任和支持，促进社会的和谐。

2. 社会管理的人性化、法制化，给工程建设和工程管理带来许多新的问题。过去那种政府主导的显示很大魄力的大拆大建会变得越来越困难，工程过程的制约因素增加，复杂性加大，导致工程建设的时间将会延长，费用会增加。

3. 让公众更好地理解工程。我国是个工程建设大国，为了实现全面建设小康社会的宏伟目标，全国各地都在规划、设计和建设许多工程项目。这些工程能否建设好，能否体现出新的工程理念，能否成为创新的工程，将直接影响我国全面建设小康社会宏伟事业的全局。因此，让工程造福公众，让公众理解工程是我们面临的一项重大任务。

（三）工程向高科技、大系统方面发展

1. 由于工程新技术的开发和人们对工程功能要求的提高，工程系统将包含更多的内涵，包括更多新的技术，由此产生新的专业工程系统，需要更高要求的管理系统。

2. 由于工程全寿命期一体化和集成化，各个工程专业和工程管理高度结合，各个工程企业高度的互相依存。

3. 新型材料、结构在工程中得到应用。轻质、高强、耐久、多功能化、绿色、低碳材料的研发和应用效果的技术经济评价将成为工程管理的内容之一。

4. 地下空间的利用促进这方面设计和施工技术的进步。

5. 建筑工业化和住宅产业化的推行，促进相关的标准部品、构件、部件设计与施工技术。

（四）工程界工作主题逐渐变化

从前述图 3-2，一个工程在其寿命期中必须经过前期决策、建设（设计和施工）、运行维护过程，最后被拆除。而从宏观的角度来看，任何一个国家，在一个较长的历史阶段，工程界工作的主题会逐渐变化，这是工程界发展的自然规律。在自 20 世纪 50 年代以来，西欧的城市发展分别经历了城市重建（50 年代），城市振兴（60 年代），城市更新（70 年代），城市再开发（80 年代），城市再生（90 年代）等几个阶段。而从工程界的角度来说，通常经历如下几大类主题：

1. 以工程建设为主。最近几十年我国工程界的主题就是建设，我国还会有一段时间持续的建设高潮。

2. 随着大规模建设的高潮的之后，工程界应逐渐转变为以维护（包括加固、扩建、节能化改造、更新）为主的时代，要解决工程的维护和全寿命期健康问题，使工程能够保持健康运行，有可持续发展的能力。

3. 随着时间的推移，工程界的任务还会转向工程拆除后旧址的生态复原和废物的综合利用（即再生）为主题的时代。则要解决工程拆除后的生态还原，或工程遗迹的处理的过程、技术和方法问题。

由于我国的特殊性，我国的工程界的发展会有自身的规律。

（1）我国大规模的工程建设的持续时间会比较长，在持续一个阶段后，也会逐渐转向建设和维护并举，最后要以工程维护为主的状况。

（2）现在我国工程拆除后的遗址处理和土地的生态复原的问题已经显露出来，我国会出现建设高潮、运行维护和工程旧址处理并行的时期。我国现在已经显示出这样的情景。

其原因是：

1）我国是一个地少人多的国家，土地资源十分匮乏，必须重复使用。大量的工程报废后要拆除进行下一个工程的实施。

2）近几十年来，我国一直处于大规模的建设期，但由于大量的工程立项很轻率，没有精心地规划、设计和施工，这几十年来的许多建筑都是"不可持续"的，都要拆除再建或要进行更新改造。我国工程的寿命期短，会使运行维护阶段和拆除重建阶段提前到来。

3）我国现在处于经济高速发展时期，许多地区经常进行产业转型，如老工业基地改造。许多单位（如开发区）要经常性地改变产品，重新开发新产品，则要对工程进行更新改造，或拆除后再新建。

（五）工程及工程管理创新

工程创新是现代高科技、新技术等在工程中应用的综合。工程创新不足是发展中国家的通病。

许多年来，我国一直积极地推动建筑工程领域的创新工作。2005年2月23日建设部出台了《关于进一步做好建筑业10项新技术推广应用的通知》（建质［2005］26号）。这次修订将"建筑业10项新技术"扩充为10个大类，内容以房屋建筑工程为主，突出通用技术，兼顾铁路、交通、水利等其他土木工程，所推广技术既成熟可靠，又代表了现阶段我国建筑业技术发展的最新成就。

（1）地基基础和地下空间工程技术；

（2）高性能混凝土技术；

（3）高效钢筋与预应力技术；

（4）新型模板及脚手架应用技术；

（5）钢结构技术；

（6）安装工程应用技术；

（7）建筑节能和环保应用技术；

（8）建筑防水新技术；

（9）施工过程监测和控制技术；

（10）建筑企业管理信息化技术。

从总体上说，我国过去工程管理的主要目标是工程的质量（包括功能）、进度和成本等，随着新的工程理念的提出，在前述第四章第四节提出的现代社会对成功的工程的要求，必须通过新的工程技术和工程管理理论、方法、手段和工具达到（图4-4）。对我国全面建设小康社会，建设资源节约、环境友好型社会而言，工程创新是事关整个社会可持续发展的大事。工程创新不是简单的"科学的应用",也不应是相关技术的简单堆砌和剪贴拼凑。真正好的工程创新是对各种工程技术和工程管理的系统集成,必须符合工程与自然和谐、满足其社会责任和历史责任,以及全寿命期管理的要求。

(六)在工程和工程管理中计算机、现代信息技术和其他高科技的使用

1. 国家确定以信息化带动工业化的战略。

信息化是我国加快实现工业化和现代化的必然选择。坚持以信息化带动工业化,以工业化促进信息化,走出一条科技含量高,经济效益好、资源消耗低、环境污染少、人力资源优势得到充分发挥的新型工业化路子,这是21世纪前20年我国经济建设和改革的主要任务之一。

2. 充分运用现代信息技术、电子技术、生物技术、遥控技术在建筑信息化、智能化,以及温度、舒适度、日照控制,楼宇保安,设备遥控等方面创新,工程将进一步的智能化。

随着计算机技术、信息技术和控制技术的高速发展和广泛应用,智能楼宇综合管理系统逐渐成为智能大厦的技术核心。它将建筑物内各弱电子系统集成在一个计算机网络平台上,从而实现各工程系统间信息、资源和任务共享,给使用者提供全面、高质、安全、舒适的综合服务。楼宇综合管理信息系统具有开放性,可扩展性,互联结性,安全性和可靠性等功能,并具有人机界面友好性,能有效节约能源,降低运行成本,延长设备使用寿命,保障建筑物与人身安全。

3. 重视应用IT技术,开发应用先进、实用的工程项目管理与控制软件。

目前,工程中软件的应用越来越多,软件种类也日趋增多。在工程中,造价软件、合同管理软件、项目管理软件、模拟施工软件,以及专门的办公软件系统得到普遍和有效地应用。

4. 工程全寿命期集成化信息平台的开发与应用。

这是工程最系统最完备的信息体系,包括工程的建设前环境信息,工程前期决策信息、工程的勘察、设计、计划信息,工程的施工过程和竣工信息,工程的运行维护状况、成本、组织、更新改造等信息。这些信息应该是可视化的。

例如对于一个运行中的桥梁,它的全寿命期信息至少应包括它建设的地形和地质信息,周边情况的信息,工程的决策过程所产生的信息,工程水文地质信息、设计文件和计划文件、工程招标投标、施工组织、施工过程信息(如工程过程、问题的处理、录像)、电子化竣工资料、工程运行过程的状况,桥梁健康数据采集和监测信息、维修次数、每次大修的详情、运行和维修费用记录等。

它是集全球定位系统(GPS)、地理信息系统(GIS)、设计CAD、虚拟现实技术、图形处理技术、数据采集技术等于一体的高科技管理系统。

5. 虚拟建设(Virtual Construction,又称虚拟建造)。虚拟建设于1996年被提出的,在工程和工程管理中有两大方面应用:

(1)工程中的虚拟现实技术。

在计算机和信息技术基础上,利用图形/图像处理、系统软件、音响处理、交互传感、网络通信,系统仿真技术,三维建模理论等对拟建的建筑物或工程实施过程事先进行建设模拟,进行各种虚拟环境条件下的分析,提前为顾客提供一个可以观看,可以感觉,可以

视听的虚拟工程和工程的实施过程,以及工程环境,以提前发现可能出现的问题,采取预防措施,以达到优化设计、节约工期、减少浪费、降低造价的目的。

虚拟现实技术起源于美国,我国"863"高新技术计划将该技术列为关键技术进行研究,近年来在我国发展迅速,在工程建设领域也得到广泛的应用。

1) 在规划设计阶段中的应用。采用计算机信息通信、计算机图形学、图像处理、人机界面、计算机模拟仿真、虚拟现实等多种技术,可以逼真地展现建成后的工程是否与周围环境匹配,以优化规划方案;建立三维虚拟场景,使建筑、结构、设备设计协同进行;通过改变视点和光源设计、修改材质等,方便设计师和顾客沟通,能更直观地评价处于设计阶段的各种方案;借助于虚拟现实浏览器虚拟巡游建筑物各组成部分,从而提高设计效果和设计质量;检验建筑设计的可施工性等。

Graphisoft 公司开发了以"虚拟建筑"为核心的 Archi CAD 软件,对设计项目的三维计算机模型可视、可编辑、可定义。二滩水电站建设工程的展示部分采用了虚拟现实技术,用户可以轻松浏览二滩环境及大坝的任意一个部位。

2) 在施工阶段的应用

通过虚拟仿真在施工前对施工全过程,或关键过程,或工序进行模拟,以验证施工方案的可行性或优化施工方案;对重要结构进行计算机模拟试验以分析影响工程的安全因素,达到控制质量和施工安全的目的,使施工计划进度和实际形象进度可视化等。这彻底改变了传统的施工过程不可逆,以及施工组织设计不可视状况,能大大提高工程的实施和管理效率。

国内在对施工过程中结构的仿真和可视化计算方面取得了一些成果,可以方便而逼真地模拟工程施工过程,并可检验各种工程活动方案的可行性。

在上海正大广场工程建设中,我国首次将虚拟现实技术应用于建筑工程。由中建三局和华中科技大学有关专家和技术人员联合开发的正大广场施工虚拟仿真系统有三个方面的重要应用:

①在建筑物建成之前,虚拟显现建筑物建成后周围的环境;

②在钢结构施工之前,在计算机上完成各种构件装配、吊装方案的多种试验和优化工作;

③应力和变形分析,包括桅杆起重机和吊装屋架内力分析,以及焊接应力应变分析。

(2) 虚拟工程建设组织。

"虚拟组织可以视为一些相互独立的业务过程或企业等多个伙伴组成的暂时性联盟,每一个伙伴各自在诸如设计、制造、销售等领域为联盟贡献出自己的核心能力,并相互联合起来实现技能共享和成本分担,以把握快速变化的市场机遇。"

欧美发达国家近年来的研究主要集中在增强建设工程全生命周期中各组织间的沟通和合作问题上,即研究如何利用计算机技术和互联网技术将工程建设和管理的各项工作进行集成,使工程参与者更有效合作。

例如工程承包商为了适应市场变化和业主需求,敏锐地发现市场目标,通过互联网寻找合作伙伴,利用彼此的优势资源结成联盟,共同完成工程,以达到占领市场实现双赢或多赢的目的。虚拟建设组织能够最大限度实现信息共享及数据交换,实现资源、利益共享,费用、风险共担,相互合作,相互信任,自由平等。

工程和工程管理中计算机、现代信息技术和其他高科技的使用给工程管理者提出了更高的要求。

复 习 思 考 题

1. 阅读国家国民经济和社会发展计划,分析将来有前景的主要领域,思考其对工程管理的需求。
2. 上网查阅资料,并讨论在我国的一些主要领域中工程的需求。
3. 了解当前世界高科技的发展状况并举行讨论:现代高科技在工程及工程管理中有什么应用?
4. 工程管理专业及其学生如何适应现代工程及工程管理的发展要求?

附录：关于《工程管理概论》的复习和考试

一、复习

浏览教材，做各章复习思考题。

二、考试方式

1. 学生通过上网查询、读报，或者调查，撰写小论文或调查报告。

2. 由同学自己组织演讲，讨论。

3. 同学们互相评分，再将作业论文上交教师，结合平时表现打分。总分可以取同学评分和教师评分的加权平均数。

三、学生小论文选题

1. 我国建筑业发展情况、规模、领域、问题、需求。

2. 目前一些新的，大型建筑工程的情况。

3. 建筑工程中存在的问题调查。

4. 我国的环境问题与建筑工程。

5. 房地产问题。

6. 在市区范围内选择一建筑工程，了解工程背景、实施状况，写出调查报告。

7. 本课程的学习体会和四年的学习安排及奋斗目标。

四、要求

1. 学生必须独立完成作业。

2. 使学生的文笔和演讲能力得到锻炼。

3. 使学生查询资料、发现问题的能力得到锻炼。

4. 使学生了解行业和专业状况。

5. 注意培养学生严谨的学风。

参 考 文 献

[1] 司马迁. 史记. 长沙：岳麓出版社，1992.
[2] 左丘明. 左传. 太原：山西古籍出版社，2004.
[3] 梁思成. 中国建筑史. 北京：百花文艺出版社，2005.
[4] 李德华. 城市规划原理. 北京：中国建筑工业出版社，2001.
[5] 诗经. 北京：作家出版社，2004.
[6] 张映莹. 中国古代的营建职官. 古建园林技术，1998(3).
[7] 曹焕旭. 中国古代的工匠. 商务印书馆国际有限公司，1999.
[8] 吕舟.《工程做法则例》研究. 建筑史论文集第10辑. 北京：清华大学出版社，1988.
[9] 钟晓青.《营造法式》篇目探讨. 建筑史论文集第19辑. 北京：清华大学出版社，2003.
[10] 喻维国. 建筑史话. 上海：科学技术出版社，1987.
[11] 国家环境保护总局. 2005年中国环境状况报告. 北京：中国环境报，2006.
[12] 中国国家统计局. 中国统计年鉴—2006. 北京：中国统计出版社，2007.
[13] 李世蓉. 英国的特许建造师职业资格. 世界建筑，2003(2).
[14] 李霞. 英国皇家特许建造师制度. 建筑经济，2003(9).
[15] 廖奇云. 基于业绩评判的国际项目经理职业资格标准体系的研究. 重庆：重庆大学，2005(1).
[16] 李乾朗. 狮球岭清代铁路隧道调查研究[博士论文]. 中国台湾，1991.
[17] 白丽华，王俊安编. 土木工程概论. 北京：中国建材工业出版社，2002.
[18] 教育部高等教育司组织编写. 普通高等学校本科专业目录和专业介绍. 北京：高等教育出版社，1998.
[19]《中国建筑业改革与发展研究报告》编委会. 中国建筑业改革与发展研究报告. 2003.
[20] 何继善，陈晓红，洪开荣. 论工程管理. 中国工程科学，2005，7(10).
[21] 王琰，周戒. 对现代土木工程专业教育的几点探讨. 北京：高等建筑教育，2003，12(3).
[22] 童隐勇. 走向工程项目管理之路. 中国工程咨询，2005(12).
[23] 范西成，陆保珍. 中国近代工业发展史(1840—1927年). 西安：陕西人民出版社，1991.
[24] 魏战锋. 中国古代建筑中我国传统文化的体现. www.artdesign.org.cn.
[25] 国民经济行业分类(新). http://www.stats.gov.cn/tjbz/gjbz/index.htm.
[26] 王振强. 英国工程造价管理. 天津：南开大学出版社，2002.
[27] 中华人民共和国中央人民政府门户网站. http://www.gov.cn.
[28] 关于进一步做好建筑业10项新技术推广应用的通知. http://www.cin.gov.cn.
[29] 戚安邦. 论组织使命、战略、项目和运营的全面集成管理[J]. 科学学与科学技术管理，2004(3)：110-113.
[30] 董锡明. 近代铁路可靠性与安全性的几个问题[J]. 中国铁路科学，2000 (51)：7-16.
[31] 王继石等. 美国海军武器装备维修理论和策略的发展[J]. 情报指挥控制系统与仿真技术，1998(6)：1-7.
[32] 王守清. 项目融资的一种方式——BOT[J]. 项目管理技术. 2003，4.
[33] 白寿彝. 中国通史第十一卷. 近代前编(下册). 上海：上海人民出版社，2005.

[34] 英国培生教育出版有限公司. 朗文当代高级英语辞典. 北京：外语教学与研究出版社，2004.
[35] [英] 韦迈尔(Wehmeier S). 牛津高阶英语词典(第六版). 北京：商务印书馆，2004.
[36] 皮尔素. 新牛津英语辞典. 上海：上海外教出版社，2001.
[37] 普洛克特(Procter, P). 剑桥国际英语词典. 上海：上海外语教育出版社，2001.
[38] 不列颠百科全书(国际中文版). 北京：中国大百科全书出版社，1994.
[39] 任超奇. 新华汉语词典. 武汉：湖北辞书出版社，2006.
[40] 中国百科大辞典编委会. 中国百科大辞典. 北京：中国大百科全书出版社，2005.
[41] 中国社会科学院语言研究所词典编辑室. 现代汉语词典. 北京：商务印书馆，2005.
[42] 辞海. 上海：上海辞书出版社，1999.
[43] 张建坤，周虞康. 房地产开发与管理[M]. 南京：东南大学出版社，2006.
[44] 中华人民共和国国家统计局. 2008 中国统计年鉴[M]. 北京：中国统计出版社，2008.
[45] 高明远，岳秀萍主编. 建筑设备工程(第三版)[M]. 北京：中国建筑工业出版社，2005.9.
[46] 万建武主编. 建筑设备工程(第二版)[M]. 北京：中国建筑工业出版社，2007.9.
[47] 陈妙芳主编. 建筑设备[M]. 上海：同济大学出版社，2002.10.
[48] 任绳风，吕建，李岩主编. 建筑设备工程[M]. 天津：天津大学出版社，2008.8.
[49] 邵正荣，张郁，宋勇军主编. 建筑设备[M]. 北京：北京理工出版社，2009.5.
[50] 李祥平，闫增峰主编. 建筑设备[M]. 北京：中国建筑工业出版社，2008.6.
[51] 齐俊峰，江萍主编. 建筑设备概论(下)[M]. 武汉：武汉理工大学出版社，2008.7.
[52] 韦节廷主编，韩风毅，王浩副主编. 建筑设备工程概论[M]. 北京：中国电力出版社，2008.8.
[53] 祝健主编. 建筑设备工程[M]. 合肥：合肥工业大学出版社，2007.12.
[54] 张玉萍主编，林立，王冬丽副主编. 新编建筑设备工程[M]. 北京：化学工业出版社，2008.
[55] 沈福煦. 建筑概论[M]. 上海：同济大学出版社，1994.8.
[56] 吴尧. 建筑概论[M]. 北京：高等教育出版社，2008.
[57] 庄俊倩. 建筑概论：步入建筑的殿堂[M]. 北京：中国建筑工业出版社，2009.
[58] 王新泉. 建筑概论[M]. 北京：机械工业出版社，2008.
[59] 崔艳秋，姜丽荣，吕树俭. 建筑概论[M]. 北京：中国建筑工业出版社，2005.
[60] 李百战. 绿色建筑概论[M]. 北京：化学工业出版社，2007.9.
[61] 卢新海，张军编著. 现代城市规划与管理[M]. 上海：复旦大学出版社，2006.
[62] 陈双，贺文主编. 城市规划概论[M]. 北京：科学出版社，2006.
[63] 范宏. 建筑施工技术[M]. 北京：化学工业出版社，2005.
[64] 筑龙网. 道桥工程施工方案范例精选[M]. 北京：中国电力出版社，2006.
[65] 周先雁，王解军. 桥梁工程[M]. 北京：北京大学出版社，2008.
[66] 刘家豪. 水运工程施工技术[M]. 北京：人民交通出版社，2004.
[67] 关宝树，杨其新. 地下工程概论[M]. 成都：西南交通大学出版社，2006.
[68] 刘光忱. 土木建筑工程概论[M]. 大连：大连理工大学出版社，2008.
[69] 丁大均，蒋永生. 土木工程概论[M]. 北京：中国建筑工业出版社，2003.
[70] 李毅，王林. 土木工程概论[M]. 武汉：华中科技大学出版社，2008.
[71] 刘宗仁. 土木工程概论[M]. 北京：机械工业出版社，2005.
[72] 徐礼华. 土木工程概论[M]. 武汉：武汉大学出版社，2008.
[73] Guideline to Durability of Building and Building Elements, Products and Components BS7543[Z]. 1992, British Standards Institution, London, 1992：34-37.
[74] Anderson, Fisher. Integrating Constructability into Project Development：A Process Approach[J]. Journal of Construction Engineering and Management, 2000, 126(2)：81-88.

参考文献

[75] Ronald. Infrastructure: Integration Design, Construction, Maintenance and Renovation[M]. Ralph Hass, Waheed, Uddin, 1997: 12-15.

[76] Guideline on Durability in Building[Z]. CSAS478, Draft 9, Canadian Standards Association, sept. 1994: 14-26.

[77] Gawthrop. Environment for specification, design, operation, maintenance, and revision of manufacturing control systems[C]. IEE Conference Publication. 1990: 104-110.

[78] Guetari. Formal Techniques for Design of An Information and Lifecycle Management System[J]. Integrated Computer-aided Engineering. 1997, 4(2): 137-156.

[79] Esselman, Eissa, McBrine. Structural Condition Monitoring in A Life Cycle Management Program. Nuclear Engineering and Design. May 1998, 181 (1-3): 163-173.

[80] Nusier. Reliability Based Analytical/Numerical Methodology for Stability Analysis of Dams[Z]. The University of Akron, 1996.

尊敬的读者：

感谢您选购我社图书！建工版图书按图书销售分类在卖场上架，共设22个一级分类及43个二级分类，根据图书销售分类选购建筑类图书会节省您的大量时间。现将建工版图书销售分类及与我社联系方式介绍给您，欢迎随时与我们联系。

★ 建工版图书销售分类表（详见下表）。

★ 欢迎登陆中国建筑工业出版社网站www.cabp.com.cn，本网站为您提供建工版图书信息查询，网上留言、购书服务，并邀请您加入网上读者俱乐部。

★ 中国建筑工业出版社总编室　电　话：010—58337016
　　　　　　　　　　　　　　　传　真：010—68321361

★ 中国建筑工业出版社发行部　电　话：010—58337346
　　　　　　　　　　　　　　　传　真：010—68325420
　　　　　　　　　　　　　　　E-mail：hbw@cabp.com.cn

建工版图书销售分类表

一级分类名称（代码）	二级分类名称（代码）	一级分类名称（代码）	二级分类名称（代码）
建筑学（A）	建筑历史与理论（A10）	园林景观（G）	园林史与园林景观理论（G10）
	建筑设计（A20）		园林景观规划与设计（G20）
	建筑技术（A30）		环境艺术设计（G30）
	建筑表现·建筑制图（A40）		园林景观施工（G40）
	建筑艺术（A50）		园林植物与应用（G50）
建筑设备·建筑材料（F）	暖通空调（F10）	城乡建设·市政工程·环境工程（B）	城镇与乡（村）建设（B10）
	建筑给水排水（F20）		道路桥梁工程（B20）
	建筑电气与建筑智能化技术（F30）		市政给水排水工程（B30）
	建筑节能·建筑防火（F40）		市政供热、供燃气工程（B40）
	建筑材料（F50）		环境工程（B50）
城市规划·城市设计（P）	城市史与城市规划理论（P10）	建筑结构与岩土工程（S）	建筑结构（S10）
	城市规划与城市设计（P20）		岩土工程（S20）
室内设计·装饰装修（D）	室内设计与表现（D10）	建筑施工·设备安装技术（C）	施工技术（C10）
	家具与装饰（D20）		设备安装技术（C20）
	装修材料与施工（D30）		工程质量与安全（C30）
建筑工程经济与管理（M）	施工管理（M10）	房地产开发管理（E）	房地产开发与经营（E10）
	工程管理（M20）		物业管理（E20）
	工程监理（M30）	辞典·连续出版物（Z）	辞典（Z10）
	工程经济与造价（M40）		连续出版物（Z20）
艺术·设计（K）	艺术（K10）	旅游·其他（Q）	旅游（Q10）
	工业设计（K20）		其他（Q20）
	平面设计（K30）	土木建筑计算机应用系列（J）	
执业资格考试用书（R）		法律法规与标准规范单行本（T）	
高校教材（V）		法律法规与标准规范汇编/大全（U）	
高职高专教材（X）		培训教材（Y）	
中职中专教材（W）		电子出版物（H）	

注：建工版图书销售分类已标注于图书封底。